全国优秀教材二等奖

"十四五"职业教育国家规划教材

数控机床故障诊断与维修
（第3版）

刘宏利　李　红　王　勇　刘光定　主　编

姚芳芳　张秀红　刘明玺　魏凡杰　副主编

重庆大学出版社

内容提要

本书全面推进校企合作,产教融合;坚持职教特色,职普融通;针对高职院校学生的基础和理解能力,从数控机床维修工岗位职业核心能力出发,以典型工作任务为载体,围绕数控机床日常维护、数控系统故障、报警故障、主轴控制系统故障、进给伺服系统故障、PLC故障、机械结构故障等内容,将全书分为9个项目29个任务,培养学生"会分析现象、会查找故障、会排除故障"的能力。适用于三年制高职及五年制高职数控技术应用、数控维护等专业有关课程的教学,也可供相关工程技术人员参考。

图书在版编目(CIP)数据

数控机床故障诊断与维修 / 刘宏利等主编. --3 版
.-- 重庆:重庆大学出版社,2021.2(2023.7 重印)
高职高专机械类专业系列教材
ISBN 978-7-5689-1857-2

Ⅰ.①数… Ⅱ.①刘… Ⅲ.①数控机床—故障诊断—高等职业教育—教材②数控机床—维修—高等职业教育—教材 Ⅳ.①TG659

中国版本图书馆 CIP 数据核字(2019)第 224908 号

数控机床故障诊断与维修
(第 3 版)

刘宏利 李 红 王 勇 刘光定 主 编
姚芳芳 张秀红 刘明玺 魏凡杰 副主编
策划编辑:周 立
责任编辑:周 立 版式设计:周 立
责任校对:关德强 责任印制:张 策

*

重庆大学出版社出版发行
出版人:饶帮华
社址:重庆市沙坪坝区大学城西路 21 号
邮编:401331
电话:(023)88617190 88617185(中小学)
传真:(023)88617186 88617166
网址:http://www.cqup.com.cn
邮箱:fxk@ cqup.com.cn(营销中心)
全国新华书店经销
重庆愚人科技有限公司印刷

*

开本:787mm×1092mm 1/16 印张:21.5 字数:540 千
2012 年 8 月第 1 版 2021 年 2 月第 3 版 2023 年 7 月第 5 次印刷
印数:9 001—11 000
ISBN 978-7-5689-1857-2 定价:49.50 元

第 3 版前言

数控机床的广泛使用,有力地促进了我国制造业的发展。数控机床与生俱来的先进性、复杂性和高智能化以及其不断的推陈出新使得维修理论、技术和手段发生了很大变化,机械制造业对数控机床维护及应用高技能型人才的要求越来越高。

本书建设全过程坚持以党的二十在精神为指引,全面推进校企合作,产教融合;坚持职教特色,职普融通;从数控机床维修工作的岗位技能出发,以企业实际工作过程和项目任务的实现过程为引线,以维修操作技能为向导,着眼于培养数控维修实用基本技能,全书共分 9 个项目 29 个任务,系统地介绍了数控机床维修中所需的电气控制原理图的识读、系统的日常维护、数据传输等。围绕数控机床故障诊断,着重讲解了故障分析与处理的原则、思路与方法,阐述了数控系统的组成、硬件连接与调试、可编程机床控制器(PMC)、数控系统、伺服系统以及机床机械结构方面常见故障的现象、故障成因及分析处理方法。通过 9 个项目任务的实施,初步学会用数控机床故障诊断常用的方法去分析现象,定位故障,并能够排除常见的故障。

本书精选生产过程中常见的维修作业项目作为课程教学任务,采用任务驱动的教学模式编写,即先提出维修作业任务,对该任务中涉及的相关理论知识进行必要阐述,然后进行任务实施,让学生在具体操作中进一步理解相关知识,并掌握该项技能。

实际生产中使用的数控机床、数控系统种类繁多,但是数控机床故障诊断与维修技术在本质上是相通的,相互之间可以触类旁通,基于这样的想法,本书主要针对目前占市场主流地位的 FANUC 0i C 数控系统。同时本书的编写充分考虑了目前大多高职高专院校实践教学的可行性,部分内容选自目前实训车间开设的实训项目,以期最大限度地利用教学资源,缩短学校教学与生产实践的距离。

《数控机床故障诊断与维修(第 3 版)》为新形态教材,本教材共设置了 9 个项目 29 个任务,每个任务以数控机床维修岗位出发,以企业实际工作过程为引线,以维修操作技能为向导,着眼培养数控维修应用复合型人才。本教材根据教学实际需求配置了课程相关微课视频、动画、在线模拟实验、虚拟仿真实训等数字化教学资源和二维码,教师和学生可以通过扫码教材中的二维码观看重点知识的微课视频,通过扫码教材封底二维码登陆重庆大学出版社教材平台,使用手机、电脑、平板电脑等移动终端,进行资源的在线观看、浏览,教师可以在线备课,学生可根据实践需求进行线上和线下学习。同时本教材对接"1+X"职业资格等级证书要求,做到书证融通、课证融通,满足"四新"内容要求,符合职教教学规律,符合学生学习习惯,具有适用性、实用性,为后续活页式教材的开发提供有力支撑。

本书由刘宏利、李红、王勇、刘光定任主编,姚芳芳、张秀红、刘明玺、魏凡杰任副主编,李小茸参编。其中,数控机床故障诊断与维修的基础知识由张秀红、刘光定编写;项目 1、2、3、6 和 8 由李红、王勇编写;项目 4 由刘明玺编写;项目 5 由刘宏利、魏凡杰编写;项目 7 由李小茸编写;项目 9 由姚芳芳编写。全书由张秀红统稿,西安铁路职业技术学院机电工程系代礼前教授负责全书的策划和主审工作。

本书可作为三年制高职及五年制高职数控技术、数控维护等专业的教材,也可供相关工程技术人员参考。

本书在编写过程中得到校企合作南京日上自动化设备有限责任公司技术人员的大力支持,并参阅了许多专家和同行编著的书籍和相关技术文章,得到了不少启发和教益,在此表示诚挚的感谢。

尽管我们在教材特色的建设方面进行了许多努力,但由于编者学识及水平所限,书中难免存在错误和不当之处,敬请读者批评指正,并将您宝贵的意见和指正反馈给我们,以便进一步完善。

所有意见和建议请发往:lhongl6306@ 126.com

Dickli88@ sina.com

联系电话:15929937519　15291836938

编　者

2021 年 1 月

目　录

模块 **1**

数控机床故障诊断与维修的基础知识

任务1 数控机床的组成及功能认知

1.1.1 数控机床的组成与分类

1. 数控加工过程

数控即数字控制(Numerical Control,简称 NC),数控技术即 NC 技术,是指用数字化信息发出指令并实现自动控制的技术。计算机数控(Computerized Numerical Control,简称 CNC)是指用计算机实现部分或全部的数控功能。

数控机床的加工过程是:将所需的多个操作步骤(如机床的启动或停止、主轴的变速、工件的夹紧或松开、刀具的选择和交换、切削液的开或关等)和刀具与工件之间的相对位移,以及进给速度等都用数字化的代码来表示,按规定编写零件加工程序并送入数控系统,经分析处理与计算后发出相应的指令控制机床的伺服系统或其他执行元件,使机床自动加工出所需要的工件。

2. 数控机床的分类

数控机床的品种规格很多,分类方法也各不相同。一般可根据其功能和结构,按下面 4 种原则进行分类。

(1)按加工工艺及机床用途分类

1)金属切削类

指采用车、铣、撞、铰、钻、磨、刨等各种切削工艺的数控机床,如数控车床、数控铣床、数控磨床、加工中心等。

2)金属成型类

指采用挤、冲、压、拉等成型工艺的数控机床,常用的有数控压力机、数控折弯机、数控弯管机、数控旋压机等。

3)特种加工类

主要有数控电火花线切割机、数控电火花成型机、数控火焰切割机、数控激光加工机等。

数控车床整体 数控铣床整体
结构介绍 结构介绍

4)测量、绘图类

主要有三坐标测量仪、数控对刀仪、数控绘图仪等。

(2)按运动轨迹分类

1)点位控制数控机床

这类数控机床的特点是在刀具相对于工件的移动过程中不进行切削加工,只要求刀具从一点移动到另一点并准确定位,而对运动的速度和轨迹没有严格的要求,如图 1.1 所示。

2)直线控制数控机床

这类数控机床不仅要控制机床刀具从一点移动到另一点,而且要沿直线轨迹(一般与某一坐标轴平行或成 45°角)以一定的速度移动,移动过程中可进行切削加工,加工示例如图 1.2 所示。

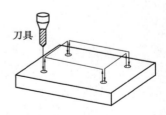

图 1.1 点位控制切削加工

3）轮廓控制数控机床

轮廓控制数控机床能够控制机床刀具或工件沿直线、圆弧或抛物线等曲线轨迹移动,移动过程中可进行切削加工,移动速度根据工艺要求由编程确定,可实现曲线或者曲面轮廓加工,加工示例如图 1.3 所示。

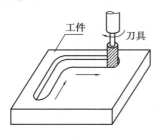
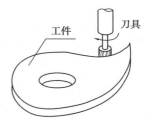

图 1.2 直线控制切削加工 　　　　图 1.3 轮廓控制切削加工

4）多轴联动数控机床

多个坐标轴按照一定的函数关系同时协调运动,称为多轴联动。按照联动轴数,可分为二轴联动、二轴半联动、三轴联动和多轴联动数控机床,如图 1.4 所示。

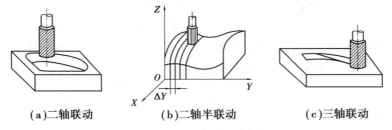

（a）二轴联动 　　　（b）二轴半联动 　　　（c）三轴联动

图 1.4 不同联动轴数所能加工的型面

（3）按伺服系统的控制方式分类

按伺服系统的控制方式不同可将数控机床分为开环控制、闭环控制和半闭环控制数控机床。

1）开环控制数控机床

这类数控机床的运动部件没有位置检测反馈装置,采用步进电动机驱动,如图 1.5 所示。

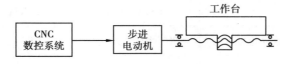

图 1.5 开环控制数控机床结构

2）闭环控制数控机床

这类数控机床的运动部件上安装有位置测量反馈装置,由直流或交流伺服电动机驱动,如图 1.6 所示。

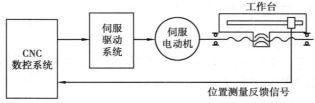

图 1.6 闭环控制数控机床结构

3)半闭环控制数控机床

将位置检测元件安装在电动机轴端或丝杠轴端,通过角位移的测量,间接计算出机床工作台的实际运行位移并与数控装置中的指令位移量相比较,实现差值控制,构成如图1.7所示的半闭环控制。

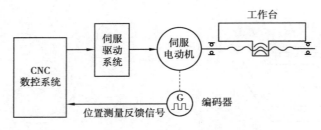

图1.7 半闭环控制数控机床结构图

(4)按数控系统的功能水平分类

按数控系统的功能水平,通常把数控系统分为低、中、高3类,这种分类方式在我国用得较多。低、中、高的界限是相对的,不同时期,划分标准也会不同。就目前的发展水平看,可以根据表1.1的一些功能及指标,将各种类型的数控系统分为低、中、高档3类。其中,中、高档一般称为全功能数控或标准型数控,在我国还有经济型数控的提法,经济型数控属于低档数控,是指由单片机和步进电动机组成的数控系统,或其他功能简单、价格低的数控系统,经济型数控主要用于车床、线切割机床以及旧机床改造等。

表1.1 各档次数控机床的功能和指标

功　能	低　档	中　档	高　档
系统分辨率	10 μm	1 μm	0.1 μm
G00	3 ~ 8 m/min	10 ~ 24 m/min	24 ~ 100 m/min
伺服类型	开环及步进电机	半闭环及直、交流伺服	闭环及直、交流伺服
联动轴数	2 ~ 3	2 ~ 4	5 轴或 5 轴以上
通信功能	无	RS232 或 DNC	RS232、DND/MAP
显示功能	数码管显示	CRT:图形、人机对话	CRT:三维图形、自诊断
内装 PLC	无	有	功能强大的内装 PLC
主 CPU	8 位、16 位 CPU	16 位、32 位 CPU	32 位、64 位 CPU
结构	单片机或单板机	单微处理器或多微处理器	分布式多微处理器

3.数控机床的组成及各部分功能

数控机床一般由加工程序、输入装置、数控系统、伺服系统和辅助控制装置、检测反馈系统以及机床本体组成,如图1.8所示。

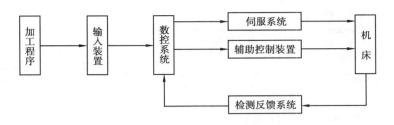

图 1.8 数控机床的组成框图

（1）机床

机床是数控机床的机械结构件，有床身、箱体、立柱、导轨、工作台、主轴和进给机构等。

（2）伺服系统

伺服系统是数控系统和机床主机之间的连接环节，其接受数控系统生成的进给信号，经放大驱动机床的执行机构，最后实现机床运动。

（3）检测反馈系统

检测反馈系统是通过检测元件将执行元件（电机、刀架）或工作台的速度和位移检测出来，反馈给数控装置构成闭环或半闭环系统。

（4）辅助控制装置

辅助控制装置是连接数控装置和机床机械、液压部件的控制系统。其主要作用是接收数控装置输出的主运动变速，刀具的选择与交换，辅助装置的动作等信号。经过编译、逻辑判断、功率放大后驱动相应的电器、液压、气动和机械部件，以完成指令所规定的动作。

（5）数控系统

数控系统是数控机床的核心，由硬件和软件部分组成。其接受的输入代码经缓存、译码、运算插补等转变成控制指令，实现直接或通过 PLC 对伺服驱动装置的控制。

（6）输入装置

键盘和磁盘机等是数控机床的典型输入设备，除此之外，还可以用串行通信的方式输入。数控系统一般配有 CRT 显示器或点阵式液晶显示器，显示的信息较丰富，并能显示图形信息。操作人员可以通过显示器获得必要的信息。

1.1.2 数控系统的基本组成及工作过程认知

1.数控系统组成

数控系统，即 CNC 系统，主要由硬件和软件两大部分组成。其核心是计算机数字控制装置。它通过系统控制软件以配合系统硬件，合理地组织、管理数控系统的输入、数据处理、插补和输出信息，控制执行部件，使数控机床按照操作者的要求进行自动加工。CNC 系统采用了计算机作为控制部件，通常由常驻在其内部的数控系统软件实现部分或全部数控功能，从而对机床运动进行实时控制。只要改变计算机数控系统的控制软件就能实现一种全新的控制方式。CNC 系统有很多种类型，如车床、铣床、加工中心等。但是，各种数控机床的 CNC 系统一般包括以下几个部分：中央处理单元 CPU、存储器（ROM/RAM）、输入输出设备（I/O）、操作面板、显示器和键盘、纸带穿孔机、可编程控制器等。

图 1.9 中所示的是整个计算机数控系统的结构框图，数控系统主要是指图中的 CNC 控制器。CNC 控制器由计算机硬件、系统软件和相应的 I/O 接口构成的专用计算机与可编程控制器 PLC 组成。前者处理机床的轨迹运动的数字控制，后者处理开关量的逻辑控制。

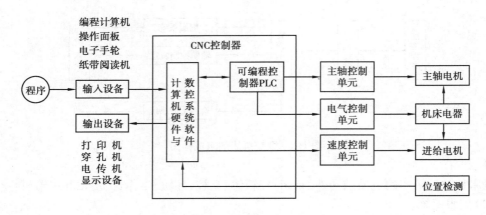

图 1.9　CNC 系统的结构框图

2.数控系统的工作过程

FANUC（日本）、SIEMENS（德国）、FAGOR（西班牙）、HEIDENHAIN（德国）、MITSUBISHI（日本）等公司的数控系统及相关产品,在数控机床行业占据主导地位。数控系统的工作过程如下。

（1）输入

输入 CNC 控制器的通常有零件加工程序、机床参数和刀具补偿参数。机床参数一般在机床出厂时或在用户安装调试时已经设定好,所以输入 CNC 系统的主要是零件加工程序和刀具补偿数据。输入方式有纸带输入、键盘输入、磁盘输入及上级计算机 DNC 通信输入等。CNC 输入工作方式有存储方式和 NC 方式。存储方式是将整个零件程序一次全部输入到 CNC 内部存储器中,加工时再从存储器中把一个一个程序调出。该方式应用较多。NC 方式是 CNC 一边输入一边加工的方式,即在前一程序段加工时,输入后一个程序段的内容。

（2）译码

译码是以零件程序的一个程序段为单位进行处理,把其中零件的轮廓信息（起点、终点、直线或圆弧等）,F,S,T,M 等信息按一定的语法规则解释（编译）成计算机能够识别的数据形式,并以一定的数据格式存放在指定的内存专用区域。编译过程中还要进行语法检查,发现错误立即报警。

（3）刀具补偿

刀具补偿包括刀具半径补偿和刀具长度补偿。为了方便编程人员编制零件加工程序,编程时零件程序是以零件轮廓轨迹来编程的,与刀具尺寸无关。程序输入和刀具参数输入分别进行。刀具补偿的作用是把零件轮廓轨迹按系统存储的刀具尺寸数据自动转换成刀具中心（刀位点）相对于工件的移动轨迹。

刀具补偿包括 B 机能和 C 机能刀具补偿功能。在较高档次的 CNC 中一般应用 C 机能刀具补偿,C 机能刀具补偿能够进行程序段之间的自动转接和过切削判断等功能。

（4）进给速度处理

数控加工程序给定的刀具相对于工件的移动速度是指各个坐标合成运动方向上的速度,即 F 代码的指令值。速度处理首先要进行的工作是将各坐标合成运动方向上的速度分解成各进给运动坐标方向上的分速度,为插补时计算各进给坐标的行程量作准备;另外对于机床允许的最低和最高速度限制也在这里处理。有的数控机床的 CNC 软件的自动加速和减速也放在这里。

（5）插补

零件加工程序段中的指令行程信息是有限的。如对于加工直线的程序段仅给定起、终点坐标；对于加工圆弧的程序段除了给定其起、终点坐标外，还给定其圆心坐标或圆弧半径。要进行轨迹加工，CNC 必须从一条已知起点和终点的曲线上自动进行"数据点密化"的工作，这就是插补。插补在每个规定的周期（插补周期）内进行一次，即在每个周期内，按指令进给速度计算出一个微小的直线数据段，通常经过若干个插补周期后，插补完一个程序段的加工，也就完成了从程序段起点到终点的"数据密化"工作。

（6）位置控制

位置控制装置位于伺服系统的位置环上，如图 1.9 所示。它的主要工作是在每个采样周期内，将插补计算出的理论位置与实际反馈位置进行比较，用其差值控制进给电动机。位置控制可由软件完成，也可由硬件完成。在位置控制中通常还要完成位置回路的增益调整，各坐标方向的螺距误差补偿和反向间隙补偿等，以提高机床的定位精度。

（7）I/O 处理

CNC 的 I/O 处理是 CNC 与机床之间的信息传递和变换的通道。其作用一方面是将机床运动过程中的有关参数输入到 CNC 中；另一方面是将 CNC 的输出命令（如换刀、主轴变速换挡、加冷却液等）变为执行机构的控制信号，实现对机床的控制。

（8）显示

CNC 系统的显示主要是为操作者提供方便，显示装置有 CRT 显示器或 LCD 数码显示器，一般位于机床的控制面板上。通常有零件程序的显示、参数的显示、刀具位置显示、机床状态显示、报警信息显示等。有的 CNC 装置中还有刀具加工轨迹的静态和动态模拟加工图形显示。

1.1.3　数控机床的安装调试

安装调试工作是指机床运到后，安装到工作场地直至能正常工作的这一阶段所做的工作。安装和调试过程如下：

①机床到货后应及时开箱检查，按照装箱单清点技术资料、零部件、备件和工具等是否齐全无损，核对实物与装箱单及订货合同是否相符，如发现有损坏或遗漏问题，应及时与供货厂商联系解决，尤其注意不要超过索赔期限。

②机床初就位　用户在机床到达之前，应根据机床轮廓尺寸和实际场地情况，综合考虑加工方便、操作者安全及车间运输方便等因素，首先设计机床的安装位置和安装方向，其次应按机床厂提供的机床基础要求做好机床地基，在安装地脚螺栓的地方预留好空位。机床拆箱后，要找齐随机资料，找出机床装箱单，按照装箱单清点各包装箱内零部件、电缆、资料等是否齐全。然后按机床说明书介绍将组成机床的各大部件分别在地基上就位。就位时，垫铁、调整垫板和地脚螺栓等也都相应对号入座。

③机床连接机床各部件组装前，首先要除去安装连接面、导轨和各运动面上的防锈涂料，做好各部件外表清洁工作，然后把机床各部件组装成整机。部件组装完成后进行电缆、油管

和气管的连接。

④数控系统的连接与调试　首先将实物与订单相对照,然后进行电缆连接和地线连接。接着进行数控系统电源线的连接,并对数控系统内部的线路板上的短路棒进行设定。仔细调整数控柜的电源,检查各端输出电压和赢流电源单元的电压输出端是否对地短路。再确认数控系统各参数并将参数通过数控系统显示,然后存入系统存储器。将数控系统与机床侧接口准确连接。

⑤试车前准备　按机床说明书要求给机床润滑油箱、润滑点灌注规定的油液和油脂,给液压油箱内灌入规定标号的液压油,接通外接气源。调整机床床身水平位置,粗调机床主要几何精度,再调整重新组装的主要运动部件与主机的相对位置,使机床安装稳定牢固。

⑥通电试车　普通机床的试车较简单,主要是检查电机的旋转方向是否正常,若发现异常,对调任意两根电源线即可。数控机床的试车比较复杂,具体如下:机床通电可以是一次各部件全面供电,或各部件分别供电,然后再做总供电试验。分别供电比较安全,通电后,首先观察有无报警故障,然后用手动方式陆续启动各部件,检查机床各部件的功能是否正常,最后全面通电,使机床各环节都能操作运动起来。数控系统与机床联机通电试车,手动连续进给各轴,以查电动机的状态、各轴的精度、各轴的安全保护和回基准点功能。

⑦机床精度和功能的调试　在基础固化后(一般为 7 天以上)精确调整机床主床身的水平,校正水平后移动床身上的各运动部件,调整机床几何精度在允许公差范围内。对于数控机床,精度调整完毕后,应仔细检查数控系统和可编程控制器装置中的参数设定值是否符合随机指标中规定的数据,然后试验各主要操作功能、安全措施、常用指令执行情况等。

⑧试运行　对于数控机床,调试完毕后要求整机在一定负载条件下进行较长时间的自动运行,以较全面地检查机床功能及工作可靠性。运行时间没有统一规定,一般采用每天运行 8 h,连续运行 2～3 天或 24 h,这个过程称作安装后的试运行。在试运行时间内,除操作失误引起的故障外,不允许机床有故障出现,否则表明机床的安装调试存在问题。通过试运行,达到机床能安全可靠工作的目的。

任务2　数控机床故障诊断维修基础

1.2.1　数控设备的日常维护与保养

数控设备的维修首先是日常维护与保养,数控设备的日常维护与保养可以减少机械传动部件的磨损,延长电子元器件的使用寿命,从而可以增加数控设备的可靠性和稳定性。数控设备的维护与保养在设备出厂说明书中有明确的规定,对此应该严格遵守。例如某加工中心的维护点检表如表1.2所示。

由于数控设备集机、电、液、气等技术为一体,所以对它的维护要有科学的管理,有目的地制定出相应的规章制度。对维护过程中发现的故障隐患应及时清除,避免停机待修,延长设备平均无故障时间,增加设备的利用率。

表 1.2   某加工中心的维护点检表

日检项目	①液压系统　②主轴润滑系统　③导轨润滑系统　④冷却系统　⑤气压系统　⑥导轨润滑油箱油量及时添加润滑油　⑦润滑泵能定时启动及停止
周检项目	其主要项目包括机床零件、主轴润滑系统,应该每周对其进行正确的检查,特别是对机床零件要清除铁屑,进行外部杂物清扫
月检项目	①电源　②空气干燥器
季　检	①机床床身　②液压系统　③主轴润滑系统
每半年	滚珠丝杠、清洗旧润滑脂,涂上新的油脂、液压油路、清洗溢流阀、减压阀、滤油器及油箱箱底、更换或过滤液压油、主轴润滑恒温油箱
每　年	检查并更换直流伺服电机碳刷,检查换向器表面,吹净碳粉,去毛刺,更换长度过短的电刷,跑合后使用,润滑液压泵、滤油器清洗,清理池底,更换滤油器

1.2.2　数控机床维修原则及人员素质要求

1. 数控机床的故障诊断与维修应遵守的原则

(1)先静后动

人:不(盲目)动手,先调查。

机床:先静态(断电)后动态。先"观"一切有无异常,后"测与查"。

(2)先外后内

先表观"望、闻、听、问"后及其内。

望——观察;闻——是否嗅到特殊气味;听——声音;问——向操作员询问情况。

观察:工作地环境状况是否符合设备的要求。

注意:机电一体化机床设备的连接部位有无异常,连接与接触是否良好,关系到信号是否丢失问题。所以,在现场观察中对这些部分应该特别注意。

(3)先软后硬

先充分利用系统的自诊断,检查软件或参数,这有利于故障类型判别与大定位。

注意:有不少硬件故障可用软的方法补救,可以省力省时,例如修改状态参数。

(4)先公后专

即先共性后个性,先查共有部位,如电源部分(主电源电路及其保护电路、接地情况等)、PLC、液压、润滑与冷却等。

(5)先一般后特殊

即先查常见故障部位。例如 Z 轴回零不准,先查挡块位置。

对于机床新与老、调试阶段与维修后情况不同,先查对应条件下的常见故障。

(6)先机后电

可能是机械与电气故障并存时,先检查机械成因,这是因为有很大比例表现为电气故障,实际上是机械动作失灵引起的,而且机械故障一般比较容易检查。

(7)先简后繁(先易后难)

先检查简单的易查的故障,这是因为复杂故障可能是由多个简单故障合成的。

（8）先查输入后查负载

以独立单元概念入手,先查有无输入,再查负载反馈效应,最后确定所怀疑的独立单元是否失效。

2. 维护及维修人员的素质要求

①维护及维修人员应熟练掌握数控机床的操作技能,熟悉编程工作,了解数控系统的基本工作原理与结构组成,这对判断是操作不当或编程不当造成的故障十分必要。

②维护及维修人员必须详细熟读数控机床有关的各种说明书,了解有关规格、操作说明、维修说明,以及系统的性能、结构布局、电缆连接、电气原理图和机床梯形图(PLC 程序)等,实地观察机床的运行状态,使实物和资料相对应,做到心中有数。

③维护及维修人员除会使用传统的仪器仪表工具外,还应具备使用多通道示波器、逻辑分析仪和频谱分析仪等现代化、智能化仪器的技能。

④维护及维修人员要提高工作能力和效率,必须借鉴他人的经验,从中获得有益的启发。在完成一次故障诊断及排除故障后,应对诊断排故障工作进行回顾和总结,分析能否有更快、更好的解决方法,一个有代表性的诊断检修捷径是从"重复故障"中总结出来的,因此,维护及维修人员在经过一定的实践阶段后,对一定的故障形式就很熟悉,那么,以后就不需要很多的维修人员。

⑤做好故障诊断及维护记录,分析故障产生的原因及排除故障的方法,归类存档,为以后的故障诊断提供技术数据。

1.2.3 数控机床的主要故障

1. 故障诊断的 3 个环节

一般来说,可将数控机床故障诊断分成 3 个环节,即故障类型判断、故障隔离与故障定位。

故障类型判断——这是数控机床故障诊断中的最重要的一环。故障类型判断的正确与否,直接关系到一次诊断工作的成败与效率问题。因为不同的故障类型,对应有其特殊的分析方法。判断出故障所属的类型后,即可采用对该类型有效的分析方法进行具体分析。

故障隔离——当判断出是硬件或器件故障时,将最怀疑的单元采用一定的方法进行隔离。例如采用短路销(或称短路棒)或断开该单元的对外连接等,以便于诊断此单元是否为故障单元。

故障定位——通过故障点测试来判定故障源——真正的故障成因。后续的分析中将理解一个事实:一种故障现象,往往可对应不同的故障成因。下位故障的发生往往可能是上位输入不正确造成的。所以,当发现某程序模块或器件/硬件存在故障现象时,并不能认为该部分就是产生故障的根源。对于硬件或器件问题,可以采用标准信号强制输入法或相同单元的交换法或替代法等,来判定该单元是否存在故障。对于软性故障,同样可以用状态对比予以鉴别。总之,只有做到精确的故障定位,才能合理地处理与消除故障源,恢复设备的正常运行。

2. 数控机床的故障类型

数控机床故障的分类方法有很多种,例如,按造成故障的内、外因素进行分类;按故障发生后有无报警进行分类;按故障产生的必然性与偶然性进行分类,或者称为按重演性故障与随机性故障进行分类;按故障发生部件进行分类等。

①数控机床故障按发生性质分类,可以分成主机故障与电气故障两大类。

主机故障(也称机械故障),是指那些发生于机床本体部分的故障(以后,我们将"发生于机床本体部分"简单地称作发生部位是"机床侧")。主机部分主要包括机械、润滑、冷却、排屑、液压、气动与防护装置系统等。

常见的主机故障有:因机械安装、调试及操作使用不当等原因引起的机械传动故障与导轨运动摩擦过大等故障,也包括工艺故障等。故障现象表现为传动噪声大,或是运行阻力大、加工精度差等。例如:轴向传动链的挠性联轴器松动,齿轮、丝杠与轴承缺油,导轨塞铁调整不当,导轨润滑不良,以及系统参数设置不当等原因均可导致上述故障现象的出现。尤其是机床上那些标明的注油点(注油孔),必须定时、定量加注润滑油(剂)。这是机床各传动链正常运行的基本保证。所以,一旦出现上述故障现象,首先应该检查操作工的工作日记,以确定是否正常润滑问题。另外,润滑、液压与气动系统的主要故障为管路阻塞或密封不良。

电气故障又可以分成强电故障与弱电故障。

强电故障:发生部位是机床侧,是指那些发生于机床侧的电器器件及其组成电路中的故障。诸如继电器、接触器、各类开关、电源变压器、空气断路器、熔断器、电磁铁,以及电动机等电气器件及其相关的电路。一般而言,强电故障是比较容易被检查出来的。

弱电故障:发生部位是 CNC 侧,是指那些发生于 CNC 系统中 CNC 装置、PLC 装置、伺服控制与检测系统以及 I/O 接口装置等的微电子/数字电路中的各种故障。由于 CNC 系统包括了硬件与软件结构,所以,弱电故障包括软件故障与硬件故障两类。

硬件故障:发生于 CNC 侧,是指那些具有印刷电路板的微电子电路中的故障——包括集成电路芯片、分立元件、接插件、外部组件、直流电源、印刷电路板以及电缆等器件本身性能故障或接触性故障。

软件故障:包括系统程序或参数出错和控制程序问题。具体可以包括:计算机运算错误、系统参数改变或丢失、系统程序改变或丢失、加工程序出错。需要注意,涉及操作失误、电磁干扰造成数据或参数混乱,也属"软"故障。所以,以后分析中也常将故障分成"硬性故障"和"软性故障"。

②按照故障发生时有无报警显示可以分成有报警显示故障与无报警显示故障两类。因为数控系统的自诊断功能,在开机时做启动诊断与工作中的在线诊断,所以 CNC 系统可以对数控系统的故障软件、关键硬件以及重要的外部关联装置进行实时状态监测,并及时显示诊断结果。因此,有报警显示故障又可以分成硬件报警显示故障与软件报警显示故障。

硬件报警显示:通常是那些主要单元装置上的 LED 发光管或小型指示灯的显示来表明该单元存在故障;或者像伺服单元那样,以七段数码管上的相应位置的显示,来指示对应的故障部位。查照技术手册,即可得到故障发生的大的部位以及故障性质。因此,维修人员进行日常维护工作和故障诊断时,应该认真检查这些警示灯的状态是否正常。

软件报警显示:通常是指 CRT 显示器上显示出报警号和报警信息。常见的软件报警显示有存储器警示、程序出错警示、主轴警示、伺服系统警示、轴超程警示、过热警示、过载警示以及断线警示等。软件报警显示少则有几十种,多则有上千种。系统的报警能力大小也是衡量数控系统功能的指标之一。充分利用数控系统本身的自诊断功能,必定大大提高诊断维修工作的效率。

无报警显示的故障:是指数控系统没有给出任何警示的那些故障。这类故障分析与诊断的难度较大。请注意:没有报警显示的原因,可能是系统不具有针对那些故障的报警能力,或者是系统处于失电状态而不能或丢失了报警信息。所以,在出现故障时,除非危及设备与人身安全,不要马上断电,而应该是先检查并记录所有可能的故障警示、故障现象,以及出现故障时的工作状况。无报警显示,不等于出现故障时无故障现象。任何故障的出现,总伴有一定的故障现象。例如,加工误差过大、运行轴的振动与噪声,其实都属于无报警显示的现象报警类故障。所以,对故障出现前后的状态与现象,进行仔细的对比分析就尤为重要。

3. 数控机床的主要故障

数控机床的故障诊断与维修,从故障诊断与检测到故障的排除,其中难度最大、工作量最多、涉及学科交叉最广的部分,也即数控机床的 CNC 系统,这也是数控机床区别于普通机床的特殊部分。由数控机床的特殊性可以想到:数控机床的主要故障是电气故障,频繁动作的大量机床控制电器、要求定位精确和环境良好的检测元件及其电路、大规模的数字集成电路及其元器件以及复杂的 I/O 电路等印刷电路板、线路与元器件等与硬件故障往往占有较高的故障率。据统计,其中低压电器故障率约占 30%。易受干扰的数字信号,往往与占故障率 5% 的"不明原因"故障有关。监控程序、管理程序以及微程序等造成的软件故障约占故障率的 10%。

1.2.4　数控机床故障诊断的常用方法

数控机床故障诊断一般采用追踪法、自诊断功能、参数检查、替换法、测量法。

(1)追踪法

追踪法是指在故障诊断和维修之前,维修人员先要对故障发生的时间、机床的运行状态和故障类型进行详细了解,然后寻找产生故障的各种迹象。大致步骤如下:

1)故障发生的时间

故障发生的时间和次数;故障的重复性;故障是否在电源接通时出现;环境温度如何;有否雷击,机床附近有无振动源或电磁干扰源。

2)机床的运行状态

3)停电检查

利用视觉、嗅觉、听觉和触觉寻找产生故障的各种迹象。例如,仔细观察加工零件表面的情况,机械有无碰撞的伤痕,电气柜是否打开,有无切屑进入电气柜,元器件有无烧焦,印刷电路板阻焊层有无因元器件过流过热而烧黄或烧黑,元器件有无松动,电气柜和器件有无焦煳味,部件或元器件是否发热,熔丝是否熔断,电缆有否破裂和损伤,气动系统或液压系统的管路与接头有无泄漏,操作面板上方式开关设定是否正确,电源线和信号线是否分开安装或分开走线,屏蔽线接线是否正确等。

4)通电检查

检查系统参数和刀具补偿是否正确,加工程序编制是否有误、机械传动部分有无异常响声,系统的输入电压是否在正常范围,电气柜内的轴流风扇是否正常、电气装置内有否打火等。如果出现打火现象,应该立即关断电源,以免扩大故障范围。

追踪法检查是一种基本的检查故障的方法,发现故障后要查找引起故障的根源,采取合理的方法给予排除。在整个过程中,要作好故障诊断与排除的详细的文字记录。

（2）自诊断功能

自诊断功能是数控系统的自诊断报警系统功能，它可以帮助维修人员查找故障，是数控机床故障诊断与维修中十分重要的手段。自诊断功能按诊断的时间先后可以分为启动诊断、在线诊断和离线诊断。

启动诊断是指数控系统从通电开始到进入正常运行准备为止，系统内部诊断程序自动执行的诊断。启动诊断主要对 CNC 装置中最关键的硬件和系统控制软件进行诊断，例如 CPU、存储器、软盘驱动器、手动数据输入（CRT/MDI）单元、总线和输入/输出（I/O）单元等，甚至能对某些重要的芯片是否插装到位、规格型号是否正确进行诊断。如果检测到故障，CNC 装置通过监视器或数码管显示故障的内容。自动诊断过程没有结束时，数控机床不能运行。

在线诊断是指数控系统在工作状态下，通过系统内部的诊断程序和相应的硬件环境，对数控机床运行的正确性进行的诊断。CNC 装置和内置 PLC 分别执行不同的诊断任务。CNC 装置主要通过对各种数控功能和伺服系统的检测，检查数控加工程序是否有语法错误和逻辑错误。通过对位置、速度的实际值相对指令值的跟踪状态来检测伺服系统的状态，若跟踪误差超过了一定限度，表明伺服系统发生了故障。通过对工作台实际位置与位置边界值的比较，检查工作台运行是否超出范围。内置 PLC 主要检测数控机床的开关状态和开关过程，例如对限位开关、液压阀、气压阀和温度阀等工作状态的检查，对机床换刀过程、工作台交换过程的检测，对各种开关量的逻辑关系的检测等。

在线诊断按显示可以分为状态显示和故障信息显示两部分。状态显示包括接口状态显示和内部状态显示。接口状态是以二进制"1"和"0"表示信号的有无，在监视器上显示 CNC 装置与 PLC、PLC 与机床之间的接口信息传递是否正常。内部状态显示涉及机床较多的部分，例如复位状态显示、由外部原因造成不执行指令的状态显示等。故障信息显示涉及很多故障内容，CNC 系统对每一条故障内容赋予一个故障编号（报警号）。当发生故障时，CNC 装置对出现的故障按其紧迫性进行判断，在监视器上显示最紧急的故障报警号和相应的故障内容说明。

数控机床的伺服驱动单元、变频器、电源、输入/输出（I/O）等单元通常有数码管指示和报警指示灯。当这些装置和相关部件出现故障时，除了在监视器上显示故障报警信息外，它们的报警指示灯变亮或数码管显示故障字符。例如伺服驱动单元与伺服电机连接的电源线接触不良或伺服系统的检测元件损坏时，伺服驱动单元的数码管显示代表故障的字符，查阅使用手册有关报警的章节，可以找到故障的类型和引起故障的原因。

离线诊断是数控机床出现故障时，数控系统停止运行系统程序的停机诊断。离线诊断是把专用诊断程序通过 I/O 设备或通信接口输入到 CNC 装置内部，用专用诊断程序替代系统程序来诊断系统故障，这是一种专业性的诊断。

（3）参数检查

数控机床的参数设置是否合理直接关系到机床能否正常工作。这些参数有位置环增益、速度环增益、反向间隙补偿值、参考点坐标、快速点定位速度、加速度、系统分辨率等数值，通常这些参数不允许修改。如果参数设置不正确或因干扰使得参数丢失，机床就不能正常运行。因此参数检查是一项重要的诊断。

（4）替换法

利用备用模块或电路板替换有故障疑点的模块或电路板,观察故障转移的情况,这是常用而简便的故障检测方法。

（5）测量法

利用万用表、钳形电流表、相序表、示波器、频谱分析仪、振动检测仪等仪器,对故障疑点进行电流、电压和波形测量,将测量值与正常值进行比较,分析故障所在的位置。

模块 2

数控机床故障诊断与维修实践

项目 1　数控机床电气控制原理图识读

知识目标

1. 了解电气原理图中图形符号和文字符号的含义；
2. 理解电气控制线路分析的主要内容、一般方法和步骤。

技能目标

1. 熟知机床电气控制原理图绘制原则、各电气元件的作用、相互关系及标注方法；
2. 正确识读数控机床电气控制原理图。

由前面的学习已知道，我们可以从不同的角度对数控机床的故障进行分类，其中一种比较实用的基本分类方法就是按故障发生性质进行分类，按故障发生性质数控机床的故障可以分成主机故障与电气故障两大类。

主机故障（也称机械故障）是指那些发生于机床本体部分的故障（通常简称发生部位是"机床侧"）。主机部分主要包括机械、润滑、冷却、排屑、液压、气动与防护装置系统等。

电气控制系统故障又可分为强电故障与弱电故障。数控机床的弱电部分主要包括 CNC 装置、伺服驱动单元、PLC 及输入/输出等（其中 CNC 装置、伺服驱动单元等部分的内容在其他项目中学习和掌握）；强电部分是指控制系统中的主回路、大功率回路中的继电器、接触器、开关、熔断器、电源变压器、电动机、电磁铁、行程开关等电器元件及其所组成的控制电路。虽然与弱电部分相比强电部分的维修、诊断较为简单，但由于强电部分处于高压、大电流工作状态，且易受到磨损、污染、氧化与腐蚀、振动与碰撞等诸多不利因素的影响，另外操作人员的非正常操作、电气元件的寿命限制这一切都使得这部分电路发生故障的几率较高。因此有必要掌握强电部分的工作原理和控制策略。

任务 1　掌握电气控制原理图基本识读方法

◎ **任务提出**

电气原理图用于详细解读电气控制电路、设备或成套装置及其组成部分的构成及工作原理，表明电气控制系统中各电气元件的作用及相互关系，对电气控制系统的安装调试、运行维护、测试和查找故障提供信息。现代数控机床的电气图往往有几十页，甚至上百页，正确、熟练识读电气控制原理图是对电气维修人员最基本的技能要求，也是采用原理分析法进行故障分析诊断的前提。

万用表结构与
使用介绍

为了能够正确、熟练地识读电气原理图，我们需要：

1. 了解常用低压电气元件的作用；
2. 明确电气原理图中各图形符号和文字符号的含义；

3.熟知机床电气控制原理图绘制原则、各电气元件的作用、相互关系及标注方法;

4.在实践的基础上掌握正确的读图方法。

◎ 任务目标

1.了解电气控制图的种类及符号的意义;

2.掌握电气控制线路分析的主要内容;

3.掌握电气控制原理图的识图方法;

4.正确识读数控机床强电部分电气控制原理图。

◎ 相关知识

一、电气控制系统图的基本知识

电气控制系统图是指根据国家电气制图标准,用规定的电气符号、图线来表示系统中各电气设备、装置、元器件的连接关系的电气工程图。电气控制系统图包括电气原理图、电器元件布置图、电气安装接线图。

1.电气原理图

表示电流从电源到负载的传送情况和各电器元件的动作原理及相互关系,而不考虑各电器元件实际安装的位置和实际连线情况。电气原理图是依据国家标准规定的原则进行绘制的。

(1)文字符号和图形符号

①文字符号是用来表示电气设备、装置、元器件的名称、功能、状态和特征的字符代码。例如,FR 表示热继电器。

②图形符号用来表示一台设备或概念的图形、标记或字符。例如,"～"表示交流。

国家电气图用符号标准 GB/T 4728 规定了电气简图中图形符号的画法,该标准及国家电气制图标准 GB/T 6988 于 1997 年 1 月 1 日正式开始执行。

(2)绘制电气原理图应遵循的原则

①电气控制电路一般分为主电路、控制电路和辅助电路(如照明、保护电路),电气原理图按主电路、控制电路和辅助电路分开绘制,电气原理图可水平或垂直布置。水平布置时,电源线垂直绘制,其他部分水平绘制,控制电路中的耗能元件(如电器的线圈,电磁铁,信号灯等)绘在电路最右端;垂直布置时,电源线水平绘制,其他部分垂直绘制,控制电路中的耗能元件(如电器的线圈,电磁铁,信号灯等)绘在电路最下端。

②在电气原理图中,所有电器元件的图形、文字符号、接线端子标记必须采用国家规定的统一标准。

③电器元件展开图的画法。同一电器元件的各部分可以不画在一起,但需用同一文字符号标出。若有多个同一种类的电器元件,可在文字符号后加上数字序号,例如 KM1、KM2。

④在原理图中,所有电器按自然状态画出。所有按钮、触点均按电器没有通电或没有外力操作,触点没有动作的原始状态画出;当图形垂直布置时,各元器件触点图形符号以"左开右闭"绘制。当图形为水平布置时以"上闭下开"绘制。

⑤在原理图中,有直接联系的交叉导线连接点,要用黑圆点表示。无直接联系的交叉导线连接点不画黑圆点。

⑥在原理图上将图分成若干个图区,并标明该区电路的用途和作用。在继电器、接触器线圈下方列出触点表,说明线圈和触点的从属关系。

(3)电气原理图图面区域的划分

在原理图上可将图划分成若干区域,以便阅读查找。在原理图的上方沿横坐标方向划分图区,以数字 1,2,3,…表明,并用文字标明该图区的功能和作用,使读者能清楚地知道某个元件或某部分电路的功能,当然图区编号也可设置在图的下方。同时也可在图的左右两侧沿竖直方向划分区域,以字母 A,B,C,D,…表明,以便于检索电气线路,方便阅读分析。

(4)电气原理图标号

以图 2.1 为例说明。

1)主电路的标号

在机床电气控制电路的主电路中,标号由文字标号和数字标号构成。文字标号表明主回路中电器元件和电路的种类和特征,如三相电动机绕组用 U,V,W 表示。数字标号由 3 位数字构成,并遵循按回路标注的原则。

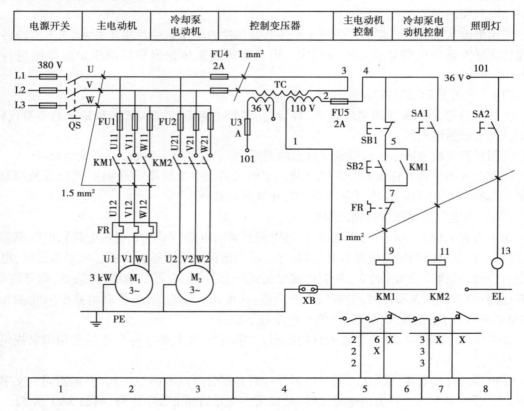

图 2.1　某机床电气控制系统电气原理图

三相交流电源的引入线用 L1,L2,L3 标记,1,2,3 分别代表三相电源的相别,中性线用 N 表示。经电源开关后标号变为 U,V,W,这是因为电源开关前后属于不同的线段。

在有多台电动机的主电路中,各电动机支路中的接点标记采用在三相文字代号后加数字的方式来表示,图中数字的十位是用来表示电动机的,个位数字表示该支路各接点的代号,如 U12,V12,W12 为电动机 M1 支路的第 2 个节点代号,U21,V21,W21 为电动机 M2 支路的第 1 个节点代号,以此类推。

电动机主电路的标号可从电源至电动机绕组自上而下标注,以图 2.1 中 M1 电动机主回路为例,从三相电源线 U,V,W 开始,经熔断器 FU1 后标号为 U11,V11,W11,再经过交流接触器 KM1 后标号为 U12,V12,W12 与热继电器 FR 的上触头相连,由热继电器下触头与电动机绕组相连,M1 电动机绕组的标号为 U1,V1,W1。电动机 M2 主回路的标号可以次类推。在有些技术资料和图册中也有从电动机绕组开始自下而上标注的。

2)控制(辅助)电路的标号

采用 1~3 位阿拉伯数字,按"等电位"原则标注,控制(辅助)电路通常的标注方法是首先编好控制电路电源引线线号,通常在控制线的最左最上方标"1",然后按照控制电路从上到下、从左到右的顺序,每经过一个触头线号依次递增,电位相等的导线线号相同,接地线为"0"号线,如图 2.1 控制电路所示。

(5)符号位置的索引

线路中的接触器、继电器的线圈与其所控的触头的从属关系(即触头位置)应按下述方法标志:

在每个接触器线圈的文字符号 KM 下方画两条竖直线,分成左、中、右 3 栏,把受其控制的触头所处的图区号按表 2.1 规定的内容填写,对备用的触头在相应的栏中用"X"标出。

表 2.1　接触器触头位置索引

左　栏	中　栏	右　栏
主触头所处的图区号	辅助动合(常开)触头所处的图区号	辅助动断(常闭)触头所处的图区号

在每个继电器线圈的文字符号下方画一条竖直线,分成左、右两栏,把受其控制的触头所处的图区号按表 2.2 规定的内容填写,对备用的触头在相应的栏中用"X"标出。

表 2.2　继电器触头位置索引

左　栏	右　栏
辅助动合(常开)触头所处的图区号	辅助动断(常闭)触头所处的图区号

2.电器元件布置图

电器元件布置图也叫位置图,它详细绘制出了电气设备、零件的安装位置。图中各电器代号应与有关电路和电器清单上所有元器件代号相同。

3.安装接线图

接线图表示各电器元件之间或成套装置之间的实际连接关系,用于安装接线、电路检查、电路维修和故障处理等。在实际中接线图通常与原理图和位置图一起使用。

二、电气识图方法与步骤

1.分析方法

分析电气原理图的基本方法为"先机后电、先主后辅、化整为零、集零为整、统观全局、总结特点"。即以某一电机或电器元件为对象,从电源开始,由上而下,自左至右,逐一分析其接通断开关系,根据图区坐标所标注的检索和控制流程的方法分析出各种控制条件与输出的结果之间的因果关系,弄清电路工作原理。

(1)先机后电

首先了解设备的基本结构、运动情况、工艺要求和操作方法。以期对设备有个总体了解,进而明确该设备对电力拖动自动控制的要求,为分析电路做好前期准备。

(2)先主后辅

先阅读主电路图,看有几台电动机,各电动机有何作用。结合加工工艺要求弄清各台电动机的

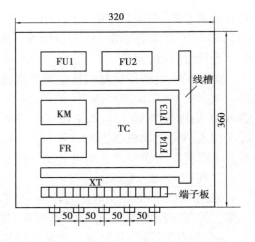

图 2.2　某机床控制柜电器元件布置图

启动、转向、调速、制动等各方面的控制要求及其保护环节。其中,主电路各控制要求是由控制电路来实现的。

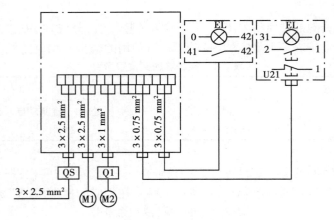

图 2.3　某机床电器安装接线图

(3)化整为零

在分析控制电路时,将控制电路按照功能划分成若干个局部控制回路,先从主电路的控制开始,经过逻辑分析,写出控制流程,用简单明了的方式表达出电路的自动工作过程。然后分析辅助电路。辅助电路包括照明电路、保护电路、检测电路等。这部分电路具有相对独立性,仅起辅助作用并不影响主要功能,但是它们又都是由控制电路中的元件来控制的,因此应结合控制电路一并分析。

(4)集零为整、统观全局

经过化整为零分析了每一局部电路的工作原理之后,应进一步集零为整看全部,弄清各局部电路之间的控制关系、联锁关系,以及机、电、液之间的配合情况,各种保护的设置等。以便对整个电路有一个清晰的理解,并对电路如何实现工艺全过程有个明确的认识。

(5)总结特点

各种设备的电气控制虽然都是由各种基本控制环节组合而成。但其整机的电气控制都

各有特点,这些特点也是各种设备电气控制的区别所在,应认真总结。通过总结各自的特点,也就加深了对电气控制的理解。

2. 分析步骤

(1)分析主电路

根据每台电动机和执行电器的控制要求,分析各电动机和执行电器的控制内容。

(2)分析控制电路

根据主电路中各电动机和执行电器的控制要求,逐一找出电器中的控制环节,将控制电路化整为零,按照功能不同分成若干局部控制电路来进行分析。生产机械对于安全性、可靠性的要求很高,为实现这些要求,除了合理选择拖动、控制方案外,在电路中还设置了一系列的电气保护和必要的电气联锁,对于这些部分也应进行透彻分析。

(3)分析辅助电路

辅助电路包括执行元件的工作状态指示、电源指示、参数测定、照明和故障报警等部分。辅助电路中的很多部分是由控制电路中的控制元件来控制的,所以分析时还要对照控制电路来进行分析。

(4)总体检查

经过化整为零,逐步分析了每一局部电路的工作原理以及各部分之间的控制关系后,还必须用集零为整的方法,检查整个控制电路,看是否有遗漏。特别要从整个角度去进一步检查和理解各控制环节之间的关系。清楚地理解原理图中每个元器件的作用、工作过程及主要参数。

◎ 任务实施

基本任务:以我们已有的知识对图 2.1 进行分析识读。

1. 主电路分析

主电路共有两台电动机:M1 为主电动机,M2 为冷却泵电动机,用以输送切削液。合上电源开关 QS 时,接通三相电源。主电动机的运转和停止由 M1 交流接触器 KM1 控制,交流接触器 KM1 还具有失压和欠压保护功能,热继电器 FR 作为过载保护,熔断器 FU1 作为短路保护;冷却泵电动机的启停由 1 交流接触器 KM2 控制;两台电动机均设有接地安全保护(PE)。

2. 控制电路分析

控制电路的电源由控制变压器 TC 二次侧输出的 110 V AC 电压经熔断器 FU5 后提供。

(1)主电机 M1 的控制

正常情况下按下启动按钮 SB2(5 区 5—7),交流接触器 KM1 线圈得电,KM1 常开辅助触头(6 区 5—7)闭合自锁,KM1 常开主触头(2 区)闭合,主电动机启动运转;按下停车按钮 SB1,接触器 KM1 线圈失电,其主触头复位分断,主电动机 M1 失电停转。

(2)冷却泵电动机 M2 的控制

操作手动旋钮开关 SA1(7 区)至接通状态,交流接触器 KM2 线圈得电,其主触头(3 区)闭合,冷却泵电动机启动运转输送冷却液;将旋钮开关 SA1 至断开状态,交流接触器 KM2 线圈失电,其主触头复位分断,冷却泵电动机失电停转。

(3)照明电路分析

以控制变压器 TC 二次侧输出的 36 V 安全电压作为机床照明灯的电源,照明灯的打开与熄灭由开关 SA2(8 区 101—13)控制,由熔断器 FU3 作为短路保护。

◎ 思考题

1. 电气原理图的绘制原则有哪些?

2. 化整为零的分析方法是什么意思?

任务 2 FANUC 0i Mate TC 系统强电部分电气原理图分析

◎ 任务提出

虽然与弱电部分相比数控机床的强电控制部分的故障诊断较为简单,但由于强电部分处于高压、大电流工作状态,且易受到磨损、污染、氧化与腐蚀、振动与碰撞等诸多不利因素的影响,加之电气元件的寿命限制,这一切都使得这部分电路发生故障的概率较高。

强电控制部分故障将直接导致系统的停机甚至毁坏。由于数控机床采用的数控系统、伺服系统种类较多,不同机床、不同数控系统、不同伺服系统对控制的要求也不尽相同,因此,维修人员应具体了解数控机床强电控制部分的工作原理和控制策略,做到心中有数。

◎ 任务目标

1. 了解 FANUC 0i Mate TC 系统电源的实际配置情况;

2. 正确识读 FANUC 0i Mate TC 强电部分电气原理图,明确各器件之间的连接及控制原理。

◎ 相关知识

一、强电部分常用电气控制元件认知

电气控制柜中常用电气元件及其功能如表 2.3 所示。

表 2.3 电气控制柜内常见元件及功能

名 称	图形符号	功能用途	元 件
小型断路器 (空气开关) QF		小型断路器(自动空气开关)是将控制和保护电器的功能合为一体的电器元件。适用于交流 50 Hz 或 60 Hz,额定电压 230 ~ 380 V 的线路中作过载、短路和欠电压保护,同时也可在正常情况下作为线路的不频繁转换之用。	
交流接触器 KM		接触器用来频繁接通和断开交、直流主电路及大容量控制电路,可实现远距离控制并具有低电压释放保护功能。其主要控制对象是电动机,也可用于电热设备、照明、电焊机、电容器组等其他负载。	

22

名　称	图形符号	功能用途	元　件
热继电器 FR	FR　　FR	热继电器是依靠电流通过发热元件所产生的热量,使金属片受热弯曲而推动机构工作的一种电器。主要用于电动机的过载保护、断相保护及三相电流不平衡运行的保护。	
中间继电器 KA	9 5 12 8　13 1　4　14	继电器是具有隔离功能的自动开关元件,数控机床中使用最多的是小型中间继电器,其实质是电压继电器的一种,主要用以增加控制触点的数量及容量。	
控制变压器 TC	380 220	适用于交流 50 Hz 或 60 Hz、输入电压不超过660 V 的电路,可作为控制电路电源、局部照明、信号灯及指示灯电源。	
开关电源 VC	AC 220 V　VC　DC24 V	开关电源被称为高效节能电源,其内部电路工作在高频开关状态,自身耗能很低。数控机床中开关电源主要用于给 DC 24 V。	
剩余电流动作断路器		剩余电流动作断路器适用于交流 50 Hz,额定电压至 400 V,额定电流至 32A 的线路中作剩余电流保护之用。当有人触电或电路漏电电流超过规定值时,剩余电流动作断路器可在极短时间内自动切断电源,保证人身安全和防止设备因发生漏电造成事故。	

二、FANUC 0i Mate TC 系统动力电源及控制电源部分说明

FANUC 0i Mate TC 系统电源经接线端子 0L1,0L2,0L3,ON,OPE 接入,经过电源切断开关(SA0)后接入漏电保护开关 QF0,再接入各电源回路,在漏电保护开关 QF0 之后有 7 个小型断路器 QF1—QF7、5 个交流接触器 KM1—KM5、1 个 DC 24 V/5 A 开关电源、1 个 1 000 V·A 伺服变压器、1 个 400 V·A 控制变压器。

1. 伺服系统的供电

经电源总开关 QF1 后,三相 380 V 电源(1L1,1L2,1L3)经空气开关 QF2 到伺服变压器 TC1 变为三相 AC 200 V,为伺服系统提供动力电源。

两相 380 V 电源(1L1,1L2)经空气开关 QF5 到控制变压器 TC2 变为两相 AC 220 V (1,10)控制电源,为 DC 24 V 开关电源提供电源。

当伺服系统的 MCC 准备好后,相应接触器线圈得电吸合,伺服驱动器得以同时上电启动,并为伺服电动机提供动力电源。

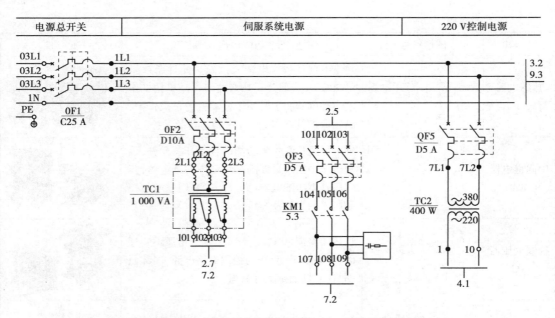

图 2.4 伺服系统电源(源自 FANUC 0i Mate TC 电气原理图 2/18)

2. 主轴变频器的供电

经电源总开关 QF1 后,AC 220 V(1L3,1N)经自动空气开关 QF6 后由交流接触器 KM3 实现逻辑控制,给变频器提供电源。

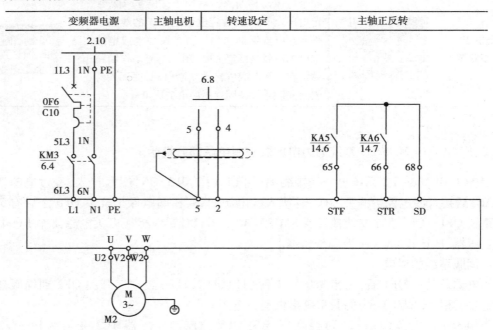

图 2.5 主轴变频器的供电(源自 FANUC 0i Mate TC 电气原理图 9/18)

3. DC 24 V 开关电源的供电

经电源总开关 QF1 后,两相 380 V 电源(1L1,1L2)经空气开关 QF5 到控制变压器 TC2 变为两相 AC 220 V(1,10)控制电源,AC 220 V(1,10)控制电源经自动空气开关 QF7、钥匙开关

SA5(11,10)后给开关电源供电,开关电源输出 DC 24 V,由接触器为数控系统、伺服系统、输入/输出信号提供 DC 24 V 电源。

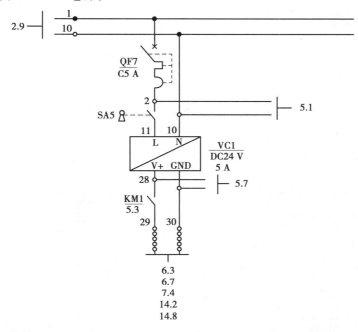

图 2.6　DC 24 V 开关电源(源自 FANUC 0i Mate TC 电气原理图 4/18)

◎ **任务实施**

基本任务:FANUC 0i Mate TC 系统强电部分电气原理图分析

1. 数控系统的启动与停止(NC ON/OFF)

(1)数控系统的启动

如图 2.7 所示,按下数控系统的启动按钮 SB4,中间继电器 KA1 得电,使得其一组常开触头吸合实现自锁,另一组常开触头吸合交流接触器 KM1 得电,使得开关电源输出的 DV 24 V 经由其输出端(29,30,见图 2.6)供至数控系统,数控系统上电,如图 2.8 中虚线部分所示。

(2)强电回路的接通

待数控系统启动完成后,输出一个信号至 X 轴驱动器的 MCC,使得交流接触器 KM2 吸合,所有驱动器同时上电启动,如图 2.9 及图 2.10 所示。

与此同时,数控系统 I/O 输出端的 Y1.7 输出一个信号,如图 2.11 所示,继电器 KA2 得电吸合,使控制变频器电源接通的接触器 KM3 得电吸合,从而完成变频器上电,实现整个强电电路的接通,数控机床得以启动。

(3)系统的停止

按下停止按钮 SB1,中间继电器 KA1 线圈失电,交流接触器 KM1 失电,KM1 常开触头的断开使得数控系统断电,驱动器断电。而数控系统的断电使所有输出信号消失,继电器 KA2 失电断开,使控制变频器电源接通的交流接触器 KM3 失电,变频器供电停止,数控机床停止工作。

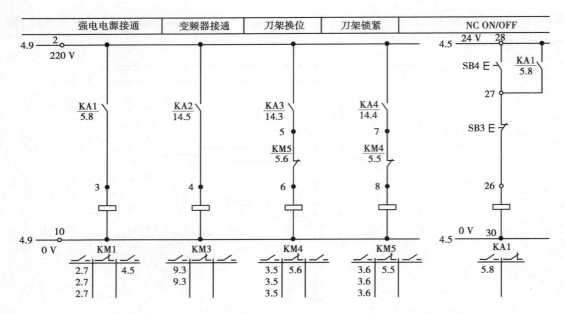

图 2.7　数控系统的启动(源自 FANUC 0i Mate TC 电气原理图 5/18)

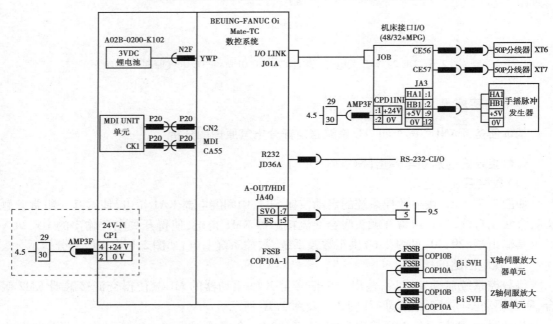

图 2.8　数控系统的启动(源自 FANUC 0i Mate TC 电气原理图 6/18)

2. 主轴电机的正反转控制

当按机床控制面板上的主轴正转按钮或执行 M03 指令时,I/O 端 Y1.0 输出一个信号,控制继电器 KA5 得电吸合,从而接通变频器正转指令,实现主轴正转,当按机床控制面板上的主轴反转按钮或执行 M04 指令时,I/O 端 Y1.1 输出一个信号,控制继电器 KA6 得电吸合,从而接通变频器反转指令,实现主轴反转,如图 2.11 所示。

电动机正反
转运转控制

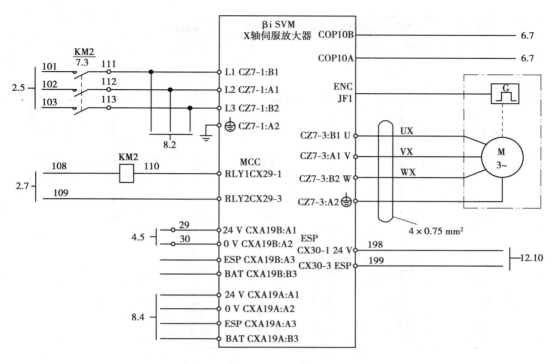

图 2.9　伺服放大器供电(源自 FANUC 0i Mate TC 电气原理图 7/18)

Z轴伺服放大器

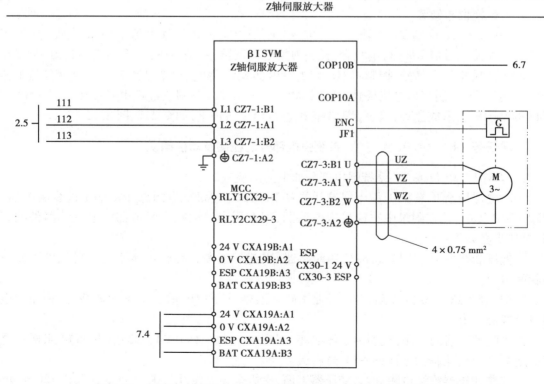

图 2.10　伺服放大器供电(源自 FANUC 0i Mate TC 电气原理图 8/18)

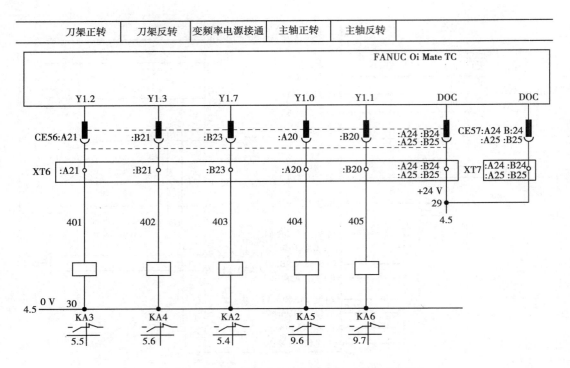

刀架正转	刀架反转	变频率电源接通	主轴正转	主轴反转	

图 2.11　主轴变频器通电及主轴、刀架正/反转控制

（源自 FANUC 0i Mate TC 电气原理图 14/18）

3. 刀架换位与锁紧

刀架换刀时,I/O 端 Y1.2 输出一个信号,控制刀架正转的继电器 KA3 得电吸合（见图 1.11）,从而使接触器 KM4 得电吸合,控制刀架电机正转,刀架换位;当系统检测到刀架到位,I/O 端 Y1.3 输出一个信号,控制刀架反转的继电器 KA4 得电吸合（见图 2.11）,从而使接触器 KM5 得电吸合,控制刀架电机反转,刀架锁紧。在刀架换位与锁紧过程中通过接触器 KM4 和 KM5 的常闭触头形成互锁,以确保刀架正确进行换位与锁紧,如图 2.7、图 2.12 所示。

拓展任务　FANUC 0i Mate TC 系统强电部分的检测及功能确认

（1）FANUC 0i Mate TC 系统强电部分通电前的检查

关断电源切断开关 SA0、漏电保护开关 QF0,用试电笔确认电源总开关 QF1 进线端 03L1、03L2、03L3 无电,依据附录中数控机床电路图,用万用表检测图中强电部分电气元器件的完好,操作步骤如下:

①低压断路器 QF 的检查:将低压断路器 QF 进行通断,检测 QF 前后电路的通断以及三相相间电阻。

②交流接触器 KM 的检测:手动控制 KM 的通断,检测 QF 前后电路的通断、三相相间电阻以及线圈短阻。

③中间继电器的检测:检测继电器底座上(1—9)、(1—15)、(4—12)、(4—8)4 组触头之间的通断,以及线圈的电阻(13—14 端)。

④控制变压器绝缘检测:拆去变压器上原、次边全部引线,用 500 V 绝缘摇表以 120 r/min 的转速摇测高压线圈对地（外壳）、低压线圈对地和高、低压线圈之间的绝缘电阻值,应不低

28

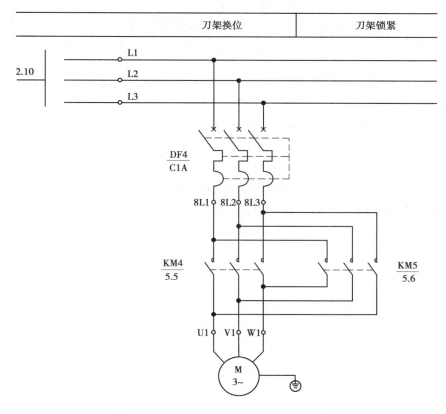

图 2.12　刀架换位与锁紧(源自 FANUC 0i Mate TC 电气原理图 3/18)

于 500 Ω;如用万用表测量,把万用表电阻挡调到最大挡,所测的高压线圈对地(外壳)、低压线圈对地以及初—次级之间电阻应该显示为无穷大。

(2)FANUC 0i Mate TC 系统强电部分通电检测及功能确认

①先将电源切断开关 SA0 和漏电保护开关 QF0 合上,交流 380 V 电源接入,合上电源总开关 QF1,检测并确认 QF1 出线端 1L1,1L2,1L3 三相间 380 V 电压无误。

②合上低压断路器 QF2 及 QF5,检测伺服变压器 TC1 次边输出电压三相 AC 200 V 无误,检测控制变压器 TC2 次边输出电压两相 AC 220 V 无误。

③合上低压断路器 QF7,接通钥匙开关 SA5(11,10)给开关电源 VC1 通电,检测开关电源 VC1 进线端(L,N)电压为 AC 220 V,输出端(V +,GND)电压为 DV 24 V。

④合上低压断路器 QF3,QF6,按下 NC 启动按钮,继电器 KA1 得电吸合,交流接触器 KM1 随即得电,观察 KA1 和 KM1 吸合情况,这时数控系统、伺服系统上电。

⑤数控系统、伺服系统上电,约 30S 系统自检完成,此时 KM2 吸合,伺服系统强电,同时变频器电源接通。检测确认各伺服放大器输入端子 L1,L2,L3 间输入电压为 AC 200 V,变频器强电输入端子 L1,N1 间输入电压为 AC 220 V。

电动机运转
点动控制

29

（3）先按下停止按钮 SB1，停止数控系统的工作。

（4）重新关断电源切断开关 SA0、漏电保护开关 QF0 及包含电源总开关 QF1 在内的 7 个低压断路器 QF1—QF7，再次执行上面步骤 2 的全过程，注意观察各继电器、接触器的吸合情况及先后顺序。

◎ 思考题

1. 如何用万用表测量低压断路器 QF、交流接触器 KM、中间继电器 KA 及控制变压器的好坏？

2. 用电阻测量法检查故障时，应注意什么？

3. 对照电气控制原理图，思考电气控制柜内交流接触器触头及控制线圈的连接。

4. 结合附录中数控机床原理图，详细分析、体会机床上电顺序。

项目 2　数控系统的常规维护

知识目标

1. 了解系统中各种易损件更换的必要性及方法;
2. 了解机床数据分类与存储的特点,明确数据备份的重要性;
3. 掌握数据传输参数的设置和操作。

技能目标

1. 正确实施系统中各种电池、冷却风扇、熔丝等易损件的更换;
2. 正确地利用存储卡或计算机及通信电缆进行数据备份和恢复。

任务 1　系统硬件更换方法

◎ **任务提出**

数控机床的使用寿命和效率的高低,不仅取决于系统和机床本身的精度和性能,很大程度上也取决于它的正确使用和维护,数控机床的正确使用和精心维护是贯彻设备管理以预防为主这一原则的重要环节。科学合理地制定日常维护、操作规程是做好设备维护工作的基本要则,如数控机床电气控制部分的日常维护就包含:定期检查各插件、电缆、各接触器、继电器的触头是否接触良好;经常监视 CNC 装置的电网电压;定期清理检查数控装置的散热通风系统,防止数控装置过热;定期检查与更换存储器用电池等;正确熟练地更换系统电池、冷却风扇、熔丝、系统主板等是数控机床维护和保养的基本技能。

◎ **任务目标**

1. 了解机床数据分类与存储的特点;
2. 了解控制系统印制电路板 LED 的状态显示;
3. 明确相关元件的安装位置,掌握正确的更换方法。

◎ **相关知识**

一、机床数据分类与存储

数控系统的数据文件主要分为系统文件、MTB(机床制造厂)文件和用户文件 3 类。其中,系统文件是由 FANUC 公司提供的数控系统(CNC)和伺服控制软件,也称为系统软件;MTB(机床制造厂)文件包含 PMC 程序、机床厂编制的宏程序执行器等;而用户文件是通过MDI 面板设定的各种机床数据,一般认为机床数据有 6 种:CNC 参数、PMC 参数、用户宏变量值、螺距误差补偿、刀具补偿量和零件加工程序(加工程序、用户宏程序)。

在数控系统内部通过不同的存储空间存放不同的数据文件,具体如下:

①只读存储器 FROM。在数控系统中作为系统存储空间,用于存储系统文件和 MTB(机床制造厂)文件。

②静态随机存储器 SRAM。在数控系统中用于存储用户数据(机床数据),该存储器在系统断电后,需由电池提供数据保护,该电池称为数据备份电池。

系统电路板上有储能电容,储能电容用于短时间保持 SRAM 芯片中的数据。当更换电池时,储能电容可保证摘下电池的瞬间(FANUC 公司限定不超过 30 min),芯片中数据不丢失。

二、数控系统常用电池及作用

表 2.4 数控系统常用电池

带电池的部件	作 用
CNC 单元	CNC 控制单元存储器中的内容备份
分离型检测器接口单元	保存分离型绝对脉冲编码器的当前位置
伺服放大器	保存伺服电机内装绝对脉冲编码器的当前位置

1. CNC 控制单元存储器电池

数控机床不工作时是依靠控制单元上的数据备份电池保存用户数据(机床数据)的,备份电池可将存储器中的数据保持 1 年。当电池电压变低时,CRT 画面上将显示"BAT"报警信息,同时电池报警信息被传输给 PMC。当显示这个报警时,应尽快更换电池,通常应在 1 周内更换,如不及时更换,存储器中的数据将会丢失。

如果电池电压很低,存储器不能再备份数据,在这种情况下,如果接通控制单元电源,因存储器中数据已丢失,会引起 910 系统报警(SRAM 奇偶报警),在这种情况下更换电池后,需全部清除存储器内容,重新装入数据。

必须切记的是,更换存储器电池时控制单元电源必须接通,如果控制单元电源关断,拆下电池,会造成存储器中数据丢失。

存储器备份电池为 3VDC 锂电池,电池规格号为:A02B-0200-K102。

2. 分离型绝对位置编码器及伺服电机内装绝对脉冲编码器电池

进给伺服系统的位置检测装置按类型不同分为绝对式位置检测装置和相对式位置检测装置;按照连接形式不同分为伺服电机内装编码器的位置检测装置和分离型位置检测装置。

当数控机床装备有绝对脉冲编码器、绝对光栅尺等绝对位置检测装置时,除安装存储器备份电池外,还要加装绝对编码器用的电池。

(1)分离型绝对脉冲编码器的电池(DC 6 V)

分离型绝对脉冲编码器的一个电池单元可以使 6 个绝对脉冲编码器的当前位置值保持 1 年。当电池电压降低时,在 LCD 显示器上就会出现 APC 报警 3n6 ~ 3n8(n:轴号)。当出现 APC 报警时,请尽快更换电池。通常应该在出现该报警后的 1 到 2 周内更换,这取决于使用脉冲编码器的数量。如果电池电压降低太多,脉冲编码器的当前位置就可能丢失。在这种情况下接通控制器的电源,会出现 APC 报警 3n0(请求返回参考点报警)。更换电池后,应立即进行机床返回参考点操作。因此,FANUC 建议不管有无 APC 报警,每年更换一次电池。分离型绝对脉冲编码器的电池一般采用 4 节碱性干电池。

（2）伺服电机内装绝对脉冲编码器的电池（DC 6 V）

伺服电机内装绝对脉冲编码器的电池放置在伺服放大器内，在这种情况下用的电池不是碱性电池，而是锂电池 A06B-6073-K001。

三、印制电路板的 LED 状态显示

FANUC 0i C 系统主板上有监控系统启动和运行状态的指示灯，系统启动时显示动态启动过程。一旦出现系统报警，就显示系统报警状态，能粗略地提示系统硬件故障部位。4 个绿色 LED 分别为：LEDG0，LEDG1，LEDG2 和 LEDG3，显示 CNC 系统接通时的运行状态，表 2.5 所示为系统启动时指示灯显示的状态对应的系统动态启动过程。

表 2.5　电源接通时绿色 LED 显示的变化过程（○灯灭　●灯亮）

状态序号	绿色 LED 显示	含　　义
1	○○○○	电源关闭状态
2	●●●●	电源接通初期，软件装载到 DRAM 中（BOOT 执行中）
3	○●●●	NC 启动开始
4	●○●●	等待系统内各处理器的 ID
5	○○●●	系统内各处理器 ID 设定完成，显示回路初始化完成
6	●●○●	FANUC 总线（BUS）初始化完成
7	○●○●	PMC 初始化完成
8	●○○●	系统内各印刷电路板的硬件配置信息设定完成
9	○○○●	PMC 梯形图程序初始化完成
10	○●●○	等待数字伺服和主轴初始化
11	●●●○	数字伺服和主轴初始化完成
12	●○○○	初始设定完成，正常运行中

报警灯为 6 个红色 LED，当系统出现报警时，报警灯亮，报警灯的报警状态如表 2.6 所示。

表 2.6　CNC 系统发生报警时，红色 LED 报警显示

红色 LED 显示	报警含义
SRAMP	奇偶校验错误或 ECC 错误
SEMG	系统报警（系统硬件故障）
SVALM	伺服报警
SFALL	系统报警（系统软件停止）
DRAMP	系统动态存储器不良
CPBER	系统主板错误

系统正常工作时只有状态指示灯 LED0 亮。

◎ 任务实施

基本任务 1　正确实施电池更换

1. CNC 存储器备份电池的更换

对于 FANUC 0i A/B 等分离式数控系统,存储器备份电池的安装位置如图 2.13(a)所示;对于 FANUC 0i 超薄型数控系统,存储器备份电池的安装位置如图 2.13(b)所示。

(a)

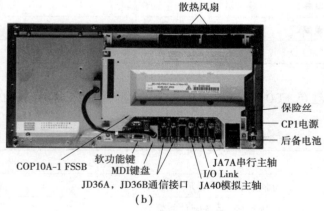

(b)

图 2.13　存储器备份电池安装位置

①准备锂电池(电池规格 A02B-0200-K102)。

②接通数控机床 CNC 控制单元电源 30 s 以上。

③关断 CNC 控制单元的电源。

④拔下电池连线插头,然后从电池盒中取出旧电池。

⑤装入新电池,重新插好插头。

注意:第③—⑤步必须在 10 min 内完成,否则,存储器内的数据有可能丢失。

2. 分离型绝对脉冲编码器电池的更换

分离式位置检测装置(光栅尺)采用独立的分离型检测器接口单元(位置模块),通过光缆连接到上一级伺服放大器模块或作为第一级连接到 CNC 控制单元。分离型绝对脉冲编码器的电池盒经由接口单元上的绝对编码器电池接口 JA4A 与接口单元相连接。

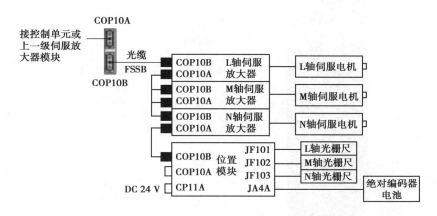

图 2.14   分离型绝对脉冲编码器电池安装位置

按照如下步骤进行电池更换:

①准备 4 节碱性干电池。

②接通机床电源(即接通伺服放大器电源)。

③松开电池盒的螺钉,取下盒盖,更换电池,特别注意电池极性,如图 2.15 所示(确定两个电池在一个方向,而另两个电池朝向相反的方向)。

④换好电池后,盖好盖。

⑤关掉电源。

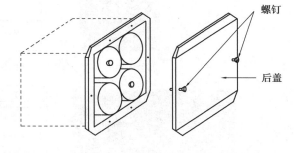

图 2.15   更换脉冲编码器电池

3. 伺服电机内装绝对脉冲编码器电池的更换

伺服电机内装绝对脉冲编码器电池放置在伺服放大器内,FANUC α 系列伺服模块内绝对脉冲编码器电池的位置如图 2.16(a)所示;αi 系列伺服模块内绝对脉冲编码器电池的位置与之相近;FANUC βi 系列伺服单元内绝对脉冲编码器电池的位置如图 2.16(b)所示。

按照如下步骤进行电池更换:

①准备好锂电池(电池规格 A06B-6073-K001)。

②接通机床电源,必须在机床通电(即伺服放大器通电)状态下更换电池,否则记录的绝对位置值会丢失;同时为了安全,将机床置于紧停状态。

③移出电池盒,取下电池插头,更换电池,然后重新接好插头。

④装回电池盒。

⑤关断机床电源。

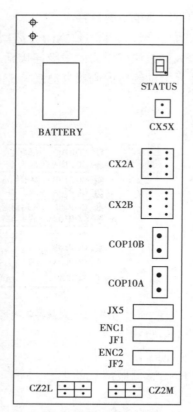

(a)FANUC α系列伺服模块内绝对脉冲编码器电池位置

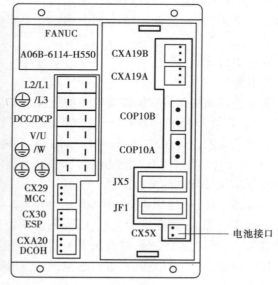

(b)FANUC βi系列伺服单元内绝对脉冲编码器电池位置

图 2.16

基本任务 2　更换控制单元冷却风扇

风扇单元装配在框架上部的风扇盒中,如图 2.17 中的序号③所示。在打开电柜门更换风扇时,小心不要触摸高压电路部分(有标记并盖有防止电击的护罩),若触摸了高压电路部分,有可能会受到电击。

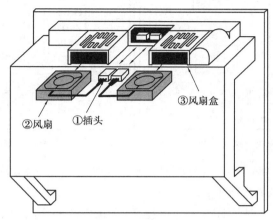

图 2.17　更换控制单元的风扇

更换风扇的步骤如下:

①关断 CNC 电源;

②拔下风扇单元插头(如图 2.17 的序号①所示),插头带有锁扣,在拔下插头时需用一字螺丝刀按住插头下部的锁扣;

③移出风扇单元(如图 2.17 中的序号②所示);

④更换新风扇单元,注意安装时标签面朝上,以使风扇的风是从下面向上面吹,稍加用力将新风扇单元推进风扇盒,当听到"咔"的一声即可;

⑤重新插好风扇单元插头。

基本任务 3　更换控制系统电源单元熔断丝

如发生控制(CNC)系统电源单元熔断丝熔断时,应先查明引起熔断丝熔断的原因方可更换。更换时一定要确认熔断器熔丝的规格,使用相同规格的熔断丝。同时注意打开柜门更换熔断丝时,小心不要触摸高压电路部分,以免发生电击危险。FANUC 0i C 系统电源单元熔断丝的安装位置如图 2.13(b)中所示,位于 DC 24 V 稳压电源头 CP1 下方。

①准备好熔断丝并确认规格正确;

②将旧熔断丝向上拔出;

③将新熔断丝装入原来的位置。

基本任务 4　更换控制系统主板

①准备系统主板:FANUC 0i C 系统主板 PMC-SB7 规格号为 A20B-8101-0281,FANUC 0i Mate C 系统主板 PMC-SB7 规格号为 A20B-8101-0285;

②松开控制单元规定框架的 4 颗螺钉,拆下框架(风扇和电池的电缆不要拔下);

③从主板上拔下系统存储卡接口用插座 CNMIA、CN8（系统视频信号及图形显示信号插座）、CN2（软件电缆用插座）等的所有电缆，图 2.18 为 2006 年 6 月后的 FANUC 0i C／0i Mate C 系统主模块的内部结构，从图中很容易看清各插座位置；

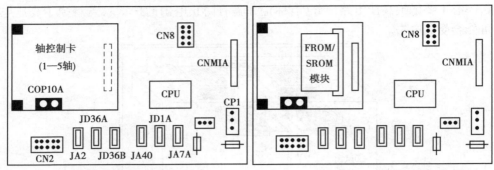

（a）系统主模块上层功能板　　　　　　　　　（b）系统主模块下层功能板

图 2.18　2006 年 6 月后的 FANUC 0i C／0i Mate C 系统主模块内部结构

④向下轻拉主板，将主板取下；

⑤安装主板，按照与上述顺序相反步骤操作，即按由④→②的顺序进行。

◎ 思考题

1. FANUC 数控系统的控制单元和伺服驱动单元为什么都需安装存储电池？如何维护和更换？

2. 查阅 FANUC 维修手册，简述如何进行伺服电机的日常维护。

任务 2　数控系统数据的备份与恢复

◎ 任务提出

由前述已知，数控机床不工作时是依靠控制单元上的数据备份电池保存用户数据（机床数据）的，电池电压过低或 SRAM 损坏等都会使机床数据丢失，将导致数控系统不能正常工作。因此在数控装置正常工作时，要定期做好机床数据备份（机外备份）。当因各种原因造成机床数据丢失或混乱时，必须重新向数控系统的存储器输入这些数据，称为机床数据恢复，通过机床数据的恢复保证机床的正常运行。

存储在只读存储器 FROM 中的数据相对稳定，一般情况下不会丢失，但是如果遇到更换 CPU 板或存储器板时，存储在 FROM 中的数据均有可能丢失，其中 FANUC 系统文件在修复时会由 FANUC 公司恢复，但是机床厂文件 PMC 程序及 Manual Guide 或 CAP 程序也会丢失，因此机床厂进行数据的备份保留是必要的。

◎ 任务目标

1. 了解机床数据分类与存储的特点，明确数据备份的重要性；

2. 掌握数据传输参数的设置和操作；

3. 掌握 FANUC 0i Mate C 系统的数据传输方法,能正确进行数据和 PMC 程序的备份与恢复。

◎ **相关知识**

由前已知 CNC 内有 SRAM 和 FROM 两个存储区,并分别存储以下数据:

SRAM 存储器内存储的数据有 CNC 参数、螺距误差补偿量、PMC 参数、刀具补偿数据(补偿量)、宏变量数据(变量值)、加工程序、操作履历数据等;FROM 存储器内存储的数据有 CNC 系统软件、数字伺服软件、PMC 程序等。

FANUC 数控系统数据备份和恢复的方法常见的有两种:第 1 种是通过 RS232 口使用 PC 机进行数据的备份和恢复;第 2 种方法是使用存储卡进行数据的备份和恢复。

针对第 1 种方法,目前常用的传输软件有 WINDOWS 系统自带的超级终端通信软件和 FAPT-LADDER-Ⅲ 传输软件。关于 WINDOWS 系统自带的超级终端通信软件的使用下面将会给出介绍;关于 FAPT-LADDER-Ⅲ 传输软件的使用,由于篇幅所限就不作介绍,使用者可查阅相关软件的使用说明。

需要说明的是,使用 WINDOWS 系统自带的超级终端通信软件进行数据的备份和恢复时,只能针对存储于 SRAM 存储器中的用户数据(机床数据),无法实现 PMC 梯形图程序的备份和恢复。如需进行 PMC 梯形图程序的备份和恢复,需选用诸如 FAPT-LADDER-Ⅲ 传输软件来完成。

当利用存储卡进行数控系统数据的备份和恢复时,该方法可实现两个功能:第一就是将系统 SRAM 存储的全部数据备份到存储卡或将存储卡中的数据恢复到系统的 SRAM 中;第二就是将 FROM 存储的 PMC 程序和系统文件备份到存储卡或将存储卡中的数据恢复到系统的 FROM 中。

一、数控机床异步串行通信

1. 异步串行通信数据格式

串行通信是指通信的发送方和接收方之间数据信息的传输是在单根数据线上,以每次发送一个二进制的 0,1 为最小单位进行传输。为实现串行通信并保证数据的正确传输,要求双方遵循某种约定的规程。目前在数控系统及 PC 机之间最简单最常用的规程是异步通信控制规程,或称异步通信协议。其特点是通信双方以一帧作为数据传输单位。每一帧从起始位开始,后跟数据位(长度可选)、奇偶校验位(奇偶检验可选),最后以停止位结束。起始位表示一个字符的开始,接收方可用起始位使自己的接收时钟与数据同步。停止位则表示一个字符的结束。异步通信的传输格式如图 2.19 所示。

在传输一个字符时,由一位低电平的起始位开始,接着传送数据位(7 位或 8 位),按照低位在前高位在后的顺序传送。奇偶校验位用以检验数据的正确性,也可以没有,可由系统参数设定。最后传送的是高电平的停止位,停止位可以是 1 位或 2 位。停止位结束到下一字符的起始位之间的空闲位要由电平 1 来填充(只要不发送下一字符,线路上就始终为空闲位)。异

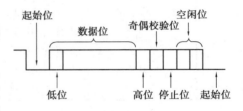

图 2.19　异步串行通信数据格式

步通信中典型的帧格式是:1 位起始位、7 位或 8 位数据位、1 位奇偶位、2 位停止位。

2. FANUC 数控系统中 RS-232 通信电缆的连接

目前,数控机床均配有标准的 RS-232-C 通信接口,一般数控机床侧为 25 芯电缆接口,只需按图 2.20 所示连接电缆即可进行数据传输。

(a)机床标准RS-232-C通信电缆　　　　(b)机床标准RS-232-C通信电缆连接图

图 2.20　机床标准 RS-232-C 通信电缆连接

3. 数控系统侧的参数设定

要正确传递数控机床的数据和程序,必须设定数控系统的参数和传输软件的参数,而且两者的通信参数必须一致,如表 2.7 所示。

表 2.7　FANUC 系统通信参数的设定

参　　数	信号符号与地址	参数说明
数据输出代码	0000#1	0:EIA 代码输出 1:ISO 代码数据输出
I/O 通道设定	0020#0	0:通道 0,FANUC 0i 系统为 JD5A(JD36A) 1:通道 1,FANUC 0i 系统为 JD5A(JD36A) 2:通道 2,FANUC 0i 系统为 JD5B(JD36B)
停止位位数	0 通道:0101#0 1 通道:0111#0 2 通道:0121#0	1:停止位 2 位 Note:标准设定为:1
数据输入代码	0101#3	0:系统的输入代码为 EIA 或 ISO 代码自动识别
输入/输出设备	0 通道:0102 1 通道:0112 2 通道:0122	0:RS-232-C Note:标准设定为:0
波特率	0 通道:0103 1 通道:0113 2 通道:0123	10:4 800 bit/s 11:9 600 bit/s 12:19 200 bit/s

二、数控机床传输软件(计算机侧超级终端通信软件)的使用

下面以计算机 Windows 自带的通信程序(超级终端)为例,介绍通过计算机的 COM 口进行数据传输的具体操作。

1.计算机侧超级终端程序的设定

①选择"Windows XP 程序→附件→通信→超级终端"并执行,该程序运行后的显示如图2.21 所示。

②设定新建连接的名称(如 CNC),并选择连接的图标,设定方法如图 2.22 所示。

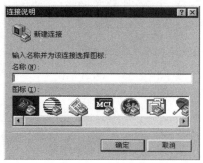 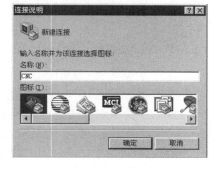

图 2.21　打开超级终端程序操作界面　　　　图 2.22　新建一个超级终端文件操作界面

③单击"确定"按钮,出现如图 2.23 所示对话框,根据本计算机的资源情况设定计算机的通信接口。

④单击【确定】按钮,出现如图 2.24 所示对话框,设定串行通信参数。波特率、停止位应依据系统设定的参数而定;数据位有 7 位(不含奇偶校验)、8 位(含奇偶校验),一般选择 8 位;奇偶校验分奇校验、偶校验和不校验,一般选择不校验(无);流量控制为 Xon/Xoff 控制。

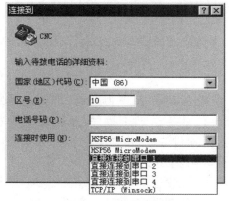 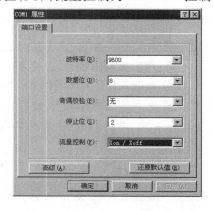

图 2.23　设定计算机通信接口　　　　图 2.24　设定计算机通信参数

⑤单击【确定】按钮,按照图 2.25 进行超级终端文件属性的设定。

⑥单击【ASCII 码设置】按钮,按照图 2.26 完成相应设置。

在以上设定工作完成后,单击【确定】按钮,则可进行计算机与数控系统的通信。

注意:首先在系统断电情况下连接通信电缆,然后接通系统和计算机的电源并进行有关的通信参数的设定。

 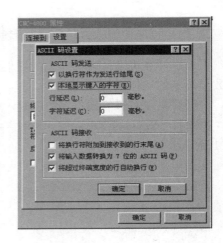

图 2.25　超级终端文件属性设定　　　　　　图 2.26　ASCII 码设置

2.系统数据的发送(CNC 到 PC 的数据传送)

将数控系统的数据发送到计算机中,首先计算机侧就绪,然后 CNC 系统进行操作。选择"传送"菜单的"捕获文字"项,如图 2.27 所示,弹出"捕获文字"对话框,单击【浏览】按钮,确定文件存储路径,单击【启动】按钮,完成计算机侧文件的接收。

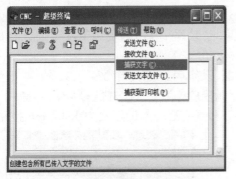 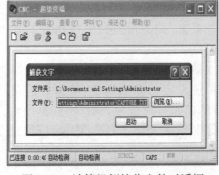

图 2.27　计算机侧接收文件菜单　　　　　　图 2.28　计算机侧接收文件对话框

3.系统数据的接收(PC 到 CNC 的数据传送)

将计算机中备份好的机床数据传送到系统时,首先令 CNC 系统侧就绪,如传送系统参数,系统在 MDI 或急停状态并把参数写保护 PWE = 1;如传送加工程序,系统在编辑状态(EDIT)并把程序保护开关打开。然后计算机执行操作,通过选择"传送"菜单的"发送文本文件"打开要发送的数据文件,具体操作如图 2.29 和图 2.30 所示。

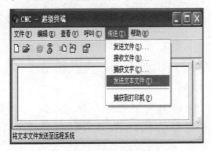 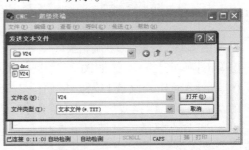

图 2.29　计算机侧发送文件菜单　　　　　　图 2.30　计算机侧发送文件对话框

三、使用存储卡进行数据的备份和恢复

利用存储卡进行数控系统数据的备份和恢复的具体方法有两种:一种是存储卡系列传输,另一种是存储卡的分区传输。

1. 存储卡系列传输

(1)存储卡系列传输的功能和特点

该方法的功能有二:一是将系统 SRAM 存储的全部数据备份到存储卡或将存储卡中的数据恢复到系统的 SRAM 中;二是将系统 FROM 存储的 PMC 程序和系统文件备份到存储卡或将存储卡中的数据恢复到系统的 FROM 中。

通过该方法备份的数据是系统数据的整体,下次恢复或调试其他系统机床时,可以迅速完成。但是数据为机器码且为打包形式,不能在计算机上打开。

数控系统的启动和计算机的启动一样,会有一个引导过程。在通常启动情况下,使用者是看不到的。但是在使用存储卡进行备份或恢复时,必须在系统引导画面下进行。在使用存储卡进行备份时,首先要准备一张符合 FANUC 系统要求的存储卡(工作电压为 5 V)。

(2)存储卡系列数据传输的操作

1)开机进入系统引导画面

将存储卡插入存储卡接口上,给数控系统上电,与之同时按下显示器最右端的两个软键,调出系统引导画面,系统引导画面中各项的含义如表 2.8 所示。

表 2.8　引导画面中各项的含义

项　目	含　义
1. SYSTEM DATA LOADING	把文件写入 CNC 的 FROM
2. SYSTEM DATA CHECK	确认 CNC 内的 FROM 内文件的版本
3. SYSTEM DATA DELETE	删除 CNC FROM 内的用户文件
4. SYSTEM DATA SAVE	将 CNC FROM 内的文件保存至存储卡
5. SRAM DATA BACKUP	保存和恢复 SRAM 中的文件
6. MEMORY CARD FILE DELETE	删除用户存储卡中的文件
7. MEMORY CARD FORMAT	格式化用户储存
8. END	退出 BOOT

2)数据的备份操作

①进入系统引导画面后,选择所需的操作项(5 或 4),按下 YES 软键,所选数据就会备份到存储卡中。

②按下 SELECT 操作软键,退出备份过程。

3)数据的恢复操作

①进入系统引导画面后,选择所需的操作项(5 或 1),按下 YES 软键,所选数据就会回装到 CNC 系统相应的存储器中。

②按下 SELECT 操作软键,退出恢复(回装)过程。

FANUC 0i
数控系统数据
备份与恢复

2. 存储卡分区传输

系统数据的存储卡分区传输是指在系统 I/O 设定为 4 通道的（对于 RS-232 异步串行数字传输方式，系统 I/O 通道设定为 0,1,2 和 3 通道）进行的数据传输。通道可以在刀补/设定画面中设定，如图 2.31 所示。

（1）存储卡分区传输的功能和特点

①把系统工作区 SRAM 存储的数据分别备份到存储卡或将存储于存储卡的数据回装到系统工作区 SRAM 中。

②把系统工作区 RAM 存储的用户数据（梯形图、宏程序等）备份到存储卡或将存储于存储卡的数据回装到系统工作区 RAM 中。

③存储卡分区备份数据可以在计算机上进行查阅、编辑和修改。

④存储卡分区数据传输只适用于 FANUC 16i/18i/21i/0iB/0iC/0iD/ 0i Mate 系统。

（2）系统 PMC 程序和参数的存储卡分区数据传输操作

系统在编辑状态下，进入系统 PMC 的 I/O 画面，具体操作顺序是依次按下系统功能键 SYSTEM、PMC 操作软键、扩展键及 I/O 操作软键，进入如图 2.32 所示的画面。

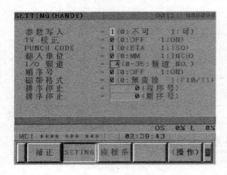

图 2.31　系统 I/O 通道设定

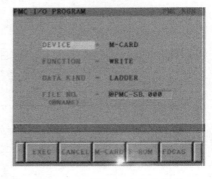

图 2.32　系统 PMC 程序备份

DEVICE（驱动）：选择 M-CARD 为存储卡分区数据传输操作；

FUNCTION（功能）：选择 WRITE（CNC 到 M-CARD）为数据备份操作，选择 READ（M-CARD 到 CNC）为数据回装操作；

DATE KIND（数据类型）：选择 LADDER 为系统 PMC 程序，选择 PARAM 为系统 PMC 参数；

FILE NO（文件名）：PMC 程序文件名为 @ PMC-SB. 000（系统默认名称），PMC 参数文件名为 @ PMC-SB. PRM（系统默认名称），也可以自行命名 @ XX（XX 为自定义名称，当小键盘没有 @ 符号时，可用 # 代替）。

①系统 PMC 程序备份操作：如图 2.32 所示，选择相应的功能项，然后按执行键 EXEC。

②系统 PMC 程序回装操作：如图 2.33 所示，选择相应的功能项，然后按执行键 EXEC。

图 2.33　系统 PMC 程序回装

③系统 PMC 参数备份操作：如图 2.34 所示，选择相应的功能项，然后按执行键 EXEC。

| 图 2.34　系统 PMC 参数备份 | 图 2.35　系统 PMC 参数回装 |

④系统 PMC 参数回装操作:如图 2.35 所示,选择相应的功能项,然后按执行键 EXEC。

注意,系统 PMC 程序和参数的分区数据传输操作应注意以下事宜:

①系统 PMC 程序回装数据是存储在系统的工作区 RAM 而不是 FROM 中,所以需要设定系统的 PMC 参数,才能回装到 FROM 中,否则系统开机后不是分区回装的 PMC 程序。

系统 A 包配置(系统 PMC 类型为 SB7)的 PMC 参数为 K902.0;

系统 B 包配置(系统 PMC 类型为 SA1)的 PMC 参数为 K19.0;

将该参数设置为"1",回装后退出画面时出现是否存储 FROM 菜单,按 YES 键即可。

②当进行系统 PMC 参数备份时,出现写保护报警提示,需要停止 PMC 运行(即 PMC 为 STOP 状态)。

(3)系统 CNC 参数、螺距误差补偿参数、加工程序的存储卡分区数据传输操作

1)系统 CNC 参数的备份

①系统在编辑状态下(EDIT)。

②具体操作顺序为系统功能键 SYSTEM、参数软键、操作软键、扩展键、PCNCH 软键、NON-0 软键及执行键 EXEC。

2)系统 CNC 参数的回装

①系统在编辑状态下(EDIT),并将写保护设置为"1"。

②具体操作顺序为系统功能键 SYSTEM、参数软键、操作软键、扩展键、READ 软键及执行键 EXEC。

系统 CNC 参数的备份与回装画面如图 2.36 所示。

3)系统螺距误差补偿参数的备份

①系统在编辑状态下(EDIT)。

②具体操作顺序为系统功能键 SYSTEM、扩展键、间距软键、操作软键、PCNCH 软键及执行键 EXEC。

4)系统螺距误差补偿参数的回装

①系统在编辑状态下(EDIT),并将写保护设置为"1"。

②具体操作顺序为系统功能键 SYSTEM、扩展键、间距软键、操作软键、READ 软键及执行键 EXEC。

系统螺距误差补偿参数的备份与回装画面如图 2.37 所示。

5)系统加工程序的备份

①系统在编辑状态下(EDIT)。

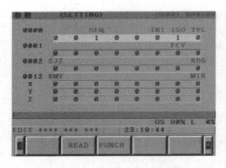

图 2.36 系统 CNC 参数备份和回装

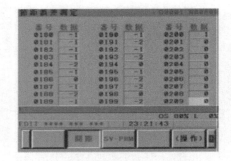

图 2.37 系统螺距误差补偿参数的备份和回装

②具体操作顺序为编程功能键 PROG、DIR 软键、操作软键、O 程序号(输出全部程序为 0 ~ 9999)、PUNCH 软键及执行键 EXEC。

6)系统加工程序的回装

①系统在编辑状态下(EDIT)。

②具体操作顺序为编程功能键 PROG、DIR 软键、操作软键、选择存储卡的程序号、READ 软键及执行键 EXEC。

◎ 任务实施

基本任务 1 利用 WINDOWS 超级终端通信软件实现机床数据的备份与恢复

机床数据的备份包含:CNC 参数、PMC 参数、螺距误差补偿、刀具补偿量和零件加工程序(加工程序、用户宏程序)的备份。要输入/输出某一特定类型的数据,通常选择相应的界面,如参数画面用于对参数进行输入/输出,而程序画面用于对程序进行输入/输出。如同时进行参数、程序、用户宏变量值及刀具补偿量值的输入/输出,一般采用系统的"ALL I/O"界面。

1. 系统传输参数的设定

(1)系统 ALL I/O 界面的调出

系统状态为编辑状态(EDIT),按下系统功能键"SYSTEM",通过系统软键扩展键及系统软键菜单键 ALL I/O 调出 ALL I/O 参数设定画面,如图 2.38 所示。

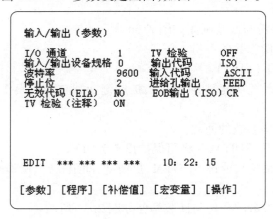

图 2.38 FANUC 0i 系统 ALL I/O 画面

（2）参数设定

I/O 通道选择：可以设定为 1 通道。

输入/输出设备规格：设定为 0，即选用 RS-232-C（使用控制代码 DC1—DC4）。

传输波特率：可设定为 4 800,9 600 或 19 200 bit/s,FANUC 0i 系统一般选用 9 600。

停止位：设定为 2 位。

读 EIA 代码期间发现无效代码，系统是否产生报警：输入 0：ALARM（产生报警），输入 1：NO（不产生报警并忽视无效代码）；通常设定为：NO。

程序注释部分的文字是否进行 TV 校验：输入 1：ON 进行，输入 0：OFF 不进行；通常设为 ON。

数据输出代码：输入 0：EIA 代码，输入 1：ISO 代码；FANUC 系统选择 ISO 代码。

数据输入代码：输入 1：ASCII 代码，输入 0：EIS/ISO 系统自动识别。

EOB 输出（ISO）：ISO 代码对 EOB 的输出形式，输入 0：CR，输入 1：LF。

2. 数据备份

（1）系统参数的输出（备份）

系统在编辑状态（EDIT），按系统功能键 SYSTEM→［参数］软键→扩展键→［PUNCH］→NON-0→［EXEC］（执行）。其中 NON-0 是指传输的数据位非 0 值，即数据全为 0 的不传输。

（2）加工程序的输出

系统在编辑状态（EDIT），按系统功能键 SYSTEM→［PROG］（程序）→［（操作）］→扩展键→输入程序号 0XXXX（如果输出全部程序，依次键入 0-9999）→［PUNCH］→［EXEC］。

注意：09###程序有的被写保护（系统参数 3204#4 = 1），此时需要解除写保护，否则不能传输。

（3）系统补偿值的输出

系统在编辑状态（EDIT），按系统功能键 SYSTEM→［补偿值］→［（操作）］→［PUNCH］→［EXEC］。

（4）宏变量数据输出

系统在编辑状态（EDIT），按系统功能键 SYSTEM→［宏变量］→［（操作）］→［PUNCH］→［EXEC］。

（5）PMC 参数的输出

系统在编辑状态（EDIT），按系统功能键 SYSTEM→［PMC］软键→扩展键→［I/O］软键，进入 PMC I/O 画面，如图 2.39 所示，完成下列设定：

```
PMC  I/O  PROGRAM    MONIT STOP

   CHANNEL  =1
   DEVICE   =OTHERS
   FUNCTION =WRITE
   DATA KIND =PARAM

[EXEC] [CANCEL] [(NO)] [ ] [ ]
```

图 2.39 PMC I/O 画面

通道号 CHANNEL NO =1

驱动方式 DEVIC = OTHERS（计算机传输）

功能 FUNCTION = WRITE(数据输出)

数据类型 DATA KIND = PARAM

按[EXEC](执行),开始输出 PMC 参数。

3. 数据恢复

系统在编辑状态(EDIT),调出系统 ALL I/O 画面,系统参数写保护 PWE = 1,程序保护钥匙开关打开。

(1)CNC 参数输入操作

[参数]→[(操作)]→[READ]→[EXEC]

(2)程序的输入操作

系统在编辑状态(EDIT),按系统功能键 SYSTEM→[PROG](程序)→[(操作)]→扩展键→输入程序号 OXXXX→[READ]→[EXEC]

(3)系统补偿值的输入操作

[补偿值]→[(操作)]→[READ]→[EXEC]

(4)宏变量数据输入操作

[宏变量]→[(操作)]→[READ]→[EXEC]

(5)PMC 参数的输入(PC→CNC)

系统在急停状态,按系统功能键 SYSTEM→[PMC]软键→扩展键→[I/O]软键,进入 PMC I/O画面,完成下列设定:

驱动方式 DEVIC = OTHERS(计算机传输)

功能 FUNCTION = READ(数据输入)

数据类型 DATA KIND = PARAM

按[EXEC](执行),开始输入 PMC 参数。

基本任务2 利用存储卡实现 PMC 程序的备份与恢复(系列传输)

1. PMC 程序的备份

①将存储卡插入存储卡接口,给数控系统上电,与之同时按下显示器最右端的两个软键,调出系统引导画面,如图 2.40 所示。

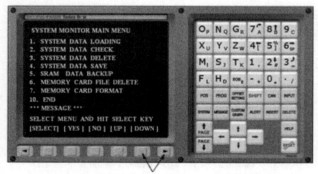

图 2.40 进入系统引导画面的操作

②选择系统引导画面主菜单的功能项 4 SYSTEM DATA SAVE(即将 CNC FROM 内的文件保存至存储卡),选择该项目下的"PMC-RA"或"PMC-SB",然后按软键 SELECT。

③系统显示确认请求信息,此时按 YES 键,开始存储,按 NO 中止存储。

④当存储正常结束时,显示的信息,如图 2.41 所示,按 SELECT 键。另外还要显示存储卡上写入的文件名,确认即可。

```
          *** MESSAGE ***

 FILM SAVE COMPLETE. HIT SELECT KEY.

 SAVE FILM NAME :PMC-RA.000
```

图 2.41　存储结束显示信息

2. PMC 程序的回装

①与 PMC 程序备份相同的系统,调出系统引导画面,选择系统引导画面主菜单的功能项 SYSTEM DATA LOADING(数据回装)。

②将光标移到想要从存储卡读入到 CNC FROM 存储器的文件上,一个画面上可显示 8 个文件数,当存储卡的文件多于 8 个时分页显示。按软键 ▷ 及 ◁ 可进行翻页。然后按 SELECT 键。

③选择文件后,系统显示确认请求信息,此时按 YES 键,开始回装。

④回装过程结束时,按软键 SELECT。

◎ 思考题

1. FANUC 数控系统的 RS-232-C 传输通信参数如何设定?

2. 如何建立一个超级终端通信传输程序?

3. 存储卡的系列数据传输和分区数据传输有什么不同?

项目 3   FANUC 0i MC 数控系统综合连接

知识目标

通过对 CNC 系统硬件的连接,了解数控系统的各基本单元。了解系统接口的功能及各部件之间的连接要求。通过实践操作掌握 FANUC 0i C/FANUC 0i Mate C 数控系统的组成,掌握系统与主轴驱动装置、进给伺服装置、外围设备之间的功能连接。

技能目标

掌握 FANUC 0i C/ 0i Mate C 数控系统接口的功能及各部件之间的连接要求,能够正确实施 FANUC 0i C/ 0i Mate C 数控系统与各功能模块之间的硬件连接。

任务 1   FANUC 0i MC 数控系统各组成部分认识

◎ 任务提出

通过图 3.1 所示的 FANUC 0i C 数控系统部件连接结构图,了解 FANUC 0i C 系统的配置及各组成部分的功能,能够正确陈述 FANUC 0i Mate C 数控系统部件的接口及信号的组成。

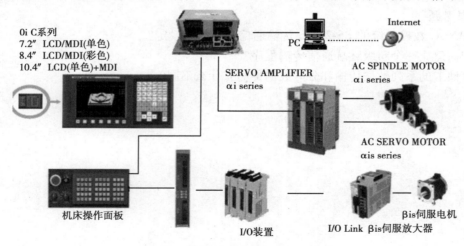

图 3.1   FANUC 0i C 系统硬件组成

◎ 任务目标

1. 能够准确陈述 FANUC 0i C / 0i Mate C 数控系统的基本组成;

2. 明确系统接口的功能及各部件之间的连接要求。

◎ **相关知识**

20 世纪 90 年代,FANUC 公司逐步推出高可靠性、高性能、模块化的 FANUC 16/18/21/0i A 系列数控系统。20 世纪 90 年代末到 21 世纪初,随着网络技术的发展,FANUC 公司开发出具有网络控制功能的超小型 CNC 系统 FANUC 16i/18i/21i 系列,2003—2004 年 FANUC 在 FANUC 21i 的基础上先后开发出适合中国国情的 FANUC-0i B/0i Mate B 和 FANUC 0i C /0i Mate C 系列的 CNC 系统。2006 年对这类硬件和软件进行了升级。

简而言之,FANUC 0i 系列至今推出了 FANUC 0iA、FANUC 0iB、FANUC 0iC、FANUC 0iD 4 大产品系列,这 4 大系列在硬件与软件的设计上区别较大,性能依次提高,但其操作、编程方法类似。每一系列又分为扩展型与精简型两种规格,前者直接表示,后者在型号中加"Mate",如:FANUC 0i C/FANUC 0i Mate C。

一、FANUC 0i A 系统的组成及功能连接

FANUC 0i A 系统是由 FANUC 21 系统简化而来,是具有高可靠性、高性价比的数控系统,最多可控制 4 轴,4 轴联动,只有基本单元,无扩展单元。

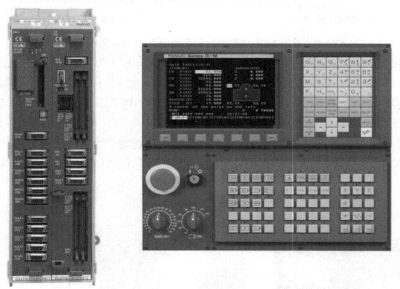

图 3.2　FANUC 0i A 系统、系统显示装置及操作面板

1. FANUC 0i A 系统的内部组成及功能

FANUC 0i A 系统由主模块和 I/O 模块组成。其内部结构如图 3.3 所示。

系统主模块包括系统主板和各功能小板(插在主板上)。系统主模块的功能是用于主轴控制(模拟量和数字串行主轴)的信号接口、各个伺服进给轴控制信号接口、伺服进给轴的位置反馈信号接口(光栅尺或分离型编码器)、存储卡和编辑卡接口等。

系统主板上安装有系统主 CPU、系统管理软件存储器 ROM、动态存储器 DRAM、伺服 1—2 轴的控制卡等;功能小板有用于实现 PMC 控制的 PMC 模块、用于存储系统控制软件 PMC 顺序程序及用户软件(系统参数、加工程序、各种补偿参数等)的 FROM/SRAM 模块、用于主轴控制(模拟量和数字串行主轴控制)的主轴控制模块、用于 3—4 伺服轴控制模块。图 3.3(a)中①为

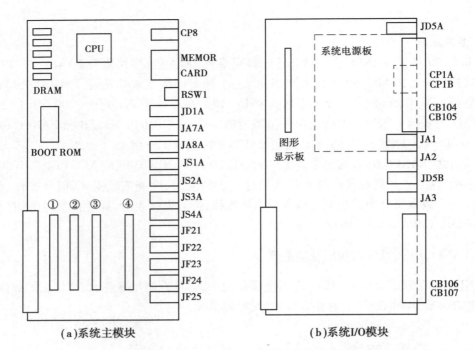

图 3.3　FANUC 0i A 系统内部结构示意图

PMC 控制模块,②为主轴控制模块,③为 FROM/SRAM 模块,④为 3—4 伺服轴控制模块。

系统 I/O 模块的功能是为机床提供输入/输出信号接口、LCD 或 CRT 视频信号接口、系统 MDI 键盘信号接口、机床手摇脉冲发生器信号接口及 RS-232 通信信号接口等。

系统 I/O 模块由系统电源板(为系统提供各种直流电源)、图形显示板(可选配件)、用于机床输入/输出控制的 DI/DO、系统视频信号接口、MDI 键盘信号接口(JA2)、手摇脉冲发生器信号接口(JA3)、通信接口(JD5A,JD5B)组成。图 3.4 为 FANUC 0i A 系统的构成。

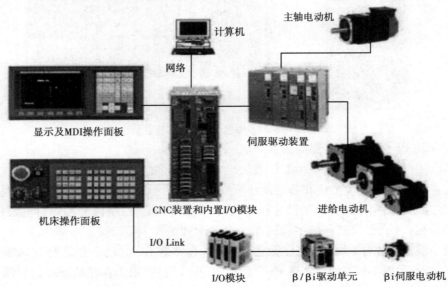

图 3.4　FANUC 0i A 系统的构成

2. FANUC 0i A 系统的功能连接

（1）系统主模块接口及功能连接

系统状态指示灯（4 个绿色、3 个红色）：系统上电初始化的动态显示及故障信息显示。

BATTERY、CP8：存储器电池及接口，标准为 3 V 锂电池。

MEMORY CARD：PMC 编辑卡或数据备份用存储卡接口。

RSW1：系统维修专用开关（正常位 0 位置）。

JD1A：系统 I/O Link 接口。它是一个串行接口，用于 CNC 与各种 I/O 单元的连接，如机床标准操作面板、I/O 扩展单元及具有 I/O Link 接口的放大器连接，从而实现附加轴的 PMC 控制。

JA7A：主轴驱动装置为串行数字控制装置的信号接口或为模拟量控制时主轴位置编码器接口；当机床采用串行主轴时，JA7A 与主轴放大器的 JA7B 连接；当机床采用模拟量主轴时，JA7A 与主轴独立位置编码器连接。

JA8A：主轴驱动装置为模拟量控制装置的信号接口，将系统发出的主轴速度信号（0～10 V）作为变频器的频率给定信号。

JS1A-JS4A：第 1—4 轴的伺服信号接口，分别与伺服放大器的第 1—4 轴的 JS1B-JS2B（2 个伺服放大器）连接。

JF21-JF24：位置检测装置反馈信号接口，分别与第 1—4 轴的绝对位置检测装置（光栅尺）连接。

JF25：绝对编码器的位置检测装置电池接口。

图 3.5（a）为系统主模块的连接图。

（2）系统 I/O 模块接口及功能连接

系统串行通信接口（JD5A、JD5B）：RS-232-C 异步串行通信接口，JD5A 为通道 0、1 接口，JD5B 为通道 2 接口。

CP1A：DC 24 V 输入电源接口，与外部 DC 24 V 稳压电源连接，作为控制单元的输入电源。

CP1B：DC 24 V 输出电源接口，一般与系统显示装置的输入电源接口连接。

JA1：系统视频信号接口，与系统显示器的 JA1（显示装置为 LCD）或 CN1（显示装置为 CRT）的接口连接。

JA2：系统 MDI 键盘信号接口。

JA3：机床面板手摇脉冲发生器接口。

CB104-CB107：机床侧输入/输出信号接口。

图 3.5（b）为系统 I/O 模块的连接图。

二、FANUC 0i B 系统的组成及功能连接

2003 年 FANUC 公司在 21i 系统（分离型）基础上开发出了高可靠、普及型和性能价格比卓越的 FANUC 0i B 和 FANUC 0i Mate B 系统。FANUC 0i B 系统由主模块和 I/O 模块组成，FANUC 0i Mate B 系统只有主模块。

1. FANUC 0i B 系统内部组成和功能

系统主模块由主板（模板）、CPU 卡（CPU 模块）、伺服轴控制卡、FROM/SRAM 存储卡和

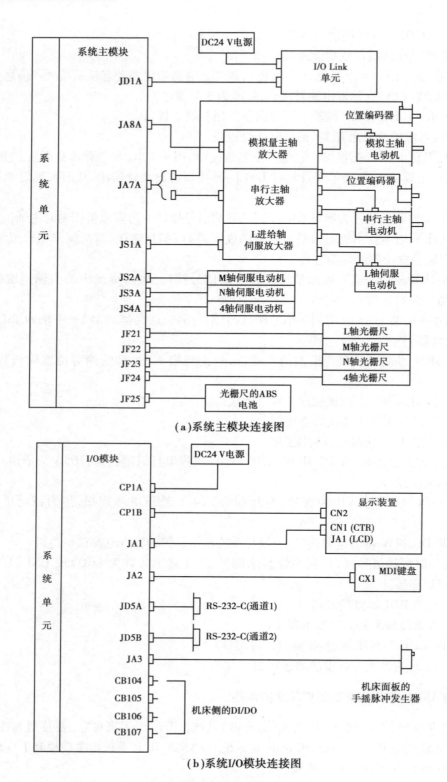

（a）系统主模块连接图

（b）系统I/O模块连接图

图 3.5　FANUC 0i A 系统的连接图

电源单元等组成,如图 3.7 所示。CPU 通过 BUS 总线与各功能块通信,实现 CNC 的控制;伺服控制卡通过高速串行总线(FSSB)实现伺服单元的控制;FROM/SRAM 模块中,FROM 用于存储系统文件和 MTB(机床制造厂)文件;SRAM 用于存储用户数据(机床数据);电源单元为系统提供各种直流电源,电源单元的输入电源为 DC 24 V。

系统 I/O 模块包括内置 I/O 模块输入/输出信号接口(96 点输入/64 点输出)、手摇脉冲发生器控制及 I/O Link 控制。

2. FANUC 0i B 系统的功能连接

图 3.8 为 FANUC 0i B/FANUC 0i Mate B 系统的功能接口图,接口功能如下:

存储器电池(BATTERY、BAT1):标准为 3 V 锂电池。

系统状态指示灯(4 个绿色、3 个红色):系统上电初始化的动态显示及故障信息状态显示。

系统存储卡(CNMIB)接口:通过存储卡对系统参数、PMC 参数、加工程序、各种补偿值及梯形图进行备份、回装。

系统串行通信接口(JD5A、JD5B):RS-232-C 异步串行通信接口,JD5A 为通道 0、1 接口,JD5B 为通道 2、3 接口。

图 3.6 FANUC 0i B 系统

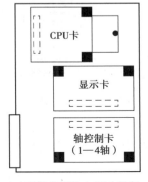

(a)系统主模块上层功能版

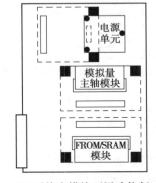

(b)系统主模块下层功能版

图 3.7 FANUC 0i B/0i Mate B 系统主模块内部结构

JA40:主轴驱动装置为模拟量控制装置的信号接口,将系统发出的主轴速度信号(0 ~ 10 V)作为变频器的频率给定信号。

JA7A:主轴驱动装置为串行数字控制装置的信号接口或为模拟量控制时主轴位置编码器接口;当机床采用串行主轴时,JA7A 与主轴放大器的 JA7B 连接;当机床采用模拟量主轴时,JA7A 与主轴独立位置编码器连接。

JA1:CRT 显示单元视频信号接口。

JA2:系统 MDI 键盘信号接口。

系统状态显示 LED:系统上电初始化的动态显示及运行状态显示窗口,16 进制代码,开机

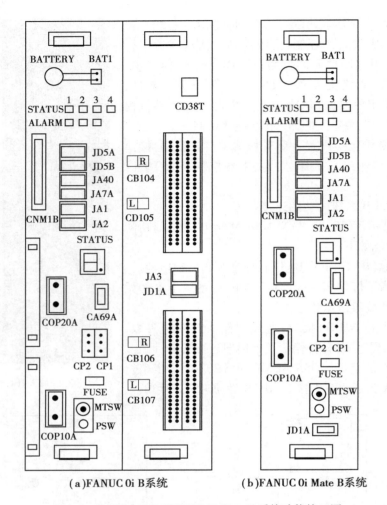

（a）FANUC 0i B系统　　　　（b）FANUC 0i Mate B系统

图3.8　FANUC 0i B/FANUC 0i Mate B 系统功能接口图

显示"F"，正常启动后显示"0"。

高速串行总线接口 COP20A：系统显示装置为 LCD 时，作为系统显示信号和 MDI 键盘信号的串行传输接口（为光缆信号接口）。

CA69A：伺服检测板接口。

CP1/ CP2：DC 24 V 输入/输出电源接口，CP1 为系统外部 DC 24 V 输入接口，一般与外部 DC 24 V 稳压电源连接；CP2 为 DC 24 V 输出接口，一般作为 CRT 的 24 V 电源和 I/O 模块的 24 V 电源。

MTSW、PSM：维修用调整开关。

CB104-CB107：系统内置 I/O 模块输入输出信号接口。

JA3：机床面板手摇脉冲发生器接口。

JD1A：系统 I/O Link 输入/输出接口信号，一般作为 FANUC 机床操作面板及系统 I/O 单元的输入/输出信号接口。

图3.9 为数控车床的 FANUC 0i B 系统连接图。

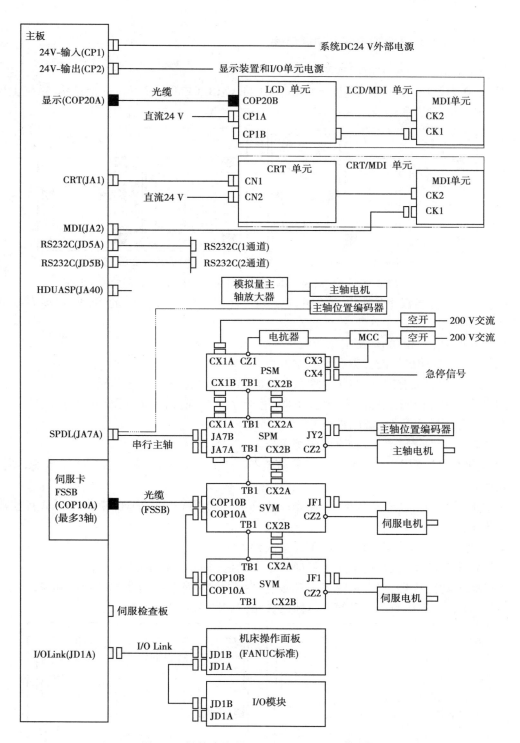

图 3.9　数控车床的 FANUC 0i B 系统连接图

三、FANUC 0i C 系统的组成及功能连接

1. FANUC 0i C 系统内部组成和功能

图 3.10 为 2006 年 6 月以前的 FANUC 0i C/FANUC 0i Mate C 系统内部结构,系统上层功能板有 CPU 卡、显卡和轴控制卡:

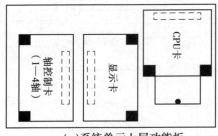

（a）系统单元上层功能板　　　　　（b）系统单元下层功能板

图 3.10　2006 年 6 月之前的 FANUC 0i C/FANUC 0i Mate C 系统内部结构

CPU 卡:该功能板上安装了系统的主 CPU、存储系统引导文件的 ROM 和动态存储器 DRAM 等。

显卡:视频信号和图形/文字显示信号。

轴控制卡:电动机标准参数和伺服轴的控制信息等。

系统下层功能板有闪存 FROM/静态存储器 SRAM 功能板和电源单元:

闪存 FROM/静态存储器 SRAM:FROM 用于存储系统文件和 MTB(机床制造厂)文件;SRAM 用于存储用户数据(机床数据)。

电源单元:为系统提供各种直流电源电压。

2006 年 6 月以后 FANUC 公司对该系统进行了升级,其硬件和软件都发生了改变,硬件方面主要有:

①取消了 CPU 卡,把主 CPU、存储系统引导文件的 ROM 和动态存储器 DRAM 都集成到系统主板上。

②取消了电源单元模块,把电源单元集成到系统主板上。

③取消了分离型显示卡,采用了集成显示卡结构(即和主板集成在一体)。

即除扩展功能板外,整个系统是由轴板、闪存 FROM/静态存储器 SRAM 板和系统主板构成,系统硬件故障的诊断更加简捷。具体硬件结构如图 3.11 所示。

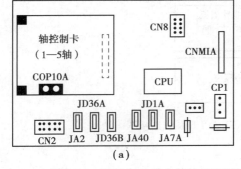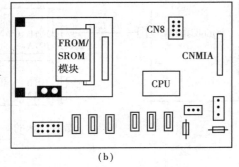

（a）　　　　　　　　　　（b）

图 3.11　2006 年 6 月之前的 FANUC 0i C/FANUC 0i Mate C 系统内部结构

2. 系统的选型和配置

（1）FANUC 0i MC 系统的选型和配置

图 3.12 为 FANUC 0i MC 系统的配置图

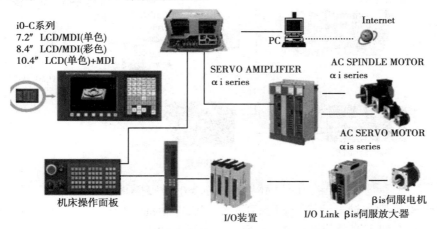

图 3.12　FANUC 0i MC 系统的配置图

①系统功能选择：系统功能包有 A 包和 B 包两种选择。2007 年 4 月以后的 FANUC 0i MC 系统具备 5 个 CNC 轴控制功能（选择功能）和 4 轴联动。根据机床特点和加工需要，系统可以选择扩展功能板，如串行通信（DNC2）功能板、高速串行总线（HSSB）功能板及数据服务器功能板，但具体使用时只能从中选择两个扩展功能板。

②显示装置和 MDI 键盘：系统 A 包的显示装置标准为 8.4 in 彩色 LCD，选择配置为 10.4 in 高分辨率彩色 LCD；系统 B 包则为 7.2 in 黑白 LCD，MDI 键盘标准为小键盘，显示器与 MDI 键盘形式有水平方式和垂直方式两种。

③伺服放大器和电动机：系统 A 包标准为 αi 伺服模块驱动 αi 系列主轴电动机和进给伺服电动机；系统 B 包标准为 βi/βis 伺服单元驱动 βi/βis 系列主轴电机和 βi/βis 系列进给伺服电动机。

④I/O 装置：根据机床特点和要求选择各种 I/O 装置，如机床操作面板 I/O 板、外置 I/O 单元、分线盘式 I/O 模块等。

⑤机床操作面板：可以选择系统标准操作面板，也可根据机床特点选择机床厂家的操作面板。

⑥附加伺服轴：系统选择配置，需要 I/O Link βi 系列伺服放大器和 βis 伺服电动机，最多可选择 8 个附加伺服轴，每个附加伺服轴占用 128 个输入/输出点，根据机床 I/O Link 使用的点数来确定。

（2）FANUC 0i Mate MC 系统的选型和配置

图 3.13 为 FANUC 0i Mate MC 系统配置图。

①系统功能选择：系统功能包为 B 包功能，具备 3 个 CNC 轴控制功能和 3 轴联动。系统只有基本功能，无扩展功能。

②显示装置和 MDI 键盘：显示装置为 7.2 in 黑白 LCD，MDI 键盘标准为小键盘，显示器与 MDI 键盘形式有水平方式和垂直方式两种。

③伺服放大器和电动机：伺服系统为 βi 伺服单元（电源模块、主轴模块和进给伺服模块

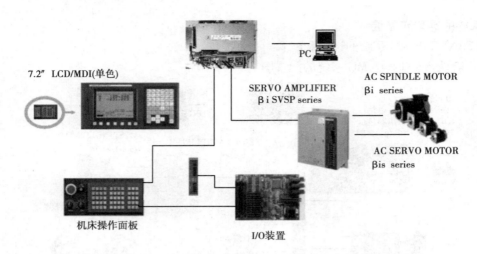

图 3.13　FANUC 0i Mate MC 系统配置图

为一体）驱动 βi 系列主轴电动机和 βi 系列进给伺服电动机。2007 年 4 月以后系统为 βis 伺服单元驱动 βis 系列主轴电动机和 βis 系列进给伺服电动机。

④I/O 装置：根据机床特点和要求选择各种 I/O 装置，如机床操作面板 I/O 板、外置 I/O 单元、分线盘式 I/O 模块等。

⑤机床操作面板：可以选择系统标准操作面板，也可根据机床特点选择机床厂家的操作面板。

⑥附加伺服轴：系统选择配置，需要 I/O Link βi 系列伺服放大器和 βis 伺服电动机，只能选择 1 个附加伺服轴。

（3）FANUC 0i Mate TC 系统的选型和配置

图 3.14 为 FANUC 0i Mate TC 系统的配置图。

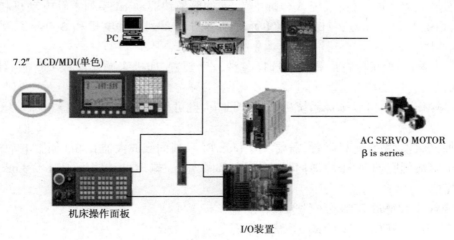

图 3.14　FANUC 0i Mate TC 系统的配置图

①系统功能选择：系统功能包为 B 包功能，具备两个 CNC 轴控制功能和两轴联动。系统只有基本功能，无扩展功能。

②显示装置和 MDI 键盘：显示装置为 7.2 in 黑白 LCD，MDI 键盘标准为小键盘，显示器与

MDI 键盘形式有水平方式和垂直方式两种。

③伺服放大器和电动机:系统主轴驱动标准为变频器驱动电动机或变频专用电动机,进给伺服为 βi 伺服单元驱动 βis 进给伺服电动机。选择配置为 βis 伺服单元驱动 βis 系列主轴电动机和 βis 进给伺服电动机。

④I/O 装置:根据机床特点和要求选择各种 I/O 装置,如机床操作面板 I/O 板、外置 I/O 单元、分线盘式 I/O 模块等。

⑤机床操作面板:可以选择系统标准操作面板,也可根据机床特点选择机床厂家的操作面板。

⑥附加伺服轴:系统选择配置,需要 I/O Link、βi 系列伺服放大器和 βis 伺服电动机,只能选择 1 个附加伺服轴。

◎ 任务实施

基本任务 FANUC 0i Mate MC 数控系统各组成部分功能认识

图 3.15 为 FANUC 0i Mate MC 数控系统功能连接图。在 FANUC 0i Mate MC 数控系统的构建中采用了 FANUC 0i C/ 0i Mate C 数控系统和 FANUC βi SVPM 伺服放大器,下面我们将逐一对其接口及功能进行介绍。

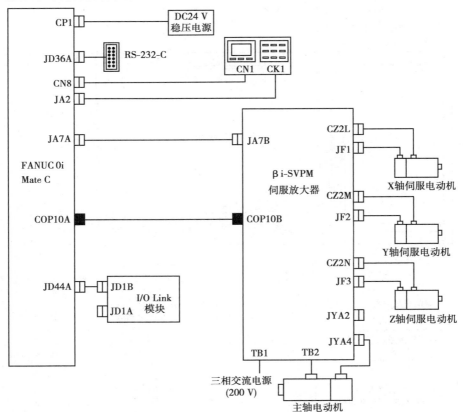

图 3.15 FANUC 0i Mate MC 数控系统功能连接图

一、FANUC 0i C∕0i Mate C 系统接口及功能认知

图 3.16 及图 3.17 分别为 FANUC 0i C∕0i Mate C 系统接口、接口位置及功用图。

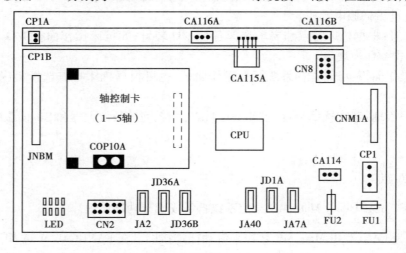

图 3.16　FANUC 0i C∕0i Mate C 系统接口

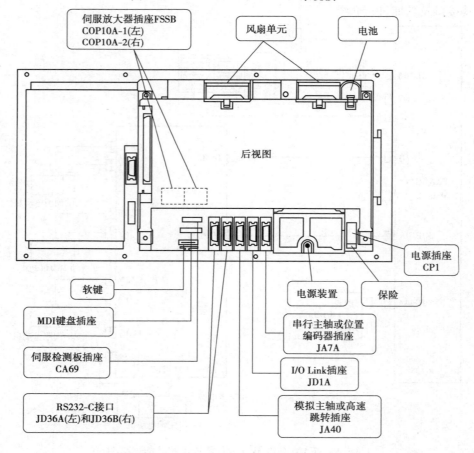

图 3.17　FANUC 0i C∕0i Mate C 接口位置及功用图

COP10A-1（COP10A-2）：FSSB（FANUC Serial Servo Bus，FANUC 串行伺服总线）光缆接口，一般接左侧插口。

CP1：系统外加直流 24 V 稳压电源输入接口。

FUSE 1：系统 DC 24 V 输入熔断器（5 A）。

JA7A（SP/POS）：串行主轴/主轴位置编码器信号接口。当机床采用串行主轴时，JA7A 与主轴放大器的 JA7B 连接，实现主轴模块与 CNC 系统的信息传递；当机床采用模拟量主轴时，JA7A 与主轴独立位置编码器连接。

JA40：模拟量主轴的速度信号接口（0 ~ 10 V）。将系统发出的主轴速度信号（0 ~ 10 V）作为变频器的频率给定信号。

JD44A（JD1A）（I/O Link）：外接的 I/O 卡或 I/O 模块信号接口。

JD36A：RS-232-C 串行通信接口（0、1 通道）。

JD36B：RS-232-C 串行通信接口（2 通道）。

CA69A：伺服检测板接口。

JA2：系统 MDI 键盘信号接口。

CN2：系统操作软键信号接口。

二、伺服模块及接口功能认知

在 FANUC 0i Mate MC 数控系统的构建中，伺服系统采用了性价比卓越的 FANUC βi-SVPM 伺服放大器，该伺服放大器是集电源模块、主轴模块和伺服模块为一体的一体型伺服驱动单元。图 3.18 为 FANUC βi-SVPM 一体型伺服放大器，其接口功能如下：

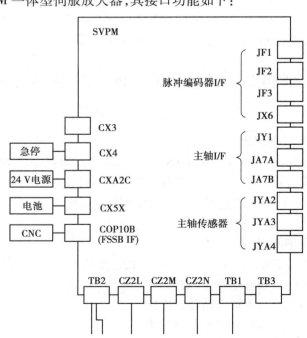

图 3.18　FANUC βi-SVPM 一体型伺服放大器

CXA2C：24 V 电源连接（A1—24 V，A2—0 V），必须使用稳压电源，不可以与用于电动机制动的 24 V 电源共同使用。

TB1：放大器三相 AC 200 V 输入端。

TB2：主轴电动机动力线接线端子。

TB3：不要接线。

CZ2L，CZ2M，CZ2N：伺服电机的动力线接线端子，CZ2L，CZ2M，CZ2N 分别对应第 1 轴、第 2 轴、第 3 轴相应的伺服电动机。

JF1，JF2，JF3：伺服电机位置反馈接口。

CX4：连接急停控制继电器的动合触点。

CX5X：绝对编码器电池连接接口。

COP10B：连接 CNC 的 FSSB 高速串行总线。

JX：6 断电后备模件。

JY1：连接负载表、速度表等。

JA7B：连接数控系统的 JA7A 口。

JA7A：连接第二轴的输出接口 JA7B。

JYA2：连接主轴 Mi，Mzi 传感器。

JYA4：连接位置编码器（外部一转信号）。

注意：冷却风扇（2 个）需接外部 200 V 电源。

◎ 思考题

1.FANUC 0i B 数控系统与先前的 FANUC 0i A 系统相比在控制功能和结构上有何变化？

2.FANUC 0i Mate B/C 与 FANUC 0i B/C 系统有何不同？

3.数控系统与主轴模块的连接可采用哪些方式？

任务 2　FANUC 0i Mate TC 数控系统的基本连接与调试

◎ 任务提出

通过图 3.19 所示的 FANUC 0i Mate MC 数控系统的综合连接图，在实践中加深对系统接口的功能及各部件之间的连接要求的了解，正确实施 FANUC 0i C/ 0i Mate C 数控系统与各功能模块之间的硬件连接。

FANUC 0i 数控系统电缆连接

◎ 任务目标

掌握 FANUC 0i C/ 0i Mate C 数控系统与各功能模块之间的硬件连接要求和方法。能够正确实施：

1.系统与主轴变频器的连接；

2.系统与伺服放大器的连接；

3.系统与外围设备之间的连接。

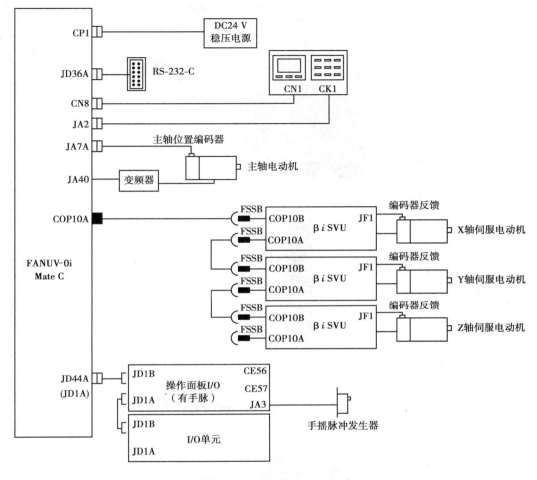

图 3.19　FANUC 0i Mate MC

◎ 相关知识

一、高速数据传输的 FANUC I/O Link 总线 PMC 控制功能

1. I/O Link 的基本概念

在上面的学习中我们已注意到在系统单元的接口中有 JD44A(JD1A)这样一个接口,它的名称是系统 I/O Link 接口。FANUC I/O Link 接口是一个串行接口,用来将各种串行 I/O 设备连接到 PMC 上的 I/O 上并在各设备间高速传送 I/O 信号(位数据)。当连接多个设备时,FANUC I/O Link 将 1 个设备认作主单元,其他设备作为子单元,各单元采用光缆实现级间连接。子单元的输入信号每隔一定周期送到主单元,主单元的输出信号也每隔一定周期送至子单元。

在 FANUC 系统中,按照不同的使用场合,常用的 I/O 设备类型主要有操作面板 I/O、机床外置 I/O 单元、分线盘 I/O 模块和 I/O Link 放大器(见表 3.1 所示)。

表 3.1 FANUC 系统常用 I/O 设备

装置名称	说　明	手轮连接	信号点（输入/输出）
机床操作面板 I/O 模块	带有机床操作盘接口,0i 系统上常见 	有	48/32
机床外置 I/O 单元	能适应机床强电输入/输出任意组合要求 	有	96/64
分线盘 I/O 模块	一种分散型的 I/O 模块,能适应机床强电输入/输出任意组合要求,由基本单元和 3 块扩展单元组成 	有	96/64
I/O Link 放大器	使用 β 和 βi 系列 SVU(带 I/O Link),可通过 PMC 外部信号控制伺服电动机进行定位 	无	128/128

2.I/O Link 的连接方法

0i C 系列和 0i Mate C 系列中,JD1A 插座位于主板上。I/O Link 分为主单元和子单元。作为主单元的 0i/0i Mate 系列控制单元与作为子单元的分布式 I/O 相连接。子单元分为若干个组,一个 I/O Link 最多可连接 16 组子单元(0i Mate 系统中 I/O 的点数有所限制)。

　　根据单元的类型以及 I/O 点数的不同,I/O Link 有多种连接方式。PMC 程序可以对 I/O 信号的分配和地址进行设定,用来连接 I/O Link。0i 系统的 I/O 点数最多可达 1024/1024 点,0i Mate 系统的 I/O 点数最多可达 240/160 点。

　　I/O Link 的两个插座分别叫做 JD1A 和 JD1B。对所有单元(具有 I/O Link 功能)来说是通用的。电缆总是从 1 个单元的 JD1A 连接到下 1 个单元的 JD1B。尽管最后 1 个单元是空着的,也无需连接一个终端插头。对于 I/O Link 中的所有单元来说,JD1A 和 JD1B 的引脚分配都是一致的。不管单元的类型如何,均可按照图 3.20 来连接 I/O Link。I/O Link 的连接顺序可自由决定。

　　以 0i Mate C 为例,其 I/O 连接可采用如图 3.21 所示的方式。

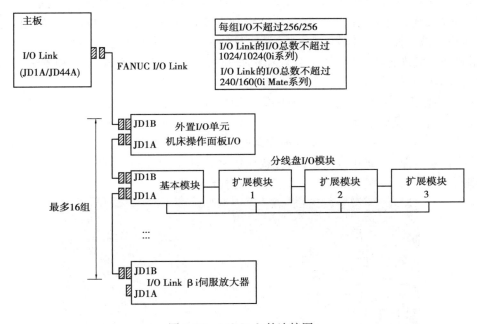

图 3.20　I/O Link 的连接图

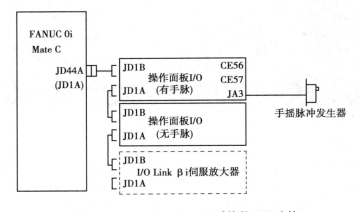

图 3.21　FANUC 0i Mate C 系统的 I/O 连接

二、SX0T-FANUC 0i C/0i Mate MC 数控机床综合实训系统简介

1. SX0T-FANUC 0i C/0i Mate MC 数控机床综合实训系统的设计特点

①该实训装置在设计时充分考虑了理论教学和实际应用的衔接,配备了目前工业生产中占主流地位的 FANUC 0i C/ FANUC 0i Mate C 数控系统,实训台提供了一套拥有完整的 FANUC 0i Mate C 数控技术的系统,按照符合真实数控设备的要求进行电气控制系统的连接,并且全部电气元器件均选用工控产品,以缩小理论教学与实际生产之间的差距。

②实际开发中,将实际的数控机床电气控制原理图展示在实训台上,有实物对应在旁边,便于学生一目了然地看清电路的走向与接法,理解电气控制系统的原理与设计。

③该实训装置采用模块化的设计思想,将数控机床中的电源控制、进给伺服、主轴驱动、刀架控制、输入/输出控制、PLC 控制等重要概念在模块化的控制板上反映出来,通过独立的实验实训项目搭建控制电路、构建控制系统、排除故障,使学生更容易地理解数控系统的组成、控制原理及实现方法,不仅便于组合和扩展实验实训内容,也便于检查和调试,并且能很好地起到触类旁通的作用。

④在模块化设计的基础上,对各模块信号均进行分类展开,以方便进行信号观测和设置。

2. 各功能模块设计说明

本实训装置外壳为铁质钣金喷漆柜体结构,坚固耐用。可输入三相 4 线制 380 V 交流电源,并设计有漏电保护、缺相自动保护、过载保护和接地保护,漏电动作电流≤30 mA;柜体上面部分是实训台的主控制区域,它分为多个功能控制单元板。

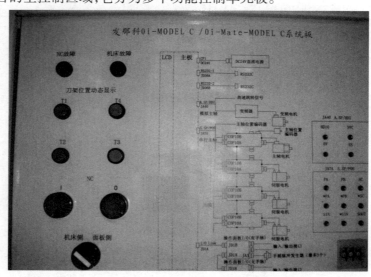

图 3.22 系统控制单元板

(1)数控系统控制单元板

采用 FANUC 0i Mate C 系统,并将 FANUC 0i Mate TC 系统的构成展现在面板上。在面板上设置了转换开关(机床侧/面板侧),当开关置于机床侧时,系统的输入信号全部来自于机床和机床操作面板上的真实开关信号,此时 PLC 输入接口板上的模拟开关不起作用,当开关置于面板侧时,所有机床及机床操作面板上的信号都将断开,PLC 输入接口板上的模拟拨断开

关信号生效。

（2）全数字伺服驱动控制单元

分为 X,Y,Z 3 个轴控制子单元。每个子单元分别剖析了伺服驱动器的内部结构原理图、控制方式和接线方法等。并把各连接端子引到面板上，通过连接线的连接可控制相应电机的运行，方便进行操作连接。

图 3.23 伺服驱动控制单元外观图

（3）变频主轴控制单元（板）

如图 3.24 所示，其上安装有主轴变频器、配有主轴变频器工作原理图和主轴控制原理图。变频器右侧为变频器工作原理图，左侧为变频器控制原理展开图，将变频器上所有的控制端子均展开在面板上，如 10 号端子为变频器自身的 5 V 模拟电压输出，2、5 号端子为外部模拟电压输入（电压型），其中 5 号端子为公共端 0 V。外部模拟电压输入有两种方式：一是连接数控系统的 JA40，由数控系统进行自动控制，此时面板上的端子竖向短接；二是有电位器手动调节，此时面板上的端子横向短接。

图 3.24 变频主轴控制板外观图

（4）FANUC I/O Link 输入/输出模块板及接口板

I/O Link 输入/输出模块如图 3.25 所示，CE56，CE57 为 PLC 输入/输出点，用 50 芯灰排线引到 I/O 板上，再由此引到相应的输入/输出接口，以便于进行信号的测试和设置。图 3.26 为 I/O Link 输入/输出模块 CE56，CE57 接口板。面板左边红黑端子间电压为 24 V，红色为 +24 V，黑色为 0 V。面板下方的一排拨断开关用以模拟信号的输入，当系统面板上转换开关置于机床侧时，可用短线短接 24 V，当转换开关置于面板侧时，将拨断开关打向上方，即可进行信号的模拟输入。面板上方的继电器显示模拟信号的输出，当有信号输出时，对应继电器线圈吸合，发光二极管点亮。

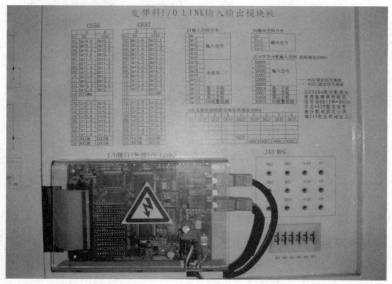

图 3.25　I/O Link 输入/输出模块

图 3.26　I/O Link 模块 CE56，CE57 接口

◎ **任务实施**

基本任务　FANUC 0i Mate MC 数控系统连接实施

以相关知识中介绍的 SX0T-FANUC 0i Mate MC 数控机床综合实训系统为平台,实施 FANUC 0i Mate MC 数控系统的基本连接。

1. 系统电源的连接

①参见附录 FANUC 0i Mate MC 电气原理图 5/18 ~ 5/18,经由接线端子 111,112,113 分别给各个伺服模块的 L1,L2,L3 端子同时接入三相 AC 220 V 电源;将 X 轴伺服放大器的 DC 24 V 控制电源输入插头 CXA19B 接入 DC 24 V 电压(由 DC 24 V 开关电源输出),并将其上的 DC 24 V 控制电源输出插头 CXA19A 接到 Y 轴伺服放大器上的 DC 24 V 控制电源输入插头 CXA19B,以此类推,如图 3.27 所示。

图 3.27　各伺服模块的连接

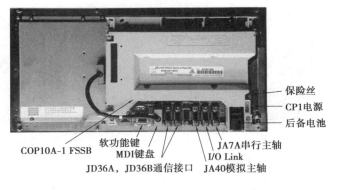

图 3.28　FANUC 0i MC 系统的实际连接

②在系统基本单元的 CP1 和 I/O 模块的 CP1 插头上接入 DC 24 V 电源。

2. 系统与外围设备的连接

①将系统基本单元的串行主轴/主轴位置编码器接口 JA7A 插头通过电缆连接到主轴位置编码器接口上。

②将系统基本单元的 JA1D 插头通过 I/O Link 电缆连接到外置的 I/O 模块上。

3．系统与主轴变频器的连接

①将系统基本单元的模拟量主轴速度接口 JA40 连接到主轴变频器的指令输入端,该指令信号输入端为变频器控制回路端子排中的端子 2 和 5,其中端子 2 为信号输入端,端子 5 为公共端,如图 3.29 所示。

注意:极性不要接错,否则变频器不能调速。

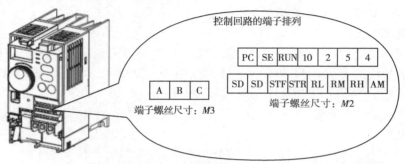

图 3.29　FR-S500 变频器控制回路端子排列图

②参见附录 FANUC 0i Mate MC 电气原理图 8/18,在变频器 L1,N1,PE 端子上接入 AC 220 V 电源;U,V,W 端子上接入主轴电动机动力线。本实训系统采用的 FR-S500 变频器电源及电机动力线接线端子排列如图 3.30 所示。

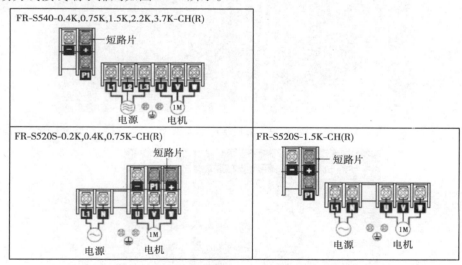

图 3.30　FR-S500 变频器电源及电机动力线接线端子

4．系统与伺服放大器的连接

①系统基本单元的 COP10A 插头通过光缆连接到伺服单元的 COP10B。

②将伺服放大器的 U,V,W 端子与伺服电机的动力线连接。

③参见附录 FANUC 0i Mate MC 电气原理图 12/18 及 7/18,在 X 轴伺服放大器的 CX30 插头上接入急停信号。

④参见附录 FANUC 0i Mate MC 电气原理图 7/18,在 X 轴伺服放大器的 CX29 插头上接入控制驱动主电源的接触器线圈。

5. 系统的检查

①先将电源切断开关 SA0 和漏电保护开关 QF0 合上,交流 380 V 电源接入,合上电源总开关 QF1,检测并确认 QF1 出线端 1L1,1L2,1L3 三相间 380 V 电压无误。

②合上低压断路器 QF2 及 QF5,检测伺服变压器 TC1 次边输出电压三相 AC 200 V 无误,检测控制变压器 TC2 次边输出电压两相 AC 220 V 无误。

③合上低压断路器 QF7,接通钥匙开关 SA5(11,10)给开关电源 VC1 通电,检测开关电源 VC1 进线端(L,N)电压为 AC 220 V,输出端(V+,GND)电压为 DV 24 V。

④合上低压断路器 QF3,QF6,按下 NC 启动按钮,继电器 KA1 得电吸合,交流接触器 KM1 随即得电,观察 KA1 和 KM1 吸合情况,这时数控系统、伺服系统上电。

⑤数控系统、伺服系统上电约 30 s 系统自检完成,此时 KM2 吸合,伺服系统强电回路接通,同时变频器电源接通。检测确认各伺服放大器输入端子 L1,L2,L3 间输入电压为 AC 200 V,变频器强电输入端子 L1,N1 间输入电压为 AC 220 V。

⑥按下停止按钮 SB3,停止数控系统的工作。

◎ 思考题

1.SX0T-FANUC 0i Mate MC 综合实训系统中系统控制面板上的转换开关起什么作用?

2.光缆 COP10A 在系统中起什么作用?

3.简述数控系统的启动过程。

项目 4　系统参数设置与调整

知识目标

1. 了解与掌握一些参数,可以维修一些软件的故障,了解更换电池的必要性;
2. 设定 NC 数控机床及辅助设备的规格和内容,以及加工中所必需的一些数据;
3. 了解与掌握参数,为使用和更好地发挥机床的性能提供很大的帮助。

技能目标

1. 掌握 FANUC 数控参数的参数输入方法及参数设定步骤;
2. 了解机床参数在数控机床调试中的应用;
3. 熟悉系统中保证机床运行所需要设置的基本参数。

任务 1　数控系统参数的分类及含义

◎ **任务提出**

FANUC 0i 系统有很丰富的机床参数,为数控机床的安装调试及日常维护提供了便利条件。同时,系统要正常工作,必须进行参数的设置。通过本模块的学习,要求掌握 FANUC 0i 数控参数的参数输入方法及参数设定步骤,并熟悉系统中保证机床运行所需要设置的基本参数。

◎ **相关知识**

一、参数的概述

1. 参数的定义

数控系统的参数是数控系统用来匹配机床及数控功能的一系列数据。在 FANUC 0i 系统中参数可分为系统参数、PMC 参数。系统参数又按照一定功能进行分类,共有 40 多类。PMC 参数是数控机床的 PMC 程序中使用的数据,如:计时器,计数器,保持型继电器的数据。这两类参数是数控机床正常启动的前提条件。

2. 参数的分类
①基本设置方法。
②设置刀具偏置量。
③SETTING 数据设置。
④工件原点设置。
⑤用户宏程序公共变量。

⑥系统参数。

⑦PMC 参数设置。

上述几种参数中,设置刀具偏置量、设置工件原点、设置用户宏程序公共变量等一般应在机床操作时设置,可参考机床操作说明书,其他一般应在机床调试时设置,FANUC 0i 系统参数分类见表 4.1。

表 4.1　FANUC 0i 系统参数分类

参数类型	参数号
SETTING 的参数	0000 ~ 0020
RS232C 串口与 I/O 设备数据通信参数	0010 ~ 0123
POWER MATE 管理器参数	0960
轴控制/单位设定参数	001 ~ 1023
设定坐标系的参数	1201 ~ 1260
存储式行程检测参数	1300 ~ 1327
进给速度设定参数	1401 ~ 1461
加减速控制参数	1601 ~ 1785
伺服参数	1800 ~ 1897
α 系列 AC 伺服电动机参数	2000 ~ 2209
DI/DO 参数	3001 ~ 3033
画面显示及程序编辑参数	3100 ~ 3295
编辑程序的参数	3401 ~ 3460
螺距误差补偿参数	3620 ~ 3624
主轴控制的参数	3700 ~ 3832
串行主轴 Cs 轮廓控制用参数	3900 ~ 3924
α 系列串行接口主轴参数	4000 ~ 4351
刀具补偿参数	5001 ~ 5021
钻削固定循环参数	5101 ~ 5115
螺纹切削循环参数	5130
多重循环参数	5132 ~ 5143
小直径深孔钻削循环参数	5160 ~ 5174
刚性攻螺纹参数	5200 ~ 5382
缩放/坐标旋转参数	5400 ~ 5421
单方向定位参数	5421 ~ 5440
极坐标插补参数	5450 ~ 5463
法线方向控制参数	5480 ~ 5485

续表

参数类型	参数号
分度工作台分度参数	5500～5512
用户宏程序参数	6000～6091
图形数据输入用参数	6101～6110
跳步功能用参数	6200～6202
自动刀具补偿(T系列)、刀具长度自动补偿(M系列)参数	6240～6225
外部数据输入/输出参数	6300
图形显示参数	6500～6503
画面运转时间及零件数显示参数	6700～6758
刀具寿命管理参数	6800～6845
位置开关功能参数	6901～6959
手动运行/自动运行参数	7001
手轮进给、中断参数	7100～7117
挡块式参考点设定参数	7181～7186
软操作面板参数	7200～7399
程序再开始、加工返回再开始参数	7300～7310
多边形加工参数	7600～7621
PMC轴控制参数	8001～8028
基本功能参数	8130～8134
简易同步控制参数	8301～8315
顺序号校对参数	8341～8342
其他的一些参数	8701～8790
维修用参数	8901

在进行参数操作时,可以利用FANUC 0i数控系统提供的参数分类情况显示画面,在忘记参数数据号的情况下,帮助缩小查找范围。

3.系统参数的形式

FANUC 0i数控系统的参数按照数据的形式大致可分为位型和字型。其中位型又分位型和位轴型,字型又分字节型、字节轴型、字型、字轴型、双字型、双字轴型共8种,轴型参数允许参数分别设定给各个控制轴。

位型参数就是对该参数的0至7这8位单独设置"0"或"1"的数据代表不同的意义。位型参数的形式,如表4.2所示。

注意:

①位型及位轴型参数,数据是由8位构成的(8个不同意义的参数)。

表 4.2　参数形式

数据类型	有效数据范围	备　注
位型	0 或 1	
位轴型		
字节型	− 128 ~ 127	在一些参数中不使用符号
字节轴型	0 ~ 255	
字型	− 32768 ~ 32767	在一些参数中不使用符号
字轴型	0 ~ 65535	
双字型	− 99999999 ~ 99999999	
双字轴型		

②轴型是指对每个控制轴可独立地设数据。

③数据范围指一般的范围,随参数不同数据范围也不同,详细情况参照相关参数说明。

4. 参数的含义(这里只介绍几种,具体查看 FANUC 0i 参数使用说明书)

(1)位型和位轴型参数含义

	#7	#6	#5	#4	#3	#2	#1	#0
0000			SEQ			INI	ISO	TVC

（数据号）　（　　　　　　数据　　#0 ~ #7 位的位置　　　　　　）

通过该例可以知道位型和位轴型的数据格式,即每一个数据号由 0 ~ 7 位数据组成。在描述这一类数据时可以用这样的格式来说明:数据号. 位号。比如上例中的 ISO 参数就可以用这样的符号来表示:1000.1。当 1000.1 = 0 时表示数据采用 EIA 码输出,1000.1 = 1 时表示数据输出采用 ISO 码。位型和位轴型数据就是用这样的方式来设定不同的系统功能。

(2)位型和位轴型以外其他参数含义

1023	指定轴的伺服轴号

（数据号）　（　　　　　　数据　　　　　　　　　）

注意:

①参数说明中的空白位和画面上有显示但参数表中没有说明的参数号,是为了将来扩展而备用的,必须将其设定为 0。

②T 系的参数和 M 系的参数有可能不同,此时,不同系统的参数由两层参数区分。空白表示该参数不能使用。

FANUC 系统将常用的参数例如:通信、镜像、I/O 接口的选择等常见参数放置在【SET-TING】(设置)功能键下,以便于用户使用。其他大量的参数归类于【SYSTEM】(系统)功能键下的参数菜单。

(3)常用的系统参数及含义

①与各轴的控制和设定单位相关的参数,参数号:1001 ~ 1023。这一类参数主要用于设定各轴的移动单位、各轴的控制方式、伺服轴的设定、各轴的运动方式等。

②与机床坐标系的设定、参考点、原点等相关的参数,参数号:1201 ~ 1280。这一类参数

主要用于设定机床的坐标系的设定,原点的偏移、工件坐标系的扩展等。

③与存储行程检查相关的参数,参数号:1300～1327。这一类参数的设定主要是用于各轴保护区域的设定等。

④与设定机床各轴进给、快速移动速度、手动速度等相关的参数,参数号:1401～1465。这一类参数涉及机床各轴在各种移动方式、模式下的移动速度的设定,包括快移极限速度、进给极限速度、手动移动速度的设定等。

⑤与加减速控制相关的参数,参数号:1601～1785。这一类参数用于设定各种插补方式下启动停止时的加减速方式,以及在程序路径发生变化时(如出现转角、过渡等)进给速度的变化。

⑥与程序编制相关的参数,参数号:3401～3460。用于设置编程时的数据格式,设置使用的 G 指令格式、设置系统缺省的有效指令模态等和程序编制有关的状态。

⑦与螺距误差补偿相关的参数,参数号:3620～3627。数控机床具有对螺距误差进行电气补偿的功能。在使用这样的功能时,系统要求对补偿的方式、补偿的点数、补偿的起始位置、补偿的间隔等参数进行设置。

【例1】 参数 No.5010 对于 T 系和 M 系有不同的意义。

5010	刀尖半径补偿 （T 系）
	刀具补偿 C （M 系）

【例2】 DPI 为 M 系列和 T 系共用参数,但 GSB 和 GSC 只对 T 系有效。

	#7	#6	……	#2	#1	#0
3401	GSC	GSB	……			DPI(T 系)
			……			DPI(M 系)

【例3】 参数 8131(设定了此参数时,要切断一次电源)。

#7	#6	#5	#4	#3	#2	#1	#0
				AOV	EDC	FID	HPG

HPG 手轮进给是否使用。

0:不使用

1:使用

FID F1 位的进给是否使用。

0:不使用

1:使用

EDC 外部加减速是否使用。

0:不使用

1:使用

AOV 自动拐角倍率是否使用。

0:不使用

1:使用

【例4】 参数 8132(设定了此参数时,要切断一次电源)。

		SCL	SPK	IKC	BCD		TLF

TLF 是否使用刀长寿命管理。

0:不使用

1:使用

BCD 是否使用第 2 辅助功能。

0:不使用

1:使用

LXC 是否使用分度工作台分度。

0:不使用

1:使用

SPK 是否使用小直径深孔钻削循环。

0:不使用

1:使用

SCL 是否使用缩放。

0:不使用

1:使用

【例 5】　参数 8133(设定了此参数时,要切断一次电源)。

			SYC		SCS		SSC

SSC 是否使用恒定表面切削速度控制。

0:不使用

1:使用

SCS 是否使用 Cs 轮廓控制。

0:不使用

1:使用

SYC 是否使用主轴同步控制。

0:不使用

1:使用

【例 6】　参数 8134(设定了此参数时,要切断一次电源)。

							IAP

IAP 是否使用图形对话编程功能。

0:不使用

1:使用

◎ **任务实施**

1. 参数显示的操作步骤

①按 MDI 面板上的功能键 SYSTEM 一次后,再按软键[PARAM]选择参数画面。

②参数画面由多面组成。通过ⓐ、ⓑ两种方法显示需要显示的参数所在的面面。

ⓐ有翻面键或光标移动键,显示需要的页面。

ⓑ从键盘输入想显示的参数号,然后按软键[NO. SRH]。这样可显示包括指定参数所在

的页面,光标同时在指定参数的位置(数据部分变成反转文字显示)。

2. 用 MDI 设定参数的操作步骤

①将 NC 置于 MDI 方式或急停状态。

②用以下步骤使参数处于可写状态。

ⓐ按 SETTING 功能键一次或多次后,再按软键[SETTING],可显示 SETTING 画面的第 1 页。

ⓑ将光标移至"PWE"处。

ⓒ按[OPRT]软键显示操作选择软键。

ⓓ按软键[ON:1]或输入 1,再按软键[INPUT],使"PWE"=1。这样参数成为可写入状态,同时 CNC 发生 P/S 报警 100(允许参数写入)。

③按功能键 SYSTEM 一次或多次后,再按软键[PARAM],显示参数画面。

④显示包含需要设定的参数的画面,将光标置于需要设定的参数的位置上。

⑤输入数据,然后按[INPUT]软键。输入的数据将被设定到光标指定的参数中。

⑥若需要则重复步骤④和⑤。

⑦参数设定完毕。需将参数设定画面的"PWE="设定为 0,禁止参数设定。

⑧复位 CNC,解除 P/S 报警 100。但在设定参数时,有时会出现 P/S 报警 000(需切断电源),此时请关掉电源再开机。

3. 基本功能参数的设置步骤

①按参数显示的操作步骤的方法显示参数 8130。

②按用 MDI 设定参数的操作步骤的方法将参数 8130 设定为 2(车床)、设定为 3(铣床)。

③按参数显示的操作步骤的方法显示参数 8131。

④按用 MDI 设定参数的操作步骤的方法将参数 8131 设定为 0(用手轮)、设定为 1(不用手轮)。

⑤按参数显示的操作步骤的方法显示参数 8133。

⑥按用 MDI 设定参数的操作步骤的方法将参数 8133 设定为 0(不使用恒定表面切削速度)、设定为 1(使用恒定表面切削速度)。

⑦按参数显示的操作步骤的方法显示参数 8134。

⑧按用 MDI 设定参数的操作步骤的方法将参数 8134 设定为 0(不使用图形对话编程功能)、设定为 1(使用图形对话编程功能)。

◎ 思考题

1. 请说明系统报警 P/S100 和 P/S000 的含义。

P/S100 参数可写入

P/S000 需要重新启动使参数生效

2. 如果机床在切削时使用恒定表面切削速度控制不起作用,应该首先检查哪个参数?

检查参数 8133(设定了此参数时,要切断一次电源)。

			SYC		SCS		SSC

SSC 是否使用恒定表面切削速度控制。

0:不使用

1:使用

任务 2　FANUC 系统通用参数应用

◎ **任务提出**

上一章节我们学习了 FANUC 系统参数的分类及含义。在此基础上,我们再来学习 FANUC 系统通用参数在数控机床上的应用。我们试利用参数设置一下数控机床参考点及参考点返回控制、对伺服装置的控制、进给传动系统误差及其补偿、机床限位控制。这些参数设置是我们检修课程中重要的章节之一,一定要熟悉掌握参数设置的技能。

◎ **任务目标**

1. 熟悉参数设置参考点及参考点返回控制应用;
2. 参数在对伺服装置的控制应用;
3. 参数在进给传动系统误差及其补偿应用;
4. 参数在机床限位控制应用。

◎ **相关知识**

一、数控系统初始化参数设置操作

数控系统能否正常工作,不仅取决于系统硬件连接的正确性,而且还必须合理设置系统参数。在完成了系统硬件连接后,如果没有根据机床的硬件配置设置相关系统参数,或参数设置不合理,都将导致系统报警,无法正常工作。

数控系统为方便用户在系统首次通电时,设置必要的系统参数,是系统能够正常运行,设置了参数初始化设定界面。其中包括了所有系统运行必需的系统参数及相关提示。用户只要在参数初始化界面中完成所有初始化参数的设定,就可使数控系统及其他外设建立通信关系,从而取消所有报警,使系统进入正常工作状态。

调用初始化参数设定界面的主要操作:

①系统通电,将"参数可写入"选项置为参数可写入状态(PWE = 1)。

②系统首次通电时,可直接按照步骤④所描述的步骤显示参数初始化设定界面。如果要调整系统初始化参数,则必须先按照步骤③所描述清除系统参数,再按照步骤④所述显示参数初始化界面,并完成所有初始化参数的设置。

③系统断电,重新开机,开机时同时按住功能键 RESET 直到系统进入正常画面,其结果是系统参数被清除,但系统功能参数(也叫保密参数)No. 9900 ~ 9999 不被清除。如果是新版系统,系统功能参数存在于系统软件中,也不会被清除。所以,此项操作仅会清除系统功能参数之外的普通参数。

④按功能键 SYSTEM,然后按扩展 ｛ + ｝软键几次,直到出现参数设定画面的 [PRMTUN] 软键。

⑤按 [PRMTUN] 软键,进入参数设定支持画面,如图 4.1 所示。

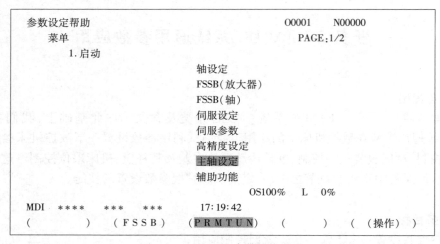

图4.1　PRMTUN参数设定界面

⑥按照顺序设定"轴设定"参数项。

二、初始化参数值设定

1. 轴设置(AXIS SETTING)参数组

（1）轴控制/设定单位参数

①参数1001.设定线性轴移动量的单位制。

1001	#7	#6	#5	#4	#3	#2	#1	#0
								INM

[数据形式]位型

0：米制(适用于米制机床)。1：英制(适用于英制机床)。

②参数1002.设定是否采用无挡块返回参考点方式。对各轴分别设定。

1002	#7	#6	#5	#4	#3	#2	#1	#0
							DLZ	
							DLZ	

[数据形式]位型

0：无效,即使用撞块返回参考点；1：有效,即不使用撞块返回参考点。

③参数1004.设定最小输入单位和最小移动单位。

1004	#7	#6	#5	#4	#3	#2	#1	#0
	IPR						ISC	ISA
	IPR						ISC	ISA

[数据形式]位型

ISC	ISA	最小输入单位,最小移动单位
0	0	0.001 mm,0.001deg 或 0.0001 in
0	1	0.01 mm,0.001deg 或 0.001 in
1	0	0.0001 mm,0.0001deg 或 0.00001 in

一般设置成 1004.0 = 0,1004.1 = 0。

④参数 1005。

1005	#7	#6	#5	#4	#3	#2	#1	#0
			EDM				DLZ	ZRN
			EDM				DLZ	ZRN

[数据形式]位型

1005.0:参考点没有建立时,在自动运行状态下,程序指定了除 G28 以外的移动指令时,系统是否出现报警。

0:出现报警,1:不出现报警。

一般为了安全,要求系统在未返参即欲移动伺服轴时,出现报警,即 1005.0 = 1。

1005.1:无挡块参考点设定功能是否有效。对各轴分别设定。

0:无效,1:有效。

⑤参数 1006。

1006	#7	#6	#5	#4	#3	#2	#1	#0
			ZMI		DIA		ROS	ROT
			ZMI				ROS	ROT

[数据形式]位型

1006.0:设定轴属性,是线性轴还是旋转轴。对各轴分别设定。

0:直线轴,1:旋转轴。

1006.3:设定各轴的移动量类型是按半径指定还是按直径指定。仅对车床数控系统的 X 轴进行设定。

0:半径编程,1:直径编程。

1006.5:返参时,脱离参考点撞块后,向哪个方向搜索栅格脉冲。对各轴分别设定。

0:向坐标轴正方向,1:向坐标轴负方向。

⑥参数 1008。

1008	#7	#6	#5	#4	#3	#2	#1	#0
						RRL	RAB	ROA
						RRL	RAB	ROA

[数据形式]位轴型

1008.0:设定旋转轴的循环功能是否有效,即设定坐标是否循环计数。仅对旋转轴进行设定。

0:无效,1:有效。

1008.2:相对坐标值。仅对旋转轴进行设定。

0:不按每一转的移动量循环显示,1:按每一转的移动量循环显示。

⑦参数 1010。

1010	CNC 控制轴数

［数据类型］字节型

［数据范围］1,2,3,…

CNC 控制轴,即机床联动轴。PMC 控制轴和主轴不属于 CNC 控制轴。

⑧参数 1020。

1020	各轴的编程名称

［数据类型］字节轴型

［数据范围］按表4.3输入各轴在程序中的名称

表 4.3　参数 1020 设置值与各轴编程名称对应参数值

轴名	设定值	轴名	设定值	轴名	设定值	轴名	设定值
X	88	U	85	A	65	E	69
Y	89	V	86	B	66		
Z	90	W	87	C	67		

⑨参数 1022。

1020	各轴在基本坐标系中的属性

［数据类型］字节轴型

［数据范围］按表4.4输入各轴在基本坐标系中的属性

表 4.4　参数 1020 设置值与各轴属性对应表

设定值	含　义
0	既不是 X,Y,Z 轴,也不是 X,Y,Z 轴的平行轴
1	笛卡尔坐标系中的 X 轴
2	笛卡尔坐标系中的 Y 轴
3	笛卡尔坐标系中的 Z 轴
5	X 轴的平行轴
6	Y 轴的平行轴
7	Z 轴的平行轴

⑩参数 1023.用于确定各轴伺服控制器和其所控制的伺服电动机之间的关系。

1023	各轴的伺服轴号

［数据类型］字节轴型

［数据范围］1,2,3,…

(2)伺服参数

初始化伺服参数含义及推荐设定值见表4.5。

表 4.5　初始化伺服参数含义及推荐设定值

参数号	简　述	设定说明
1815.1	分离型位置编码器 0:不使用 1:使用	使用光栅尺或分离型旋转编码器时 设为 1
1815.4	使用绝对位置检测器时,机械位置 与绝对位置检测器的位置 0:不一致 1:一致	常规的回参考点方法设定为 0, 特殊情况下手动返参考点时设为 1
1815.5	位置检测器类型 0:不使用绝对位置检测器 1:使用绝对位置检测器	使用绝对位置检测功能时设为 1,需要 硬件支持(即使用绝对编码器)
1825	各轴的伺服环增益	3000 ~ 8000,互相插补的轴,各轴伺服环 增益必须设定一致
1826	各轴的到位宽度	20 ~ 50
1828	各轴移动中的最大允许位置偏差值	8000 ~ 20000
1829	各轴移动中的最大允许位置偏差值	50 ~ 5000

注:中所列初始化伺服参数的含义的详细内容见下面任务实施第 1、2 小节。

(3)坐标系参数

第 1 参考点的机械坐标值,即完成机床手动返参后,机床参考点在机床坐标系中的坐标值。参数 1240 设定第 1 参考点坐标值。实际上,参数 1240 与机床坐标系的建立紧密相关。这个参数也是其他几个机械参考点和工件坐标系的基础。

当机床具有自动换刀,工作台交换功能时,需要用到第 2、第 3 机械坐标系。第 2、第 3 机械坐标系参数的数值,即机床换刀位置、工作台交换位置所对应的机械坐标系的坐标值。

设定工件坐标系时,测定出工件零点的位置在机械坐标系的坐标值,将该值输入对应的参数。

各工件坐标系与机床坐标系的关系如图 4.2 所示。

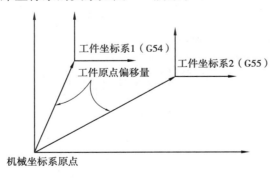

图 4.2　各工件坐标系与机床坐标系的关系

①参数 1240。

1240	各轴第 1 参考点机床坐标系中的坐标值

[数据类型] 双字轴型

[数据范围] −99999999 ～ 99999999

一般将各轴第 1 参考点在机床坐标系中的坐标系值均设为 0。

参数 1241

1241	各轴第 2 参考点机床坐标系中的坐标值

[数据类型] 双字轴型

[数据范围] −99999999 ～ 99999999

② 参数 1260。

1260	旋转轴每转移动量

[数据类型] 双字轴型

[数据范围] 1000 ～ 999999999

数据的单位是 0.001deg,通常将该参数设置为 360000,即旋转轴每转一周,旋转 360°。

参数 1240,1241 及 1260 属于数控系统初始化参数。除此以外,系统还有很多关于坐标系设定的参数,这些参数主要包括:

机械坐标系设定参数 1240 ～ 1243。设定第 1 ～ 第 4 参考点在机械坐标系中的坐标值。

1240	在机械坐标系上的各轴第 1 参考点的坐标值
	注意:该参数设定后,需切断一次电源
1241	在机械坐标系上的各轴第 2 参考点的坐标值
1242	在机械坐标系上的各轴第 3 参考点的坐标值
1243	在机械坐标系上的各轴第 4 参考点的坐标值

[数据形式] 双字轴型

[数据单位]

设定单位	IS-B	IS-C	单位
米制机床	0.001	0.0001	mm
英制机床	0.0001	0.00001	in
旋转轴	0.001	0.0001	deg

[数据范围] −99999999 ～ 99999999

工件坐标系设定参数 1220 ～ 1226

1220	外部工件原点偏移量

[数据形式] 双字轴型

[数据单位] 米

设定单位	IS-B	IS-C	单位
直线轴(米制输入)	0.001	0.0001	mm
直线轴(英制输入)	0.0001	0.00001	inch
旋转轴	0.001	0.0001	deg

［数据单位］-99999999 ~ 99999999

参数 1220 为所有的工件坐标系（G54 ~ G59）赋予公共的偏移量。可用外部数据输入功能，通过 PLC 设定该值。

1221	工件坐标系 1（G54）的工件原点偏移量

［数据范围］-99999999 ~ 99999999

参数 1221 是工件坐标系 1（G54 对应的坐标系）的原点在机械坐标系中的坐标值。

1222	工件坐标系 2（G55）的工件原点偏移量

［数据范围］-99999999 ~ 99999999

参数 1222 是工件坐标系 2（G55 对应的坐标系）的原点在机械坐标系中的坐标值。

1223	工件坐标系 3（G56）的工件原点偏移量

［数据范围］-99999999 ~ 99999999

参数 1223 是工件坐标系 3（G56 对应的坐标系）的原点在机械坐标系中的坐标值。

1224	工件坐标系 4（G57）的工件原点偏移量

［数据范围］-99999999 ~ 99999999

参数 1224 是工件坐标系 4（G57 对应的坐标系）的原点在机械坐标系中的坐标值。

1225	工件坐标系 5（G58）的工件原点偏移量

［数据范围］-99999999 ~ 99999999

参数 1225 是工件坐标系 5（G58 对应的坐标系）的原点在机械坐标系中的坐标值。

1226	工件坐标系 6（G59）的工件原点偏移量

［数据范围］-99999999 ~ 99999999

参数 1226 是工件坐标系 6（G59 对应的坐标系）的原点在机械坐标系中的坐标值。

（4）行程检测的参数

参数 1320。

1320	各轴存储行程检测 1 的正方向边界的坐标值

［数据类型］双字轴型

［数据范围］-99999999 ~ 99999999

1321	各轴存储行程检测 1 的负方向边界的坐标值

［数据类型］双字轴型

［数据范围］-99999999 ~ 99999999

软限位坐标的检测方法见下面任务实施第 3 小节。

（5）进给速度参数

FANUC 系统默认的各种伺服轴运动速度值均为 0，所以，如果不对进给速度进行初始化设置，各轴不会产生运动。进给速度初始化参数见表 4.6。

表4.6 进给速度初始化参数表

参数号	简 述	设定说明
1401.6	快速运行速度同于空运行速度 0:无效 1:有效	
1410	空运行速度	
1420	各轴快速运行速度	
1421	各轴快速运行倍率的 F0 速度	
1422	最大切削进给速度(所有轴)	数控系统参数中设定的速度, 其单位均采用 μm/min
1423	各轴手动连续进给(JOG 进给) 时的进给速度	
1424	各轴的手动快速运行速度	
1425	各轴返回参考点的 FL 速度	

(6)加减速参数

①参数1610。

1610	#7	#6	#5	#4	#3	#2	#1	#0
				JGL				CTL
				JGL				CTL

[数据形式]位型

切削进给(包括空运行进给)的加减速方式:0,指数型加减速;1,直线型加减速。

②参数1620。

1620	各轴快速进给的直线型加减速时间常数 T 或钟型加减速时间常数 T1

[数据类型]字轴型

[数据单位]ms

[数据范围]0~4000

③参数1622。

1622	各轴切削进给的加减速时间常数

[数据类型]字轴型

[数据单位]ms

[数据范围]0~4000(指数型加减速)

　　　　　0~512(直线型加减速)

④参数1624。

1624	各轴 JOG 进给的加减速时间常数

[数据类型]字轴型

[数据单位]ms

［数据范围］0 ~ 4000（指数型加减速）

　　　　　　0 ~ 512（直线型加减速）

参数 1620,1622,1624 应依机床状况而定,一般取 20 ~ 200 ms。

⑤参数 1625。

1625	各轴 JOG 进给的指数型加减速的 FL 速度

［数据类型］字轴型

一般设为 0。

2. MISCELLANY 参数组

（1）DI/DO 参数

①参数 3017。

3017	复位信号的输出时间

［数据类型］字节型

［数据单位］16 ms

［数据范围］0 ~ 255

该参数设定复位信号 RST 输出时的延长时间。RST 信号的输出时间 = 复位时间 + 本参数值 × 16 ms。一般将该参数设为 0。

②参数 3030。

3030	M 代码的允许位数
3031	S 代码的允许位数
3032	T 代码的允许位数
3033	B 代码的允许位数

［数据类型］字节型

［数据范围］1 ~ 8

S 代码最多允许 5 位。

（2）主轴控制参数

3701	#7	#6	#5	#4	#3	#2	#1	#0
				SS2			ISI	

［数据形式］位型

3701.1 ISI:是否使用第 1、第 2 串行主轴接口。

0:使用,1:不使用。

如果机床的主轴驱动方式为模拟主轴,则需要屏蔽数控系统的串行主轴驱动方式,应将

3701.4 SS2:在串行主轴控制中,是否使用第 2 主轴。

0:不使用,1:使用。

（3）手轮进给、首轮中断参数

手摇脉冲发生器使用台数

[数据类型]字节型

[数据单位]1 台或 2 台（T 系列）或 3 台（M 系列）

3. 其他

完成了上述初始化参数设置后，重新启动系统，此时大部分伺服、主轴报警应当消失。在 MDI 方式和 JOG 方式下控制进给轴运动，如果进给运动无法实现，则应当注意下列参数的设置：

（1）伺服参数

1800	#7	#6	#5	#4	#3	#2	#1	#0
				RBK	FFR	OZR	CVR	

[数据形式]位型

1800.1：位置控制就绪信号 PRDY 接通之前，速度就绪信号 VRDY 先接通时是否报警。

0：出现伺服报警，1：不出现伺服报警。

（2）DI/DO 参数

①参数 3003。

3003	#7	#6	#5	#4	#3	#2	#1	#0
		MVX	DEC	DAU	DIT	ITX		ITL
		MVX	DEC		DIT	ITX		ITL

[数据形式]位型

3003.0 ITL：互锁信号。

0：有效，1：无效。

3003.2 ITX：各轴互锁信号。

0：有效，1：无效。

3003.3 DIT：各轴方向互锁信号。

0：有效，1：无效。

应将互锁信号设为无效，即 3003.0＝1,3003.2＝1,3003.3＝1,否则伺服轴不能完成进给运动。

②参数 3004。

3004	#7	#6	#5	#4	#3	#2	#1	#0
			OTH				BCY	BSL

[数据形式]位型

3004.5 OTH：超程限位信号。

0：有效，1：不检查。

一般为了机床安全，应该系统参数设置为检查超程限位，即 3004.5＝0。但是在系统调试阶段，没有安装系统限位挡块时，应将系统参数设置为不检查超程限位，即 3004.5＝1，以便消除各轴超程报警，继续完成其他伺服调试和设置。

4. 初始化伺服界面

初始化伺服界面如图 4.3 所示。初始化伺服设定项目的含义及设定发放，见下面第三部分第 1 小节。

三、伺服调整和主轴监控功能

1. 伺服调整

伺服监控界面主要是对伺服轴的负荷和串行主轴的负荷和转速,以及加工条件进行监控。而在伺服调整画面中,还可以对伺服的运行状态、回路增益(LCGAIN)、位置偏差(POS ERROR)、实际电流值进行监控。

调用伺服监控画面的主要操作包括:

(1)按下 MDI 面板的功能键 SYSTM,系统显示系统界面。

(2)按下向后翻页软键,直至系统显示如图 4.3 所示伺服设定界面。

```
伺服设定                                         O0001
N00000                        X 轴              Y 轴
初始化设定位                 00001010          00001010
电机代码                        156              156
AMR                          00000000          00000000
指令倍乘比                        2                2
柔性齿轮比 N                      1                1
(N/M) M                        200              200
方向设定                        -111             -111
速度反馈脉冲数                   8192             8192
位置反馈脉冲数                  12500            12500
参考计数器容量                   5000             5000
                            OS100%   L           0%
    MDI   ****   ****   ***      17:48:23
(SV. SET)  (SV. TUN)   (         )  (          )  ( (操作)  )
```

图 4.3　伺服设定界面

图 4.3 中参数:

①初始化设定位。与参数 2000 对应。

②电机代码。与参数 2020 对应。查询电动机铭牌数据,完成电动机 ID 号设置。

③AMR。与参数 2001 对应。

④指令倍乘比。与参数 1820 对应。

⑤柔性齿轮比 N,柔性齿轮比的分子。与参数 2084 对应。柔性齿轮比 = 电动机一圈机床相应的移动量(以 μm 为单位):1000000。

⑥柔性齿轮比 M,柔性齿轮比的分母。与参数 2085 对应。

⑦方向设定,伺服轴电动机旋转方向设定。与参数 2022 对应。

⑧速度反馈脉冲数。与参数 2023 对应。

⑨位置反馈脉冲数。与参数 2024 对应。

⑩参考计算器容量,伺服轴的参考计数器容量。与参数 1821 对应,设置为电动机螺距的整数倍。

(3)按图 4.3 所示伺服设定界面中的软键[SV. TUN],系统显示伺服调整界面,如图 4.4 所示。

图 4.4 中各参数:

伺服电机调整		O0001	N00000
X 轴			
（参数）		（监视）	
功能位	00001000	报警 1	00000000
位置环增益	3000	报警 2	00101011
调整开始	0	报警 3	10100000
设定周期	0	报警 4	00000000
积分增益	112	报警 5	00000000
比例增益	−1008	位置环增益	0
滤波器	0	位置偏差	0
速度环增益	100	电流(%)	1
		电流(A)	0
		速度(RPM)	0
		OS100%	0%
MDI **** *** ***		17:56:25	
（SV. SET） （SV. TUN） （ ） （ ） （操作）（ ）			

图 4.4　伺服调整界面

①功能位。与参数 2003 对应。

②位置环增益。与参数 1825 对应。

③调整开始位。在伺服自动调整功能中使用。

④设定周期。在伺服自动调整功能中使用。

⑤积分增益。与参数 2043 对应。

⑥比例增益。与参数 2044 对应。

⑦滤波器。与参数 2067 对应。

⑧速度环增益。与参数 2021 对应。

⑨报警 1。与诊断画面的诊断号 200 的内容一致，是 400、414 号报警的详细内容。

⑩报警 2。与诊断画面的诊断号 201 的内容一致，是断线、过载的详细内容。

⑪报警 3。与诊断画面的诊断号 202 的内容一致，是 319 号报警的详细内容。

⑫报警 4。与诊断画面的诊断号 203 的内容一致，是 319 号报警的详细内容。

⑬报警 5。与诊断画面的诊断号 204 的内容一致，是 414 号报警的详细内容。

⑭位置环增益。显示实际的回路增益。

⑮位置偏差。显示伺服轴运动时的位置偏差值，与诊断画面的诊断号为 300 内容一致。

⑯电流(%)。显示实际电流百分比值。

⑰电流(A)。显示实际电流值。

⑱速度(RPM)。显示伺服电动机实际转速。

2. 主轴伺服监控画面

在主轴伺服画面中，可以对串行主轴的运行状态、电动机转速、主轴转速等情况进行监控，显示与串行主轴相关的参数设置值。调出主轴伺服调整画面的操作如下：

(1)在 MDI 画面上按下功能键 SYSTEM，调出系统屏幕。

(2)按软键向后翻页键数次，直到系统显示图 4.5 所示软键。

(3)按下[PRMTUN]软键，系统显示图 4.3 所示伺服设定界面。用光标移动键将光标移动到主轴设定(SPINDLE TUNING)项目，并按[操作]软键，系统显示[选择]软键，如图 4.6 所示。

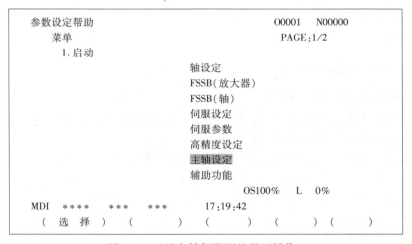

图 4.5　显示主轴伺服调整界面操作 1

参数			(SETTING)					O0001	N00000
0000			SEQ				INI	ISO	IVC
	0	0	0	0	0	0	0	0	
0001							FCV		
	0	0	0	0	0	0	0	0	
0002	SJZ						RDG		
	0	0	0	0	0	0	0	0	
0012	RMV							MIR	
X	0	0	0	0	0	0	0	0	
Y	0	0	0	0	0	0	0	0	
Z	0	0	0	0	0	0	0	0	

OS100% 　 L 　 0%

MDI 　****　***　***　17:36:23

(　) 　(FSSB) 　(PRMTUN) 　(　) 　((操作))

图 4.6　显示主轴伺服调整界面操作 2

参数设定帮助 　 O0001 　 N00000

菜单 　 PAGE:1/2

1.启动

轴设定

FSSB(放大器)

FSSB(轴)

伺服设定

伺服参数

高精度设定

主轴设定

辅助功能

OS100% 　 L 　 0%

MDI 　****　***　***　17:19:42

(　 选择 　) 　(　) 　(　) 　(　) 　(　)

(4)按下[选择]软键,系统显示主轴伺服调整界面,如图 4.7 所示。

图 4.7 中参数:

①OPERATION(运行方式),有通常运行、定向、同步控制、刚性攻螺纹、C 轴控制和主轴定位控制几种运行方式。系统当前被设定为通常运行方式。

②GEAR SELECT(齿轮选择)。

③SPINDLE(主轴),显示主轴转速编码。

④PROP. GAIN(速度环比例增益),与参数 4040 ~ 4047 对应。通常运行方式与 4040 和 4041 对应。

⑤INT. GAIN(速度环积分增益),与参数 4048 ~ 4055 对应。通常运行方式与 4048 和 4049 对应。

⑥MOTOR VOLT(电动机电压),与参数 4083 ~ 4086 对应。通常运行方式与 4083 对应。

⑦REGEN. PW(再生电源的限制),与参数 4080 对应。

⑧MOTOR(伺服电动机),显示伺服电动机的实际转速。

⑨SPINDLE（主轴），显示主轴的实际转速。

```
轴调整                                            O0333   N00000
OPERATION                        :SPIEED   CONTROL
GEAR SELECT                      :  1
SPINDLE                          :S1
    （PARAMETER）                           （MONITOR）
PROP. GAIN                       10   MOTOR              0
   INT. GAIN                     10   SPINDLE            0
MOTOR VOLT                       30
   REGEN. PW                     75


>_                                              S      0  L  0%
MDI  ****  ***  ***              07:57:52
（      ）  （接通:1）  （断开:0）  （      ）  （输入）
```

图 4.7　主轴伺服调整界面

◎ 任务实施

一、参考点及参考点返回控制

数控机床的参考系包括机床坐标系、参考点以及工件坐标系。

参考点是机床上的一个固定点，是反馈装置上产生栅格信号的位置，由机床制造者设定。机床坐标系的零点是由机床制造者设定的。

工件坐标系的零点可以由编程人员任意指定，加工程序中的坐标值是该点在工件坐标系中的坐标值。在开始加工前，操作人员通过对刀将工件坐标系的零点位置通知数控系统，以便数控系统按加工程序控制刀具运动，加工出程序描述的工件形状。

（1）手动返回参考点的操作步骤。

①将机床运行状态设定为手动返回参考点。

②选择要返回参考点的坐标轴名称 X 或 Y 或 Z。

③选择要回参考点的坐标轴的方向选择信号 + 或 −，使该轴向参考点移动。返回参考点时，机床是向正方向运动还是负方向运动取决于参数 No.1006.5 的数值：

	#7	#6	#5	#4	#3	#2	#1	#0
1006			ZMIx				ROSx	ROTx
			ZMIy				ROSy	ROTy
			ZMIz				ROSz	ROTz

ZMI：设定各轴返参方向。0：返回参考点时往该轴正向移动；1：返回参考点时往该轴负向移动。

④一旦选定了进给轴和方向选择按钮，该轴将以快速进给速度向参考点方向运动。当返回参考点减速信号（＊DEC1，＊DEC2，＊DEC3，…）触点断开时（运动部件压上减速开关），进给速度立即下降，之后机床以固定的低速 FL 继续运行。参数 No.1425 中设定返回参考点的FL 进给速度。当减速开关释放后，减速信号触点重新闭合，之后系统检测到一转信号（C 脉

冲）。如该信号由高电平变为低电平（检测 C 脉冲的下降沿），则运动停止，同时机床坐标值清零，返回参考点操作结束。

（2）系统返回参考点过程的控制返参减速以及操作完成的过程，如图4.8所示。

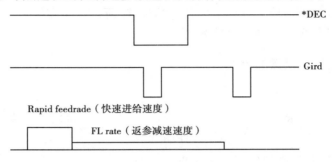

图 4.8　参考点返回过程示意图

①参数 1424。

1424	各轴的手动快速运行速度

[数据形式]双字轴型

进给速度倍率设定为100％时，各轴 JOG 进给时的快速进给速度。

若 No.1424＝0，各轴 JOG 进给时的快速进给速度等于 No.1420 中设定的各轴 G00 速度。

②参数 1425。

1425	各轴返回参考点的 FL 速度

[数据类型]字轴型

该参数设定的是各轴返回参考点减速后，各轴的运行速度。

③参数 1850。

1850	各轴的栅格偏移量
	各轴的栅格偏移量/参考点偏移量

注意:设定此参数后，必须切断一次电源。

[数据形式]双字轴型

[数据单位]检测单位

[数据范围]0~99999999（参考点偏移量时），仅 M 系列。

利用栅格偏移量可以补偿光栅尺的安装误差等机械误差。

必须保证在光栅尺的两个物理栅格之间存在一个电子栅格信号，完成返回参考点操作，否则系统报警。电子栅格可以通过参数 No.1850 设定的距离来进行参考点偏移，该参数中设定的栅格偏移量不能超过参考计数器的容量（参数 No.1821 即栅格间距）。

④参数 1821。

1821	各轴的参考计数器容量

注意:设定此参数后，必须切断一次电源。

[数据形式]双字轴型

[数据单位]检测单位

[数据范围]0~99999999

参考计数器容量＝栅格间隔/检测单位。

对于采用相对位检测系统的数控机床，每次机床通电后，必须手动返回参考点，以建立机床坐标系以及使检测装置开始工作。对于采用绝对位置检测系统的数控机床，由于系统可以记忆机床坐标系零点位置、检测装置零位脉冲的位置，所以只需在第1次系统通电时执行返回参考点操作，不必每次开机均返回参考点。

二、参数设置对伺服装置的控制

①参数1815。

1815	#7	#6	#5	#4	#3	#2	#1	#0
			APCx	APZx			OPTx	

注意：设定此参数后，必须切断一次电源。

[数据形式]位轴型

OPTx：位置检测器。0：不使用分离型脉冲编码器；1：使用分离型脉冲编码器。

APZx：使用绝对位置检测器时，机械位置与绝对位置检测器的位置。0：不一致；1：一致。

APCx：位置检测器。0：不使用绝对位置检测器；1：使用绝对位置检测器（绝对脉冲编码器）。

当使用绝对位置编码器进行位置调整、更换编码器，或绝对位置编码器电池电压过低报警后，机械位置与绝对位置不一致，需执行手动回参考点动作，并修改下面设定。步骤如下：

ⓐ出现故障时，APZ被系统设为0，并报警。

ⓑ将该参数设为：APZ＝1。

ⓒ执行手动返回动作。

使用绝对位置编码器的机床建立机床参考点时需要设定该参数。

②参数1825。

1825	各轴的伺服环增益

[数据形式]字轴型

[数据单位]0.01/s

[数据范围]1～9999

设定各轴的位置控制环的增益，即伺服系统位置环的放大倍数。进行直线与圆弧插补（切削加工）时，应将所有轴设定相同的值。机床只做定位时，各轴可设定不同的值。环路增益越大，则位置控制的响应越快，但如果增益太大，则伺服系统不稳定。

③参数1826。

1826	各轴的到位宽度

[数据形式]字轴型

[数据单位]检测单位

[数据范围]0～32767

设定各轴的到位宽度。各轴到位宽度即机床位置与指令位置的差（位置偏差量的绝对值），当机床实际位置与指令值的差比到位宽度小时，即认为到位了。

④参数 1828。

1828	各轴移动中的最大允许位置偏差量

[数据形式]双字轴型

[数据单位]检测单位

[数据范围]0 ~ 99 999 999

设定各轴移动中的最大允许位置偏差量。移动中位置偏差量超过移动中的最大允许位置偏差量时,会出现伺服报警并立刻停止运行(和急停时相同)。通常在参数中设定快速进给的位置偏差量时考虑了富裕量。

⑤参数 1829。

1829	各轴停止时的最大允许位置偏差量

[数据形式]字轴型

[数据单位]检测单位

[数据范围]0 ~ 32 767

设定各轴停止时的最大允许位置偏差量。停止中位置偏差量超过停止中的最大允许位置偏差量时,会出现伺服报警并立刻停止运行(和急停时相同)。

三、参数在机床限位控制应用

为了放置运动部件超出行程,造成事故,通常要对运动部件进行限位。限位的方法主要有硬件限位和软件限位。

硬件限位就是指在行程的极限位置设置挡块,挡块间距大于运动部件的正常工作行程且小于丝杠的工作行程,可见限位可以保护丝杠等机械部件。正常工作情况下,运动部件不会碰到挡块,在发生故障时,一旦碰到了挡块,就相当于按下急停按钮,系统会切断电源,以便保护机床。

软件限位是指在参数中设置运动部件的移动范围,一般在软件限位中设置的移动范围也比机床运动部件正常工作行程大,但软限位范围比硬限位(挡块)间距要小,所以比丝杠允许的移动范围小得多。

软限位是对机械装置(丝杠)的第 1 层保护;硬限位(挡块)是第 2 层保护。

软限位的建立是通过参数设置实现的。另外,要让数控系统识别限位范围,需要先通知机床限位范围的基准,这个步骤就是在机床操作时开机首先要做的回参考点。

各轴行程软限位的测定步骤如下:

①当各轴都回完参考点后,就可以测量并设定这个软限位。软限位的测量和设定必须分别对各轴进行。

②将数控系统中的软限位参数清零。

③将轴沿正向移动,直到到达可以保证机床机械部件安全的极限位置。记下极限位置值。

④将轴沿负向移动,重复上述步骤,并记下负向的极限位置值。

各轴的限位参数应为上述测量值减去一个安全裕量。

1320	各轴存储行程检测 1 的正方向边界的坐标值

1321	各轴存储行程检测 1 的负方向边界的坐标值

四、参数在进给传动系统误差及其补偿应用

在数控机床加工零件的过程中,引起加工误差的原因有很多方面:有机床零部件由于刚度、强度不够而产生变形,从而造成的误差;还有因传动件的惯性、电气线路的时间滞后等原因带来的加工偏差等。这些误差有常值系统性误差,如螺距累积误差、反向间隙误差等,还有由热变形等引起的变值系统性误差。

消除误差的方法有很多。可通过机械设计提高部件的刚度、强度要求,以减少变形;也可通过控制系统消除误差;过去用硬件电子线路和挡块补偿开关实现补偿,现在的 CNC 系统中多用软件进行误差补偿。

(1)反向间隙误差补偿

在进给传动链中,齿轮传动、滚珠丝杠螺母副等均存在反向间隙,这种反向间隙会造成工作台反向运动时,电动机空转而工作台不动。这就使得半闭环系统产生误差,全闭环系统位置环震荡不稳定。

为补偿反向间隙,可采取调整和预紧的方法减少间隙。数控机床的机械结构采用了滚珠丝杠螺母副、贴塑涂塑导轨等传动效率高的结构。滚珠丝杠螺母副又有双螺母预紧方法,所以机械结构间隙不大,但由于传动部件弹性变形等引起的误差,靠机械调整很难补偿。对于剩余误差,在半闭环系统中可将其值测出,作为参数输入数控系统,则此后每当坐标系轴接收到反向指令时,数控系统便自动调用间隙补偿程序,自动将间隙补偿值加到由插补程序算出的位置增量指令中,以补偿间隙引起的失动。这样控制电动机多走一段距离,这段距离等于间隙值,从而补偿了间隙误差。需注意的是,对全闭环数控系统不能采用以上补偿方法(通常将反向间隙补偿参数设为0),只能从机械上减小甚至消除间隙。有些数控系统具有全闭环翻转间隙附加脉冲补偿,以减小这种误差对全闭环稳定性的影响。即当工作台反向运动时,对伺服系统施加一定的宽度的脉冲电压(由参数设定),以补偿间隙误差。

直线运动反向误差的测量步骤:

①将轴补偿参数内的所有参数设置为0。

②在手动方式下,选定手轮最小脉冲当量数,控制工作台移动并碰千分表,将千分表清零,同时将显示器示数清零。

③控制工作台反向移动,直到看到千分表指针偏转,记录显示器读数,即为反向间隙补偿值。

④反复测量取平均值。

FANUC 系统反向间隙补偿参数:

1851	各轴的反向间隙补偿量

[数据形式]字轴型

[数据单位]检测单位

[数据范围] – 9999 ~ 9999

各轴分别设定反向间隙补偿量。接通电源后,机床以参考点相反的方向移动时,进行第一次反向间隙补偿。

（2）螺距误差补偿

螺距误差是指由螺距累积误差引起的常值系统性定位误差。在半闭环系统中,定位精度很大程度上受滚珠丝杠的影响。尽管滚珠丝杠的精度很高,但总存在着制造误差。要得到超过滚珠丝杠精度的运动精度,必须借助螺距误差补偿功能,利用数控系统对误差进行补偿和修正。另外,数控机床经长时间使用后,由于磨损,其精度可能下降,利用螺距误差补偿功能进行定期测量与补偿,可在保持精度的前提下延长机床的使用寿命。

螺距误差的基本补偿原理是将数控机床某轴的指令位置与高精度位置检测系统所测得的实际位置相比较,计算出在数控加工全行程上的误差分布曲线,再将误差以表格的形式输入数控系统中。这样数控系统在控制该轴的运动时,会自动考虑到误差值并加以补偿。

采用螺距误差补偿功能应注意以下几点:

①对重复定位精度较差的轴,因无法准确确定其误差曲线,螺距误差补偿功能无法实现,也就是说,该功能无法补偿重复定位误差。

②只有建立机床坐标系后,螺距误差补偿才有意义。

③由于机床坐标系是通过返回参考点而建立的,因此在误差表中,参考点的误差要为零。必须采用比滚珠丝杠精度至少高一个数量级的检测装置来测量误差分布曲线。常用激光干涉仪来测量。

FANUC 系统螺距误差补偿参数:

①参数 3620:输入每个轴参考点的螺距误差补偿点的位置号。

②参数 3621:输入每个轴螺距误差补偿的最小位置号。

③参数 3622:输入每个轴螺距误差补偿的最大位置号。

④参数 3623:输入每个轴螺距误差补偿放大率。

⑤参数 3624:输入每个轴螺距误差补偿的位置间隔。

下面举例说明螺距误差补偿参数的设置方法。

已知:机床行程为 $-400 \sim +800$ mm。

确定:螺距误差补偿位置间隔为 50 mm;参考点的补偿位置号为"40"。

计算:负方向最远的补偿位置号 = 参考点的补偿位置号 -（负方向的机床行程/补偿位置间隔）+ 1 = 40 - 400/50 + 1 = 33

正方向最远的补偿位置号 = 参考点的位置补偿号 +（正方向的机床行程/补偿位置间隔）= 40 + 800/50 = 56

机床坐标和补偿位置之间的关系如图 4.9 所示。

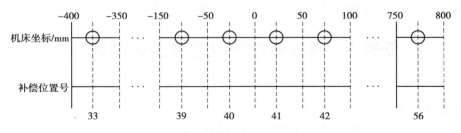

图 4.9 机床坐标和补偿位置之间的关系

在坐标之间各部分相对应得补偿位置号处测量补偿值。补偿值见表 4.7,将补偿值画在相应的补偿位置处,如图 4.10 所示。

表 4.7　补偿值

点号	33	34	35	36	37	38	39	40	41	42	43	44	45	46	47	48	49	…	56
补偿值	−2	−1	−1	+2	0	+1	0	+1	+2	+1	0	−1	−1	−2	0	+1	+2	…	1

参数设定:见表 4.8。

表 4.8　螺距误差补偿参数设定值

参　数	设定值
3620	40
3621	33
3622	56
3623	1
3624	50 000

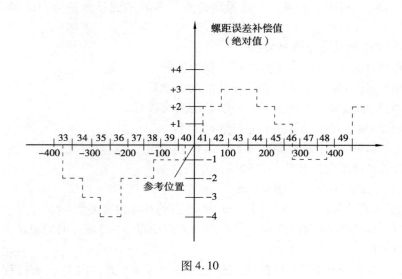

图 4.10

◎ **思考题**

若 NC 系统配置有光栅反馈,还需进行丝杠螺距误差补偿吗? 为什么?

任务 3　基本参数的设定及画面的调出

◎ **任务提出**

通过对数控系统的参数分类的了解,以及通用参数在系统中的控制应用熟悉之后,本章我们将联系工作中对参数的实际需求,对相关的参数进行设定和修改。

◎ 任务目标

1. 掌握数控系统参数设定的步骤；
2. 熟悉用 MDI 设定参数的方法；
3. 掌握参数画面的操作步骤。

◎ 相关知识

一、参数设定的说明

所谓参数(Parameter)，是指当 CNC 与机床组合在一起之后，为了最大限度地发挥 CNC 机床的功能而设置的值。每一步都需按照数控系统说明书来调整，即使是同一种数控系统，其参数设定也是随机而异的。随机附带的参数表是机床的重要技术资料，应妥善保管，不得遗失，否则将给机床的维修和恢复性能带来困难。显示参数的方法随各类数控机床而异，大多数厂家产品可通过按压 MDI/CRT 单元上的"PARAM"(参数)键来显示已存入系统存储器的参数。显示的参数内容应与机床安装调试完成后的参数表一致。如果进给控制和主轴控制是数字式的，那么它的参数设定也是用数字设定参数。在 CNC 与伺服接通之后，CRT(或 LCD)会出现报警，先不用理会。此时，必须根据随机所带的说明书对系统中各种参数一一予以确认。

FANUC 的每台数控系统都带有随机参数表，在 FANUC 0i 中 9900 号以上的参数即为系统参数(即所谓的保密参数)。它规定了一些基本功能，用户需按照此表设置。系统出厂时 FANUC 已经设好，0C 和 0i 不必设。但是，对于 0D(0TD 和 0MD)系统，须根据实际机床功能设定 #932 ~ #935 的参数位。机床出厂时，系统功能参数表必须交给机床用户。

FANUC 0i
数控系统
参数设置

二、参数的显示步骤

操作步骤如下：按 MDI 面板的功能键 [SYSTEM] 一次或多次后，再换软键 [参数] 选择参数画面，如图 4.11 所示。

参数画面由多页组成，通过以下两种方法显示需要显示的参数所在的页面：

①用翻页键或光标移动键，显示需要的页面。

②从键盘输入想显示的参数号，然后按软键 [No. 检索]，这样可显示包括指定的数据所在的参数页面，光标在指定数据的位置(数据部分变成反转文字显示)。注意：用操作选择软键显示的软键一旦开始输入，软键显示将被包括 [No. 检索] 在内的操作选择软键自动取代。按 [操作] 软键也能变更操作选择软键的显示。

```
> MEM. STRT. MTN. FIN***_        S  O  L    0%        ────  由键盘输入数据

MEM ****  ***  ***                12:42:52

(NO.检索)  (接通：1)  (断开：0)  (+输入)  (输入)    ────  软件显示(操作选择)
```

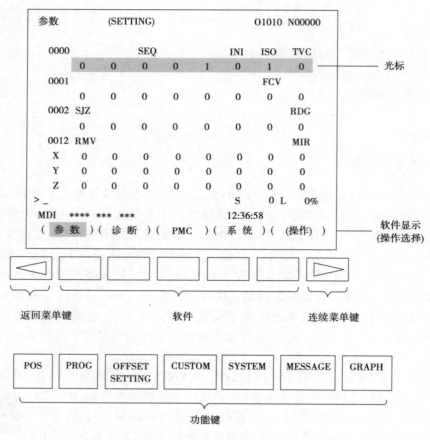

图 4.11　参数画面

◎ 任务实施

一、用 MDI 设定参数画面方法步骤

用 MDI 设定参数,按下列步骤设定参数:

(1)将 NC 置于 MDI 方式或急停状态。

(2)用以下步骤使参数处于可写状态。

①按[SYSTEM]功能键数次后,或[OFFSETSETTING]功能键一次后再按软键[SET-TING],可显示 SETTING 画面的第 1 页。如图 4.12 所示。

②将光标移至"参数写入"处。

③按[(OPRT)]软键显示操作选择软键。

```
SETTING(HAND Y)                                O1010  N00000
    参数输入              = 0（0：不可以          1：可以）
    TV校正               = 0（0：OFF             1：ON）
    PUNCH  CODE         = 1（0：EIA             1：ISO）
    输入单位              = 0（0：MM              1：INCH）
    I/O频道              = 0（0~35：频道NO.）
    顺序号               = 0（0：OFF             1：ON）
    磁带格式              = 0（0：无变换           1：F10/11）
    排序停止              =            （程序号）
    排序停止              =            （顺序号）

>  _                          S          O L      0%
 MDI  ****  ***  ***                   12:55:56
（ 辅  正 ）（ SETING ）（ 坐 标 系 ）（         ）（ 操  作 ）
```
　　　　　　　　　　　　　　　　　　　　　　　　　　　　　　　　　←── 软件显示
　　　　　　　　　　　　　　　　　　　　　　　　　　　　　　　　　　　(操作选择)

图 4.12

④按软键［ON：1］或输入 1，再按软键［INPUT］，使"PARAMETER　WRITE" = 1。这样参数处于可写入状态，同时 CNC 发生 P/S 报警 100（允许参数写入）。

（3）按功能键［SYSTEM］数次后，或者按功能键［SYSTEM］一次后再按软键［PARAM］，显示参数画面（参照上节"二参数的显示步骤"）。

（4）显示包含需要设定的参数的画面，将光标置于需要设定的参数位置上。如图 4.13 所示。（参照上节"二参数的显示步骤"）

（5）输入数据，然后按［INPUT］软键。输入的数据将被设定到光标指定的参数中。

［例］12000［INPUT］

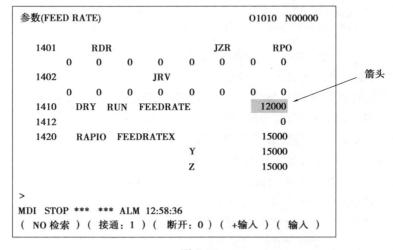

图 4.13

希望从选择的参数号开始连续地输入数据时，可以在数据和数据之间用（；）分隔进行输入。

［例］用按键输入 10；20；30；40 再按软键［INPUT］时，从光标所在位置的参数开始，按顺序设定 10，20，30，40。

（6）若需要则重复步骤（4）和（5）。

（7）参数设定完毕。需将设定画面的"PARAMETER WRITE ＝"设定为 0，禁止参数设定。

（8）复位 CNC，解除 P/S 报警 100。但在设定参数时，有时会出现 P/S 报警 000（需切断电源），此时请关掉电源再开机。

二、参数设定后画面的操作实例

以将 1420 号参数中 X 轴快速进给由 10000 改为 8600 为例，给出相关操作：

在机床操作面板上按下手动输入键，使系统进入 MDI 运行方式；或者使机床进入急停状态。

在 MDI 面板上按下功能键[OFFSET SETTING]，并选择[设定]软键，系统显示的帮助如图 4.14 所示。

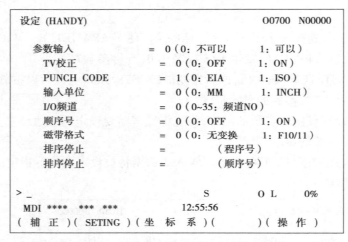

```
设定 (HANDY)                              O0700  N00000


    参数输入          =  0 (0: 不可以      1: 可以 )
    TV校正            =  0 (0: OFF         1: ON )
    PUNCH CODE       =  1 (0: EIA         1: ISO )
    输入单位          =  0 (0: MM          1: INCH )
    I/O频道           =  0 (0~35: 频道NO )
    顺序号            =  0 (0: OFF         1: ON )
    磁带格式          =  0 (0: 无变换      1: F10/11 )
    排序停止          =           (程序号 )
    排序停止          =           (顺序号 )


> _                              S           O L      0%
 MDI **** *** ***          12:55:56
( 辅 正 )( SETING )( 坐 标 系 )(        )( 操 作 )
```

图 4.14 将参数设置为可写入状态操作 1

（1）在 MDI 面板上按光标上下移动键，使光标定位在"参数写入"顶上。

（2）在 MDI 面板上按键，使"参数写入"的设置从"0"改为"1"，系统显示参数可写入报警。同时按下 SHIFT＋CAN 键，可消除"100 可写入参数"报警。

（3）将光标定位在 1420 号参数的 X 轴数据处。

（4）参数数据的输入方法常用的有 3 种。

①键入 8600，然后按下 MDI 面板 INPUT 键，如图 4.15 所示。

②键入 8600，然后按下软键[输入]，如图 4.15 所示。

③如果更改参数前，1420 号参数的设定值为 10000，键入 －1400，然后按下[＋输入]软键，可以将参数值设定为 8600，如图 4.16 所示。

上述 3 种方法的操作结果如图 4.17 所示。

```
参数         (FEED  RATE)                    O0333   N00000
  1412                                               0
  1414                                               0
  1420   RAPID   FEEDRAYE           X         1420
                                    Y         16000
                                    Z         12000

  1421   RAPID   OVRRIDE F0         X         500
                                    Y         500
                                    Z         500

  1422   MAX CUT   FEEDRATE                   5000


 >8600                              S         0  L  0%
MDI  ****  ***  ***       07:57:52
（NO 检索）   （接通:1）   （断开:0）   （+输入）   （输入）
```

图 4.15   1420 号参数设定操作方法 1 和方法 2

```
参数         (FEED  RATE)                    O0333   N00000
  1412                                               0
  1414                                               0
  1420   RAPID   FEEDRAYE           X         10000
                                    Y         16000
                                    Z         12000

  1421   RAPID   OVRRIDE F0         X         500
                                    Y         500
                                    Z         500

  1422   MAX CUT   FEEDRATE                   5000


 > - 1400                           S         0  L  0%
MDI  ****  ***  ***       07:57:52
（NO 检索）   （接通:1）   （断开:0）   （+输入）   （输入）
```

图 4.16   1420 号参数设定操作方法 3

```
参数         (FEED  RATE)                    O0333   N00000
  1412                                               0
  1414                                               0
  1420   RAPID   FEEDRAYE           X         8600
                                    Y         16000
                                    Z         12000

  1421   RAPID   OVRRIDE F0         X         500
                                    Y         500
                                    Z         500

  1422   MAX CUT   FEEDRATE                   5000


 >                                  S         0  L  0%
MDI  ****   ***   ***      07:57:52
（NO 检索）   （接通:1）   （断开:0）   （+输入）   （输入）
```

图 4.17

◎ 思考题
1.试述参数画面调出的方法和步骤。

2.如何在 MDI 方式下设定参数?

任务4 FANUC 0i MC 数控系统设定参数实现固定循环

FANUC 0i
数控系统进给
伺服连接

◎ **任务提出**

在加工中心攻丝时,一般都是根据所选用的丝锥和工艺要求,在加工程序中编入 1 个主轴转速和正/反转指令,然后再编入 G84/G74 固定循环,完成攻丝的加工。这种方法对于精度要求不高的螺纹孔尚可以满足要求。但对于螺纹精度要求较高,6H 或以上的螺纹以及被加工件的材质较软(铜或铝)时,螺纹精度将不能得到保证。本章内容刚性攻丝就是针对上述方式的不足而提出的。我们将详细分析刚性攻丝的参数设置方法。

◎ **任务目标**

1.熟悉刚性攻丝和固定循环攻丝的比较;

2.掌握实现刚性攻丝的方法。

◎ **相关知识**

有关刚性攻丝的参数

	#7	#6	#5	#4	#3	#2	#1	#0
5200	SRS	FHD		DOV	SIG	CRG	VGR	G84
		FHD	PCP	DOV	SIG	CRG	VGR	G84

[数据形式]位型

G84 刚性攻丝的指令方法

  0:在 G84(G74)指令之前用 M 代码(参数 No.5210)指令刚性攻丝

  1:不用 M 代码指令刚性攻丝(此时,G84 不能作为攻丝循环 G 代码使用,G74 不能作为反攻丝循环 G 代码使用)

VGR 刚性攻丝中,主轴和主轴位置编码器的任意齿轮比功能

  0:不使用(在参数 No.3706 中设定齿轮比)

  1:使用(在参数 No.5221 ~ No.5224 和 No. 5231 ~ No.5234 中设定齿轮比)

注意:串行主轴,使用主轴侧位编码器信号的 DMR 功能时,本参数设为 0。

CRG 指令刚性攻丝方式的解除指令(G80,G01 组 G 代码,复位等)时,刚性攻丝方式的解除

  0:刚性攻丝信号 RGTAP 为 0 之后解除

  1:刚性攻丝信号 RGTAP 为 0 之前解除

SIG 刚性攻丝齿轮挡切换时,信号 SIND(G032 和 G033)

0：不允许使用

1：允许使用

DOV　刚性攻丝退刀时

0：倍率无效

1：倍率有效（倍率值设定在参数 No.5211（M/T 系列）或参数 No.5381（M 系列）中）

PCP　0：刚性攻丝使用高速深孔攻丝循环

1：刚性攻丝不使用高速深孔攻丝循环

对于 T 系列，该参数在参数 No.5104#6（PCT）为 1 时有效。

根据此参数的设定，设定参数 No.5213。

FHD　刚性攻丝中，进给暂停和单程序段

0：无效

1：有效

SRS　多主轴控制时刚性攻丝，选择主轴

0：使用主轴选择信号 SWS1、SWS2（G027#0 和#1）（与多主轴控制通用）

1：使用刚性攻丝主轴选择信号 RGTSP1、RGTSP2（G061#4 和#5）（刚性攻丝专用信号）

	#7	#6	#5	#4	#3	#2	#1	#0
5201				OV3	OVU	TDR		
				OV3	OVU	TDR		NIZ

［数据形式］位型

NIZ　刚性攻丝的平滑处理

0：不进行

1：进行

TDR　刚性攻丝的切削时间常数

0：进刀和退刀时使用同样的时间参数（参数 No.5261～5264）

1：进刀和退刀使用不同的时间参数

进刀时间常数为：参数 No.5261～5264。

退刀时间常数为：参数 No.5271～5274。

OVU　刚性攻丝退刀时的倍率参数（No.5211（M/T 系列）或参数 No.5381（M 系列））的设定单位如下

0：1%

1：10%

OV3　用程序指令退刀时的主轴转速，基于此主轴转速的刀具回退功能

0：无效

1：有效

	#7	#6	#5	#4	#3	#2	#1	#0
5202								ORI
							RG3	ORI

注意：设定此参数后，要切断一次电源。

[数据形式]位型

ORI　启动刚性攻丝时

　　　　0:不执行主轴定向

　　　　1:执行主轴定向

注意:此参数只对串行主轴有效。

RG3　指定刚性攻丝返回操作

　　　　0:使用输入信号 RTNT < G62#6 >

　　　　1:使用一次性 G 代码 G30

	#7	#6	#5	#4	#3	#2	#1	#0
5203				OVS	RGS			
			RBL	OVS		RFF		

注意:需要具有刚性攻丝铃型加减速选项。

[数据形式]位型

RFF　在刚性攻丝中从初始点到 R 点移动时,前馈

　　　　0:无效

　　　　1:有效

　　　　设定此参数时,以下功能也有效:

　　　　在先行控制方式指令刚性攻丝时,系统自动退出先行控制方式并执行刚性攻丝,刚性攻丝完成后,自动返回先行控制模式。

RGS　当参数 No.1403#0(MIF)设定为 1,在每分钟进给方式指定刚性攻丝时,主轴速度为:

　　　　0:指令主轴速度的 1/1000

　　　　1:指令主轴速度的 1/1

OVS　在刚性攻丝中,进给倍率信号和倍率取消信号

　　　　0:无效

　　　　1:有效

设定刚性攻丝中进刀和退刀时可用进给倍率信号(G012)对速度倍率。

主轴速度倍率值固定在 100%,但主轴速度因攻丝轴的进给倍率而同步变化。

倍率取消信号 OVC(G006#4)也有效。

注意:(1)用此参数设定进给倍率时,倍率参数(见参数 No.5211(T/M)和 No.5381(M))无效。

　　(2)不管是否设定此参数,用倍率取消信号 OVC(G006#4)使进给倍率无效时,参数 No.5211(T/M)和 No.5381(M)的倍率有效。

RBL　刚性攻丝切削进给加减速类型

　　　　0:直线加减速

　　　　1:铃型加减速

	#7	#6	#5	#4	#3	#2	#1	#0
5204				OVS	RGS			
			RBL	OVS		RFF		

注意:设定此参数后,要切断一次电源。

[数据形式]位型

DGN　在诊断画面上

　　　0:显示刚性攻丝的同步偏差(No.455~457)

　　　1:显示主轴和攻丝轴的偏差量的差值(No.452~453)

SPR　0:刚性攻丝时,不使用各主轴的参数

　　　1:刚性攻丝时,使用各主轴的参数

注意:刚性攻丝中,使用各主轴刚性攻丝的参数时,此参数须设为1。以下为各主轴的参数:

第 1 主轴 4 挡齿轮	第 2 主轴 2 挡齿轮
No. 5214	No. 5215
No. 5221 ~ No. 5224	No. 5225 ~ No. 5226
No. 5231 ~ No. 5234	No. 5245 ~ No. 5246
No. 5241 ~ No. 5244	No. 5245 ~ No. 5246
No. 5261 ~ No. 5264	No. 5265 ~ No. 5266
No. 5271 ~ No. 5274	No. 5335 ~ No. 5336
No. 5280	No. 5341
No. 5281 ~ No. 5284	No. 5242 ~ No. 5243
No. 5300 ~ No. 5301	No. 5302 ~ No. 5303
No. 5310 ~ No. 5314	No. 5350 ~ No. 5353
No. 5321 ~ No. 5324	No. 5325 ~ No. 5326

5210	指令刚性攻丝的 M 代码

[数据形式]位型

[数据范围]0~255

　　设定指令刚性攻丝的 M 代码,当 M 代码的值大于 255 时,设定到参数 No.5212。

> 注:1. 设定为 0 时,M 代码默认为 29(M29)
> 　　2. M 代码值大于 255 时,使用参数 No.5212

5211	刚性攻丝退刀时的倍率值

[数据形式]字节型

[数据单位]1% 或 10%

[数据范围]0~200

　　设定刚性攻丝退刀时的倍率值。

注意:当参数 No.5200#4 DOV 设 1 时,倍率值有效。当 OVU(参数 No.5201#3)设 1 时,

设定的数据单位为 10%,最高可设定为 2 000%。

5212	指令刚性攻丝的 M 代码

[数据形式]双字型

[数据单位]整数

[数据范围]0 ~ 65 535

设定指令刚性攻丝的 M 代码。

刚性攻丝指令 M 代码通常由参数 No.5210 设定,255 以上的 M 代码用此参数设定。

注意:如果此参数设定为 0,刚性攻丝的 M 代码由参数 No.5210 设定。但需注意本参数的设定范围。

◎ **任务实施**

子任务 1　固定循环攻丝的比较

以前的加工中心为了攻丝,一般都是根据所选用的丝锥和工艺要求,在加工程序中编入一个主轴转速和正/反转指令,然后再编入 G84/G74 固定循环,在固定循环中给出有关的数据,其中 Z 轴的进给速度是根据 F = 丝锥螺距 × 主轴转速得出,这样才能加工出需要的螺孔来。虽然从表面上看主轴转速与进给速度是根据螺距配合运行的,但是主轴的转动角度是不受控的,而且主轴的角度位置与 Z 轴的进给没有任何同步关系,仅仅依靠恒定的主轴转速与进给速度的配合是不够的。主轴的转速在攻丝的过程中需要经历一个停止—正转—停止—反转—停止的过程,主轴要加速—制动—加速—制动,再加上在切削过程中由于工件材质的不均匀,主轴负载波动都会使主轴速度不可能恒定不变。对于进给 Z 轴,它的进给速度和主轴也是相似的,速度不会恒定,所以两者不可能配合得天衣无缝。这也就是当采用这种方式攻丝时,必须配用带有弹簧伸缩装置的夹头,用它来补偿 Z 轴进给与 主轴转角运动产生的螺距误差。如果我们仔细观察上述攻丝过程,就会明显地看到,当攻丝到底,Z 轴停止了而主轴没有立即停住(惯量),攻丝弹簧夹头被压缩一段距离,而当 Z 轴反向进给时,主轴正在加速,弹簧夹头被拉伸,这种补偿弥补了控制方式不足造成的缺陷,完成了攻丝的加工。对于精度要求不高的螺纹孔用这种方法加工尚可以满足要求,但对于螺纹精度要求较高,6H 或以上的螺纹以及被加工件的材质较软(铜或铝)时,螺纹精度将不能得到保证。还有一点要注意的是,当攻丝时主轴转速越高,Z 轴进给与螺距累积量之间的误差就越大,弹簧夹头的伸缩范围也必须足够大,由于夹头机械结构的限制,用这种方式攻丝时,主轴转速只能限制在600 r/min以下。

刚性攻丝就是针对上述方式的不足而提出的,它在主轴上加装了位置编码器,把主轴旋转的角度位置反馈给技控系统形成位置闭环,同时与 Z 轴进给建立同步关系,这样就严格保证了主轴旋转角度和 Z 轴进给尺寸的线性比例关系。因为有了这种同步关系,即使由于惯量、加减速时间常数不同、负载波动而造成的主轴转动的角度或 Z 轴移动的位置变化也不影响加工精度,因为主轴转角与 Z 轴进给是同步的,在攻丝中不论任何一方受干扰发生变化,则另一方也会相应变化,并永远维持线性比例关系。如果我们用刚性攻丝加工螺纹孔,可以很清楚地看到,当 Z 轴攻丝到达位置时,主轴转动与 Z 轴进给是同时减速并同时停止的,主轴反转与 Z 轴反向进给同样保持一致。正是有了同步关系,丝锥夹头就用普通的钻夹头或更简单的专用夹头就可以了,而且刚性攻丝时,只要刀具(丝锥)强度允许,主轴的转速可提升较高,主轴速度可达4 000 r/min。加工效率提高 5 倍以上,螺纹精度还得到保证,目前已经成为加工中心不可缺少的一项主要功能。

子任务 2　固定循环刚性攻丝的实现

一、刚性攻丝功能的实现

从电气控制的角度来看,数控系统只要具有主轴角度位置控制和同步功能,机床就能进行刚性攻丝,当然还需在机床上加装反馈主轴角度的位置编码器。要正确地反映主轴的角度位置,最好把编码器与主轴同轴连接,如果限于机械结构必须通过传动链连接时,要坚持 1∶1 的传动比,若用皮带,则非同步带不可。还有一种可能,那就是机床主轴和主轴电动机之间是直连,可以借用主轴电动机本身带的内部编码器作主轴位置反馈,节省两项开支。

除去安装必要的硬件外,主要的工作是梯形图控制程序的设计调试。市面上有多种数控系统,由于厂家不同,习惯各异,对刚性攻丝的信号安排和处理是完全不一样的。我们曾经设计和调试过几种常用数控系统的刚性攻丝控制程序,都比较烦琐。调试人员不易理解梯形图控制程序,特别是第一台样机调试周期长,不利于推广和使用。尽管如此,加工中心有了该项功能,扩大了加工范围,受到用户的青睐。

二、不用设计梯形图实现刚性攻丝

在 FANUC 0i 数控系统里,参数 No.5200#0 如果被设定为 0,那么刚性攻丝就需要用 M 代码指定。一般情况下,我们都使用 M29,而在梯形图中也必须设计与之相对应的顺序程序,这对初次尝试者来说还有一定的困难。正常的情况下,没有特殊要求时,主轴参数初始化后把参数 No.5200#0 设定为 1,其他有关参数基本不动,也不用增加任何新的控制程序,这样就简单多了。在运行调试中要根据机床本身的机械特性设置刚性攻丝必需的一组参数,见表4.9。参数设置好后就可以直接使用固定循环 G84/G74 指令编程,其格式举例如下:

表 4.9　刚性攻丝参数表

功　　能	参　　数
攻丝最高主轴转速	No.5241～No.5244
主轴与攻丝轴的时间常数	No.5261～No.5264
刚性攻丝轴回路增益	No.5280～No.5284
刚性攻丝时攻丝轴移动位置偏差量的极限值	No.5310
刚性攻丝时主轴移动位置偏差量的极限值	No.5311
刚性攻丝时的攻丝轴停止时的位置偏差量极限值	No.5312
刚性攻丝时主轴停止时的位置偏差量极限值	No.5313

1. 每分钟进给编程

右螺纹

G94；   Z 轴每分钟进给

M3   S1000；   主轴正转（1 000 r/min）

G9O G84   X-300.Y-250.Z-150.R-120.P300 F1000；右螺纹攻丝,螺距1 mm

左螺纹

G94；   Z 轴每分钟进给

M4   S1000；   主轴反转（1 000 r/min）

G9O G74   X-300.Y-250.Z-150.R-120.P300 F1000；左螺纹攻丝,螺距1 mm

2. 每转（主轴）进给编程

右螺纹

G95；   Z 轴进给/主轴每转

M3   S1000；   主轴正转（1 000 r/min）

G9O G84   X-300.Y-250.Z-150.R-120.P300 F1.0；右螺纹攻丝,螺距1 mm

右螺纹

G95；   Z 轴进给/主轴每转

M4   S1000；   主轴反转（1 000 r/min）

G90 G74 X-300.Y-250.Z-150.R-120.P300 F1.0；左螺纹攻丝,螺距1 mm

以上刚性攻丝编程由于将参数 No.5200#0 设置为 1,固定循环 G84/G74 成为刚性攻丝的指令,所以它的编程格式就完全与原固定循环 G84/G74 普通攻丝是一样的。根据用户的使用调查,刚性攻丝性能大大优于普通攻丝。

◎ 思考题

1. 怎样设置刚性攻丝的参数?

2. 固定循环刚性攻丝是怎样实现的?

112

项目 5　数控系统典型报警故障处理

知识目标

1. 熟悉数控机床返回参考点的工作原理；
2. 了解机床返回参考点的工作方式；
3. 掌握机床回参考点的操作过程；
4. 熟悉机床发回参考点常见故障分析。

技能目标

1. 会排除机床常见不回参考点的故障；
2. 能掌握机床 5 种未找到参考点故障的维修与排除；
3. 能对故障现场进行探测以及相关资料的查阅。

任务 1　数控机床返回参考点常见故障现象及排除

◎ 任务提出

MVC400 加工中心在返回参考点时未找到参考点,出现超程报警(OVER TROVERL 现 + X 或 + Y + Z),回参考点绿灯不亮。

有两台数控机床(FANUC 0i)不能正常回零,其中 1 台为数控车床电机编码器为增量,其故障表现形式为:X 轴手动回零过程中,没有减速,直到压到限位开关出现急停报警,其他轴回零正常。另一个为数控铣床并且电机编码器为绝对值,开机出现#300 报警(绝对位置丢失)。从机械系统、电气系统、数控系统 3 个方面对故障现象产生的原因进行全面分析,并排除故障。

◎ 任务目标

1. 会排除机床常见不回参考点的故障；
2. 能掌握机床 5 种未找到参考点故障的维修与排除；
3. 能对故障现场进行探测以及相关资料的查阅。

◎ 相关知识

一、数控返回参考点的必要性

数控机床位置检测装置如果采用绝对编码器时,由于系统断电后位置检测装置靠电池来维持坐标值实际位置的记忆,所以机床开机时,不需要进行返回参考点操作。但是目前,大多数数控机床采用增量编码器作为位置检测装置,系统断电后,工作坐标系的坐标值就失去记忆,机械坐标值尽管靠电池维持坐标值的记忆,但只是记忆机床断电前的坐标值而不是机床的实际坐标,所以以机床首次启动系统或在执行了系统"急停"或"复位"操作后,要进行返回参考点操作,是系统的位置记数与脉冲编码器的零位脉冲同步。机床执行返回参考点操作具有以下优点:

①系统通过参考点来确定机床的原点位置,以正确建立机床坐标系。

②可以消除丝杠间隙的累计误差及丝杠螺距误差补偿对加工的影响。

二、机床回参考点的操作过程

下面以 FANUC 0i 系统 MVC400 加工中心为例,说明数控机床回参考点的操作过程,其他系统与之类似。

①在手动模式(JOG)下,选择"Ref"操作方式。

②按对应轴运动方向键,如 + Z, + X, + Y 键。被选择的坐标轴以快速移动速度移向参考点。

③当与工作台一起运动的减速挡块压下减速开关接触点时,减速信号由通(ON)转断(OFF),工作台进给减速,按参数设定的慢速进给速度继续移动。减速可削弱运动部件的移动惯性,使零点停留位置准确。

④栅格法是采用脉冲编码器上每转出现一次的栅格信号(又称一转信号)来确定参考点的,当减速挡块释放减速开关触点。触点状态由断转为通后,FANUC 0i 数控系统将等待编码器的第一个栅格信号出现。该信号一出现,工作台运动就立即停止,同时数控系统发出参考点返回完成信号,参考点灯亮,表明 MVC400 加工中心回参考点成功。

有的数控机床在减速信号由通(ON)转断(OFF)后,减速向前继续运动。当脱开开关后,轴则向相反的进给方向运动,直到数控系统接收到第 1 个零点脉冲,轴停止运动。

三、数控机床返回参考点的方式

返回参考点的方式分为如下 4 种方式:

①手动回原点,回原点轴以快速移动速度向原点移动:当减速挡块压下原点减速开关时,回原点轴减速到较慢采参考点定位速度,继续向前移动;当减速开关被释放后,系统开始检测编码器的栅点或零脉冲;当系统检测到第 1 个栅点或零脉冲后,电机停止转动,当前位置为机床零点,如图 5.1 所示。

②回原点轴先以快速移动速度向原点移动:当减速挡块压下原点减速开关时,回零轴减速到较慢的参考点定为速度,轴向相反方向移动;当减速开关被释放后,系统开始检测编码器的栅点或零脉冲;当系统检测到第 1 个栅点或零脉冲后,电机停止,当前位置即为机床零点,如图 5.2 所示。

③回原点轴先以快速移动速度向原点移动:当减速挡块压下原点减速开关时,回零轴减速到较慢的参考点定位速度,轴向相反方向移动;当减速开关被释放后,回零轴再次反向;当减速开关在此被压下后,系统开始检测编码器的栅点或零脉冲;当系统检测到第 1 个栅点或零脉冲点后,电机停止,当前位置即为机床零点,如图 5.3 所示。

④回原点轴接到回零点信号后,就在当前位置以一个较慢的速度向固定的方向移动,同

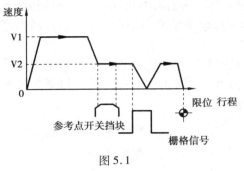

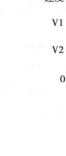

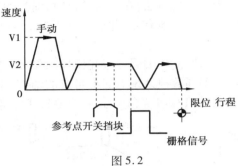

图 5.1

图 5.2

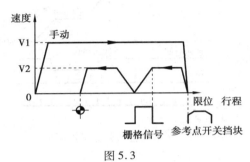

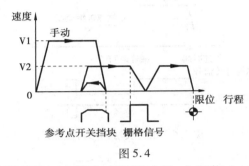

图 5.3

图 5.4

时系统开始检测编码器的栅点或零脉冲;当系统检测到第 1 个栅点或零脉冲后,电机停止,当前位置即为机床零点,如图 5.4 所示。

一般 FANUC 系统的机床采用①或②回参考点。

采用何种方式是通过 PLC 的程序编制和数控系统的机床参数设定决定的。轴的运动速度也是在机床参数中设定的,数控机床回参考点的过程是 PLC 系统与数控系统配合完成的,有数控系统给出回命令,然后轴按预定方向运动压向零点开关(或脱离零点开关)后,PLC 向数控系统发出减速信号,数控系统按照预定方向减速运动,由测量系统接收零点脉冲,接到第一个脉冲后,设计坐标值。所有的轴都找到参考点后,回参考点的过程结束。

四、机床返回参考点的原理

数控机床按照控制理论可分为全闭环、半闭环、开环系统。全闭环数控系统装有检测最终直线位移合角位移的反馈装置,半闭环数控系统的位置测量装置安装在伺服电动机转动轴上或丝杠的端部,也就是说反馈信号取自角位移,而开环数控系统不带位置检测反馈装置。对于闭环、半闭环数控系统,通常利用位移检测反馈装置脉冲编码器或光栅尺进行回参考点定位,即栅格法回参考点。而开环系统则需另外加装检测元件,通常利用磁感应开关(图 5.5)回参考点定位,磁开关回参考点如图 5.6 所示。

为保证准确定位,在到达参考点之前必须使数控机床的伺服系统自动减速,因此在多数数控机床上安装减速挡块及相应的检测元件。栅格法根据检测反馈元件计量方

图 5.5　磁感应开关

法的不同又可分为绝对栅格法和增量栅格法。采用绝对脉冲编码器或光栅尺回参考点的方

法称为绝对栅格法,在机床调试时,通过参数设置和机床回零操作确定参考点,只要检测反馈元件的后备电池有效,此后每次开机,均记录有参考点位置信息,因而不必再进行回参考点操作。

采用增量式编码器或光栅尺回参考点的方法称为增量栅格法,每次开机时都需要返回参考点。不同数控系统返回参考点的动作、细节有所不同,如图 5.7 所示。其中以某数控铣床(采用 FANUC 0i 系统)为例,简要叙述增量栅格法返回零点。

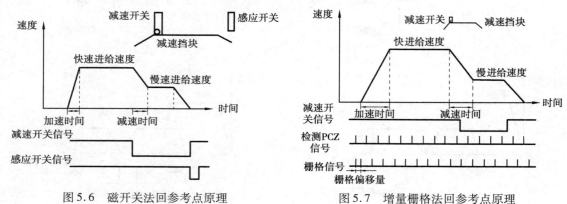

图 5.6　磁开关法回参考点原理　　　　图 5.7　增量栅格法回参考点原理

◎ **任务实施**

一、MVC400 加工中心机床回参考点故障原因

1. 故障类型

针对不同型号、不同系统的加工中心,出现此类回参考点故障主要有以下 3 种情况:

①出现超程报警。

②回不到参考点,参考点指示灯不亮。

③回参考点时报警,并有报警信息。

本任务中,具备以上故障类型,兼有 3 种类型的特征,即出现超程报警、参考点指示灯不亮、有报警信息。

2. 故障原因

通常情况下,找不到参考点主要表现为机床超程报警,其主要原因见表 5.1。

表 5.1

故障现象	故障原因
系统开机回不了参考点、回参考点不到位	减速开关损坏或者短路
	检测开关导线老化造成短路
	数控系统控制检测放大的线路板出错
	当采用全闭环控制时光栅尺粘附了油垢
	系统参数设置错误(设备调试可遇到此情况)
	编码器故障,回零找不到零脉冲信号
	压板面、丝杠的平行度超差

续表

故障现象	故障原因	
到不到零点或回参考点超程	减速开关损坏或者短路	
	检测开关导线老化造成短路	
	位置调整不当,减速挡块限位开关行程过短(设备调试可遇到此情况)	
	编码器故障,回零找不到零脉冲信号	
	数控系统控制检测放大的线路板出错	
	导轨、压板面、丝杠的平行度超差	
	当采用全闭环控制时光栅尺粘附了油垢	
参考点随机变化	干扰	
	编码器的供电电压低	
	电机与丝杠的联轴节松动	
	扭矩过低或伺服调节不良,跟踪误差不大	
	零脉冲不良	
	滚珠丝杠间隙增大	
回原点后,原点漂移或参考点发生整螺距偏移	参考点单个螺距漂移	减速开关与减速挡块安装不合理,使减速信号与脉冲信号距离过近
		机械安装不到位
	参考点多个螺距漂移	参考点减速信号不良
		减速挡块固定不良引起寻找零脉冲的初始点发生了漂移
		零脉冲不良

3.故障分析点

数控机床返回参考点常见故障的检查关键点:

①检查减速挡块和减速开关的状态。如减速挡块有无松动现象,减速开关是否牢固、有无损坏;减速挡块的长度是否合适;移动部件回原点的起始位置、接近原点速度的参数设置。快速进给时间常数的参数设置以及参考计数器的设置是否合适等。

②检查减速开关导线是否有老化、断裂现象。

③检查回原点模式。检查是否开机后的第1次回原点,是否采用绝对式位置检测装置。

④检查各种参数设置。检查伺服电机每转的运动量指令倍乘比及倍乘比的设置;检查回原点快速进给速度的参数设置、接近原点速度的参数设置、快速进给时间常数的参数设置以及参考计数器的设置是否合适等。

⑤检查 I/O LINK 和监控 I/O 点。首先检查 I/O LINK 是否正常运行,然后在系统 I/O 监控画面查看回参考点状态。

4. 返回参考点故障诊断与维修一般流程

①机床停止状态下，先检查原点减速挡块是否松动、减速开关固定是否牢固、开关是否损坏，如果减速挡块松动、减速开关固定不牢固，则拧紧即可；若开关损坏，则更换开关。

②检查导线并测量导线。检查导线绝缘皮是否有无破皮、断裂，并用万用表测量导线有无短路或断路现象。

③检查 I/O LINK 的回参考点是否损坏。

④如果上一步不存在问题，应进一步用千分表或激光测量仪检查机械零部件相对位置的漂移量，若多次测量漂移量不在允许范围内则需检查修光栅尺或编码器。

⑤如果上一步不存在，则检查伺服电机每转的运动量、指令倍率比（CMR）及检测倍乘比（DMR）是否与厂家设定相同，若不同需修改。

⑥如果上一步不存在问题，则检查回原点快速进给速度的参数及接近原点的减速速度的参数是否设定一致，若不同需修改。

⑦如果以上步骤检查正常，则诊断结束。

二、MVC400 加工中心机床回参考点故障排除

对于回参考点时出现超程报警的故障，针对报警信息，应首先查看机床说明书，了解返回参考点控制原理，并作相应处理。对于硬度不良，需要维修或更换；对于参数设置错误，需要按备份参数重新设置。任务故障一般有 5 种情况：

第 1 种：机床回参考点时无减速动作，一直运动到触及限位开关超程而停机。

诊断：这种情况是因为返回参考点减速开关失效，接触开关压下后不能复位，或减速挡块松动而位移，机床回参考点时零点脉冲不起作用，致使减速信号没有输入到数控系统所致。

维修：使用"超程解除"功能按钮，解除机床的坐标超程报警，并将机床坐标移回行程范围内，然后检查减速挡块和回参考点减速开关是否松动及相应的行程开关减速信号是否有短路现象。经检查，发现该机床在回参考点时，当压下减速开关后，坐标轴无减速动作，由此判断故障原因应在减速检测信号上。通过系统的输入状态显示，发现该信号在回参考点减速挡块压下与松开情况下状态均无变化。对照原理图检查线路，确认该轴的回参考点减速开关由于切削液的浸入而损坏。更换开关，机床恢复正常。

第 2 种：返回参考点过程有减速，但直到触及极限开关报警而停机，没有找到参考点，回参考点操作失败。

诊断：产生该故障可能是由于减速后参考点的零标志位信号未出现，这有 4 种可能。

①编码器（或光栅尺）在回参考点操作中没有发出已经回参考点的零标志位信号。

②回参考点零标志位置失效。

③回参考点的零标志位信号在传输或处理过程中丢失。

④测量系统硬件故障，不识别回参考点的零标志位信号。

维修：首先悬挂"正在维修，严禁合闸""请勿靠近"警示牌。轴能减速运动，说明零点开关没有问题，主要是回参考点减速开关产生的信号或零标志位脉冲信号失效（包括信号未产生或在传输处理中丢失），使得数控系统接收不到信号。如果采用脉冲编码器作为位置检测装置，则表现为脉冲编码器每转的基准信号（零标志位信号）没有输入到主印制电路板，其原因常常是脉冲编码器断线或脉冲编码器的连接电缆、抽头断线。

排除方法:可通过先外后内的方式和接口的 I/O 状态指示直接观察信号的有无。所谓"内",是指脉冲编码器中的零标志位或光信号跟踪法;所谓"外",是指安装在机床上的减速挡块和回参考点减速开关。可以用 CNC 系统 PLC 栅尺上的零标志位,采用示波器检测零标志位脉冲信号。使用信号跟踪法,是指用示波器检查编码器回参考点的零标志位信号。若没发现信号,经检查发现编码器内有油污,使零标志位信号不能输出,则将编码器取下清洗并重新安装,故障即可排除。如果故障仍未排除,则可能是编码器出现故障,应考虑维修或更换编码器。

第 3 种:回参考点过程有减速,且有回参考点的零标志位信号出现,也有制动到零的过程,但参考点的位置不正确,即返回参考点操作失败。

诊断:经分析,产生回参考点位置不正确(或找不到参考点)故障有 4 种可能。

①减速挡块离参考点位置太近,坐标轴未移动到指定距离就接触到极限开关而停机。

②回参考点的零标志位信号已被错过,只能等待脉冲编码器再转 1 周后,测量系统才能找到该信号而停机,使工作台停在距参考点 1 个选定间距位置(相当于编码器 1 转的机床位移量)。

③由于信号干扰、减速挡块松动、回参考点零标志位信号电压过低等因素致使工作台停机的位置不准确,且无规律性。

④CNC 的后备电池失效,造成参数丢失,重新将备份参数装入后,再回参考点时出现各轴在行程范围中间位置处发生软限位超程报警,此时用手动方式移动各轴,即使其机械位置在行程范围内,CRT 也显示各轴位置坐标软限位超程报警,这是因为重装电池开机时 CNC 把此时的机械位置当作参考点的位置了。

维修:首先悬挂"正在维修,严禁合闸""请勿靠近"警示牌。对于此类故障,多数情况是由减速挡块安装位置不正确或减速挡块太短所致。

对于第 1 种可能的维修方法:先调整减速挡块的位置或减速开关的位置,或适当增加减速挡块长度即可解决此故障。若重试结果不正常,则减小快速进给速度或快速进给时间常数的设置值,重回参考点。减速挡块调整步骤一般为:

①用手动方式回参考点,记录停在参考点时的位置显示值。

②以低速反向移动轴,直到碰上减速挡块,记下此时的位置显示值。

③求出上述两个位置显示值之差。

④调整减速挡块位置使该差值约为半个丝杠螺距。

如上述办法用过后仍有偏离,则应检查参考计数器设置的值是否有效,修正参数设置。

对于第 2、第 3 种可能的维修方法主要是检查排除外界干扰。如屏蔽线接触不良、检测反馈元件的通信电缆与电源电缆靠得太近、脉冲编码器的电源电压过低、脉冲编码器的损坏、数控系统的主印制电路板接触不良、伺服电动机与工作台联轴器连接松动、伺服轴电路板或伺服放大器板接触不良等,在排除此类故障时,应有开阔的思路和足够的耐心,逐个原因进行检查、排除,直到排除故障。

对于第 4 种可能的维修方法:应先将各个轴正向软限位值设成最大值,再将三轴回参考点,建立正确的机床零点,然后再将三轴软限位改为原值。具体操作步骤如下:

第 1 步:在 MDI 模式下、按 OFFSET 键,在 OFFSET 菜单下,设置 PWE =1(参数设定允许)。

第 2 步:将 CNC 参数 No. 700、No. 702、No. 704(X,Y,Z)三轴分别设为最大值。

第 3 步:将 X,Y,Z 轴手动移开机械原点一定距离。

第 4 步:在参考点回零模式下,将各轴手动回参考点。

第 5 步:仔细观察各轴是否在回参考点位置上,特别是与 ATC(刀库)有关的 Z 轴。若位置不准确,重复第 3 步、第 4 步直至准确。

第 6 步:将第 2 步中改过的参数重新改回来。

第 7 步:将 PWE(参数设定允许)重新设置为零。

这样,回参考点出现超程报警的问题解决了。

第 4 种:机床再返回参考点时,发出"未返回参考点"报警,不执行返回参考点动作。

诊断:其原因可能是改变了设定参数。

维修:首先悬挂"正在维修,严禁合闸"警示牌。出现这种情况应该考虑检查数控机床的如下参数:

①指令倍率比(CMR)是否设为零。

②检测倍乘比(DMR)是否设为零。

③回参考点快速进给速度是否设为零。

④接近原点的减速速度是否设为零。

⑤机床操作面板快速倍乘率开关及进给倍率开关是否设置了 0 挡。

如果上述参数中有的设为零,则需按照原参数进行修改,重新执行返回参考点操作即可。

对于这 4 种情况,由于有报警存在,数控系统不会执行用户所编辑的任何加工程序,及时排除即可,从而避免了批量废品产生。

第 5 种:对于绝对编码器#300 的故障处理,绝对值编码器是有电池记录当前开机位置断电以后并记录。当出现报警#300 时,说明电池记录的当前位置丢失。方法是将相关的绝对值参数进行修改,并且重新回参考点。

◎ 思考题

1. 为什么要设置机床回参考点?

2. 如何消除回参考点出现超程报警? 并思考回参考点原理。

3. 怎样监控 I/O?

任务 2　数控机床运行中限位报警的处理

◎ 任务提出

数控机床(FANUC 0i MC)工作中突然断电,重新启动后出现类似#500 报警,提示 X 轴正向发生软超程,从 X 轴位置看,并不在行程之外,复位后 X 轴只能负方向移动,正方向一移动就出现正方向超程报警。排除该故障。另一数控铣床(FANUC 0i MC),工作台行程(X,Y)向 X 为 250 mm,Y 为 200 mm,Z 为 500 mm,完成机床软限位设置调整。

◎ 任务目标

1. 排除机床的限位报警;

2. 熟悉限位开关的接线原理;

3. 了解限位开关的作用。

◎ 相关知识

一、软件限位、硬件限位设置方法(软件限位一般在有绝对值编码器电机时设置)

1. 软件限位和硬件限位的含义

自动进行超程检测,是数控系统的基本功能。当机床位置超出机床参数设定的范围时(一般设在机床最大行程处),机床将自动减速并停止移动,并出现相应的报警。这种靠参数设定、CNC 自动判断进行超程检测的方法称为软件限位。

如果伺服反馈系统发生故障,CNC 无法检测到实际位置,则机床将超出软件限位值而继续移动,将会发生机械碰撞,这是不允许的,为此必须安装行程限位开关,作为超程信号,迫使机床停下来,这称为硬件限位。

2. 软件限位和硬件限位的设置

如图 5.8 所示 SQ1 为机床 X 轴方向的硬件限位保护行程开关,SQ4 为机床 X 轴正向返回参考点的减速开关(参考点的位置通常都设在各个轴正向行程极限附近,也有厂家将个别轴设在负向极限附近)。软件限位中参数设定的行程极限值不能超过机床的硬件限位保护范围,否则软件限位功能不起作用。

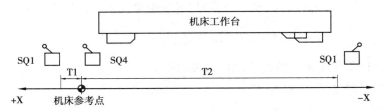

图 5.8　机床限位保护行程开关示意图

3. 硬件限位的电气控制

将硬件限位开关与急停信号串联,当开关被挡块压上后,CNC 复位并进入急停状态,伺服电动机和主轴电动机立即减速停止,机床立刻停止移动。这个状态与按下面板上急停按钮的状态是一样的,如图 5.9 所示。KA1 的一对接触点被接入伺服放大器 PSM 电源模块的 CX4 端子(i)或者第一个放大器 CX30 接口,另一对接触点接到 I/O 模块的急停输入(X8.4)上。

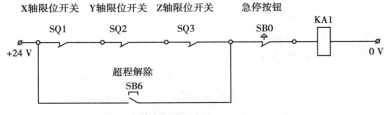

图 5.9　硬件限位开关电气控制图

4. 软、硬限位的设置条件

软件限位点、硬件限位点、机械式挡块点(机械碰撞位置)的相对位置关系如图 5.10 所示。

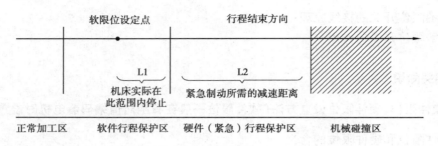

图 5.10　软件限位设置

①硬件超程急停生效时,应保证在机械式挡块产生碰撞前,坐标轴能够紧急制动并停止,因此,动作点与坐标轴产生机械碰撞的距离最好大于紧急制动所需的减速距离,见式(5.1)。

$$L_1 > \frac{v_R(t_1 + T_S + t_2)}{60 \times 1\,000} \tag{5.1}$$

式中　L_1——硬件限位开关离机械碰撞区的距离,mm;

　　　t_1——行程开关发信延时,ms;

　　　T_S——伺服时间常数,ms;

　　　v_R——快移速度,mm/min;

　　　t_2——系统信号接收电路的固定延时,ms。

②正常情况下,应保证在软件限位起作用时,不会导致硬件限位开关动作。软件限位作用时,实际的停止点可能超过参数设定的位置,超过距离见式(5.2),即

$$L_2 > \frac{v_R}{7\,500} \tag{5.2}$$

式中　L_2——软件限位设定点离硬件限位开关的距离,mm;

　　　v_R——快移速度,mm/min。

③设置举例

$v_R = 15\,000$ mm/min(PRM1420),$T_S = 33$ ms(PRM1825),$t_1 = 15$ ms,$t_1 = 30$ ms,则

$$L_1 = \frac{v_R(t_1 + T_S + t_2)}{60 \times 1\,000} = \frac{15\,000 \times (15 + 33 + 30)}{60 \times 1\,000}\text{mm} = 19.5\text{ mm}$$

$$L_2 > \frac{v_R}{7\,500} = \frac{15\,000}{7\,500}\text{mm} = 2\text{ mm}$$

由此可见,如果在行程保护到达前不对坐标轴的运动速度加以限制,则必须留有较大的行程余量。因此,在实际机床设计时一般需要通过外部减速、软件限位等措施将运动速度限制在某一较小的值上,以减小行程余量。

5. 软、硬件限位点的设定和调整

首先按照机床安装图纸装好行程开关、挡板与槽板。各轴的硬件限位点有正、负向两个,调整硬件限位开关和挡块位置时,应确保开关动作点距离机械碰撞区达到 20 mm 以上。

在确定了各轴硬限位点和零点位置后,对各轴的软限位点进行调整。调整前将参数 1320(各轴正向软件限位,单位 μm)设定为 99999999,参数 1321(各轴负向软件限位,单位 μm)设定为 99999999,即先使软限位无效。调整时使用手轮或在手动寸进的方式下使所调轴到达距离硬件限位点 2~3 mm 处,将该点设为软限位点(如图 5.8 中的 T₁,T₂),将该点的机床坐标

转换成系统的检测单位后,分别输入到系统参数 1320 和 1321 中。

如一数控铣床,工作台行程(X,Y 向)X 方向为 600 mm,Y 方向为 450 mm,主轴头垂直行程(Z 向)为 520 mm。该机床软件限位和硬件限位的相对位置关系如图 5.11 所示(以 X 轴为例)。在参数 1320 中,X,Y,Z 均设为 1000,在参数 1321 中,X,Y,Z 分别设为 − 601000,− 451000,− 521000(单位为 μm)。

图 5.11　软、硬件限位点的设定和调整

二、轴超程故障分析处理

如果轴在运动过程中碰到软件极限,系统会发出类似#500、#501 号报警信息,提示操作者轴已运动至软件极限值,此时操作者只需在 JOG 方式下,反方向退出极限区。按下 RESET 键使系统复位,消除超程报警。

如果轴由于运动速度过快而越过软件极限,到达硬件极限,系统会显示紧急停止报警信息或者超程(EMERGENCY　STOP),此时机床在任何操作方式下都不能运动。要退出超程状态,操作者必须在 JOG 方式下,同时按下"超程解除"按钮(如图 5.12 中的 SB6)和方向键,反方向退出。

Z +	Y +	− 4
X +	SB6	X −
+ 4	Y −	Z −

图 5.12

如果机床出现软件超程而系统处于死机状态时(重新启动系统发现软件限位无效),首先把存储行程极限参数设定为无效,即参数 1320 设定为 99999999,参数 1321 设定为 − 99999999,然后系统断电再重新通电,进行机床返回参考点操作后再设定系统的存储行程极限参数。如果机床还出现超程报警或系统死机,则必须把系统参数全部清除,并重新恢复参数。

如果系统存储行程极限值设定在机床返回参考点之前(为了避免加工时刀具超过指定范围),那么机床首次开机时,返回参考点操作就会出现超程报警。解决办法是同时按下系统 MDI 键盘的 P 和 CAN 键后,系统通电。这样操作的目的是系统开机首次返回参考点不进行存储行程极限值的检测,机床返回参考点之后,系统行程极限值检测才有效。

◎ **任务实施**

1. 故障原因

操作中突然断电,造成系统内软限位参数丢失。系统默认参数 1320 为零,使得系统认为当前状态 X 轴处于超程状态,故出现#500 报警。

(1)加工中心超行程故障分析

该任务故障为机床正在加工时断电所致,从 X 轴停的位置看,此轴未超出行程范围,检查机床软件限位参数,发现没有变化,正向移动就出现正向超程报警,判断是零点丢失。

（2）加工中心超行程故障排除

将机床的软极限位参数全部设为极限值，即 1320 中 X 轴设为 99999999,1321 中 X 轴设为 –99999999,故障随之消除。重新回零后，再把参数 1320 和 1321 恢复到正常数据，移动各轴，轴行程正常。

2. 机床软限位设置调整

第 1 步：在 MDI 模式下、按 OFFSET 键，在 OFFSET 菜单下，设置 PWE =1。

第 2 步：将参数 1320（各轴正向软件限位，单位 μm）设定为 99999999,参数 1321（各轴负向软件限位，单位 μm）设定为 –99999999,即先使软限位无效。

第 3 步：各轴回零。

第 4 步：用手轮方式下，使 X 轴超过零点继续向正方向移动，在正向硬限位点前 2 ~ 3 mm 处停下，将此处的机床坐标转换成系统的检测单位后，输入到系统参数 1320 中。如 X 轴机械坐标为 4 mm，则参数 1320 中 X 值设置为 4000,负方向移动 X 轴，在负向硬限位点前 2 ~ 3 mm 处停下，将此处的机床坐标转换成系统的检测单位后，输入到系统参数 1321 中。如 X 轴机械坐标为 –254 mm，则参数 1321 中 X 值设置为 –2544000。

第 5 步：同样完成 Y、Z 轴的软限位点的设定。

第 6 步：各轴软限位检查，确定软限位设定准确有效。

◎ 思考题

1. 机床为什么要设置软件、硬件限位？

2. 软件、硬件限位的区别是什么？

3. 分析硬件限位的原理。

任务 3 数控加工中心换刀装置的常见故障处理

子任务 1 斗笠式刀库乱刀故障及处理方法实例

◎ 任务提出

以 MVC400 数控加工中心为例，分析加工中心在换刀过程中出现乱刀现象，并伴随有主轴上的刀装不到位现象。试对带刀库的自动换刀系统的故障、产生原因等方面进行分析，并排除故障。

◎ 任务目标

掌握加工中心刀库的自动换刀系统换刀时掉刀故障及排除方法。

◎ 相关知识

（1）加工中心采用的换刀装置为带刀库的自动换刀系统，它有效实现了"多种工序集中"的功能，零件装夹后便能一次完成钻、镗、铰、攻螺纹等多种工序加工。

（2）加工中心的刀库按其形式可分为盘式刀库、链式刀库等，按换刀方法不同分为有机械手换刀和无机械手换刀两种。选用何种结构形式，根据工艺、刀具数量、主机结构、总体布局等多种因素决定。

（3）带刀库的自动换刀系统由刀库和刀具交换机构组成。使用时，首先把加工过程中需要使用的全部刀具分别安装在标准刀柄上，在机外进行尺寸预调整后，按一定的方式放入刀库中。换刀时先在刀库选刀，并由刀具交换装置从刀库和主轴上取出刀具，在交换刀具之后，将新刀具装入主轴，把旧刀具放在刀库。

（4）加工中心的一个很大优势在于它有 ATC 装置，使加工变得更具有柔性化。加工中心常用的刀库有斗笠式、凸轮式、链条式等，其中斗笠式刀库由于其形状像个大斗笠而得名，一般存储刀具数量不能太多，10～24 把刀具为宜，具有体积小、安装方便等特点，在立式加工中心中应用较多。

（5）斗笠式刀库的动作过程。斗笠式刀库在换刀时整个刀库向主轴平行移动，首先，取下主轴上原有刀具，当主轴上的刀具进入刀库的卡槽时，主轴向上移动脱离刀具；其次，主轴安装新刀具，这时刀库转动，当目标刀具对正主轴正下方时，主轴下移，使刀具进入主轴锥孔内，刀具夹紧后，刀库退回原来的位置，换刀结束。刀库具体动作过程如下：

①刀库处于正常状态，此时刀库停留在远离主轴中心的位置。此位置一般安装有信号传感器（为了方便理解，定义为 A），传感器 A 发送信号输送到数控机床的 PLC 中，对刀库状态进行确认。

②数控系统对指令的目标刀具号和当前主轴的刀具号进行分析。如果目标刀具号和当前主轴刀具号一致，直接发出换刀完成信号。如果目标刀具号和当前主轴刀具号不一致，启动换刀程序，进入下一步。

③主轴沿 Z 方向移动到安全位置。一般安全位置定义为 Z 轴的第 1 参考点位置，同时主轴完成定位动作，并保持定位状态；主轴定位常常通过检测主轴所带的位置编码器一转信号来完成。

④刀库平行向主轴位置移动。刀库刀具中心和主轴中心线在一条直线上时为换刀位置，位置到达通过信号传感器 B 反馈信号到数控系统 PLC 进行确认。

⑤主轴向下移动到刀具交换位置。一般刀具交换位置定义为 Z 轴的第 2 参考点，在此位置将当前主轴上的刀具还回到刀库中。

⑥刀库抓刀确认后，主轴吹气松刀。机床在主轴部分安装松刀确认传感器 C，数控机床 PLC 接收到传感器 C 发送的反馈信号后，确认本步动作执行完成，允许下一步动作开始。

⑦主轴抬起到 Z 轴第 1 参考点位置。此操作目的是防止刀库转动时，刀库和主轴发生干涉。

⑧刀库旋转使能。数控系统发出刀库电机正/反转启动信号，启动刀库电机的转动，找到指令要求更换的目标刀具，并使此刀具位置的中心与主轴中心在一条直线上。

⑨主轴沿下移到 Z 轴的第 2 参考点位置，进行抓刀动作。

⑩主轴刀具加紧。加紧传感器 D 发出确认信号。

⑪刀库向远离主轴中心位置侧平移，直到 PLC 接收到传感器 A 发出的反馈确认信号。

⑫主轴定位解除，换刀操作完成。

刀库仅有以上 4 个传感器是不够的，为了保证数控机床的安全，保证刀库的换刀顺利完成,在斗笠式刀库中一般还安装刀库转动到位确认传感器 E,保证刀库转动停止时,刀具中心线位置和主轴中心线在一条直线上。

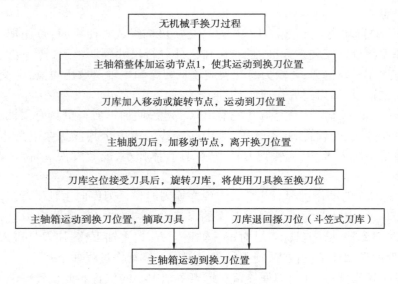

图 5.13　加工中心刀床换刀流程图

◎ **任务实施**

斗笠式刀库换刀过程常见故障分析。斗笠式刀库如图 5.14 所示。

图 5.14　斗笠式刀库

数控机床刀库部分故障率相对较高,对斗笠式刀库在换刀过程中常见故障现象及原因总结以下几条:

【例 1】　故障现象:数控系统发出换刀指令,刀库不动作。

原因分析:

①检查机床的操作模式是否正确?机床是否锁住状态?指令是否正确?这些原因虽然简单,但也是初学者容易犯的错误。

②检查数控机床的压缩空气,检查空气的气压是否在要求范围内?一般数控机床常用的

压缩空气压力在 0.5 ~ 0.6 MPa,如果所提供的压缩空气压力低于这个范围,刀库在换刀过程中由于压力不够,造成不动作。

③检查刀库的初始状态是否正常,即检查传感器 A、E 的状态是否良好? 输送到数控系统 PLC 的入口信号是否正确? 可以通过数控系统提供的 PLC 地址诊断功能帮助检查。

【例2】　故障现象:刀库移动到主轴中心位置,但不进行接下的动作。

原因分析:

①检查刀库到主轴侧的确认信号传感器 B、E 是否良好? 发送到数控系统 PLC 中的信号状态是否正常? 此故障现象多由于传感器不良造成。

②如果传感器状态及信号都正常,请检查主轴刀具是否加紧?

③检查主轴定位是否完成?

④确认第一参考点返回是否完成?

【例3】　故障现象:刀库从主轴取完刀,不旋转到目标刀位。

原因分析:

一般刀库的旋转电机为三相异步电动机带动,如果发生以上故障,要进行以下检查:

①参照机床的电气图纸,利用万用表等检测工具检查电机的启动电路是否正常?

②检查刀库部分的电源是否正常? 交流接触器与开关是否正常? 一般刀库主电路部分的动力电源为三相交流 380 V 电压,交流接触器线圈控制部分的电源为交流 110 V 或直流 24 V,检查此部分的电路并保证电路正常。

③如果在保证以上部分都正常的情况下,检查刀库驱动电机是否正常?

④如果以上故障都排除,请考虑刀库机械部分是否有干涉的地方? 刀库旋转驱动电机和刀库的连接是否脱离?

【例4】　故障现象:主轴抓刀后,刀库不移回初始位置。

原因分析:

①检查气源压力是否在要求范围?

②检查刀库驱动电机控制回路是否正常? 刀库控制电机正、反转实现刀库的左、右平移,如果反转控制部分故障,容易出现以上故障。

③检查刀库控制电机。

④检查主轴刀具抓紧情况,主轴刀具抓紧通过加紧传感器 D 发出回馈信号到数控系统,如果数控系统接收不到传感器 D 发送的加紧确认信号,刀库不执行下面的动作。

⑤检查刀库部分是否存在机械干涉现象。

加工中心采用斗笠式刀库换刀,一般刀库的平移过程通过汽缸动作来实现,所以在刀库动作过程中,保证气压的充足与稳定非常重要,操作者开机前首先要检查机床的压缩空气压力,保证压力稳定在要求范围内。对于刀库出现的其他电气问题,维修人员参照机床的电气图册,通过分析斗笠式刀库的动作过程,一定能找出原因,解决问题,保证设备的正常运转。

子任务 2　机械手刀库换刀掉刀故障分析及处理

◎ 任务提出

1. 以 MVC400 数控加工中心为例,分析加工中心在换刀过程中出现掉刀现象,并伴随有

主轴上的刀装不到位现象;

2. 加工中心在换刀过程中出现掉刀故障发生在工件加工之后;

3. 试对带刀库的自动换刀系统的故障、产生原因等方面进行分析,并排除故障。

◎ 任务目标

掌握加工中心刀库的自动换刀系统换刀时乱刀、掉刀故障及排除方法。

◎ 相关知识

一、机械手刀库的动作过程

机械手换刀装置如图 5.15 所示。

1. 抓刀

当程序执行换刀指令 M06 时,刀库的刀套翻下,机械手逆时针方向回转 90°,其两端的手爪同时分别抓住刀库上的刀和主轴上已用过的刀。

2. 拔刀

机械手沿主轴轴向同时将所抓的两把刀拔出。

3. 换刀

机械手顺时针回转 180°,两把刀交换位置。

4. 插刀

机械手沿主轴轴向向里移动,将刀具插入主轴和刀库上的刀夹中。刀具在主轴内定位夹紧,插入刀库的刀也应被锁住,以防掉刀。

图 5.15　机械手换刀装置

5. 复位

机械手逆时针回转 90°,回到水平原始位置。

二、刀库及换刀机械手的维护

在刀库与换刀机械手的维护中,应注意以下几点内容:

①不能把超重、超长的刀具装入刀库,防止在机械手换刀时掉刀或刀具与工件、夹具等发生碰撞。

②顺序选刀方式必须注意刀具放置在刀库中的顺序要正确。其他选刀方式也要注意所换刀具是否与所需刀具一致,防止换错刀具导致事故发生。

③用手动方式往刀库上装刀时,要确保装到位、装牢靠,并检查刀座上的锁紧是否可靠。

④经常检查刀库的回零位置是否正确,检查机床主轴回换刀点位置是否到位,并及时调整,否则不能完成换刀动作。

⑤要注意保持刀具刀柄和刀套的清洁。

⑥开机时,应先使刀库和机械手空运行,检查各部分工作是否正常,特别是各行程开关和电磁阀能否正常动作。检查机械手液压系统的压力是否正常,刀具在机械手上的锁紧是否可靠,发现不正常时应及时处理。

三、数控加工中心气压传动控制换刀系统

图 5.16 所示为 MVC 数控加工中心气压传动控制换刀系统原理图。利用该系统可以在换刀过程中完成主轴定位、主轴送刀、拔刀、向主轴锥孔吹气和插刀等一系列加工时的必要动作。气压传动系统的工作原理如下：当数控系统发出换刀指令时，主轴即停止旋转，同时 5YA 通电，阀 3 右位处于工作状态，压缩空气经气压传动三联件 1、换向阀 3 右位、单向节流阀 7 进入主轴定位缸 B 无杆腔，活塞杆向外伸出，使主轴自动定位。定位后压下无触点开关，使 3YA 通电，阀 4 右位处于工作状态，压缩空气经换向阀 4 右位、快速排气阀 31011 进入气液增压缸 C 的上腔，增压腔的高压油推动活塞杆向外伸出，实现主轴松刀，同时 1YA 通电，阀 5 右位处于工作状态，压缩空气经换向阀 5 右位、单向节流阀 9 进入缸 A 无杆腔，推动活塞杆向外伸出，实现拔刀。然后由回转刀库交换刀具，同时 8YA 通电，阀 2 左位处于工作状态，压缩空气经换向阀 2 左位、单向节流阀 6 向主轴锥孔吹气。稍后 8YA 断电、7YA 通电，停止吹气，IYA 断电、2YA 通电，阀 5 左位处于工作状态，压缩空气经换向阀 5 左位，单向节流阀 8 进入缸 A 有杆腔，推动活塞杆上移，实现插刀动作。随后 3YA 断电、4YA 通电，阀 4 左位处于工作状态，压缩空气经阀 4 左位进入气液增压缸 C 下腔，使活塞杆缩回，通过主轴的机械传动机构夹紧刀具。最后 5YA 断电、6YA 通电，阀 6 左位处于工作状态，缸 B 无杆腔经阀 6 左位排气，缸 B 的活塞杆在弹簧力的作用下复位，恢复到开始状态，至此完整的换刀动作循环结束。

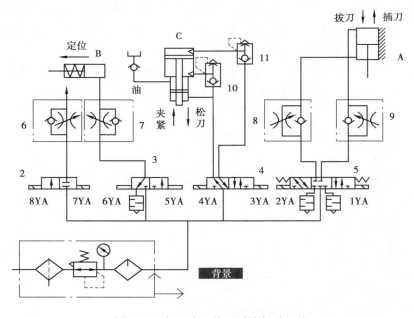

图 5.16　加工中心换刀系统气动回路

◎ **任务实施**

1. 刀库乱刀故障原因分析

所谓乱刀故障现象就是指指令的刀具不是实际选择的刀具，如果出现乱刀故障将会损坏刀具并使加工工件报废，严重时将损坏机床。

乱刀的产生原因大体有以下几个方面：

①在正常换刀时由于换刀气压不足,导致换刀过程卡住。在手动刀库复位后可能产生刀库乱刀。

②在加工中心机械手换刀时,由于操作人员按下了 RESET 复位键,或者急停键,导致换刀意外终止,可能产生刀库乱刀。

③由于机床机械结构的损坏,或者数控系统的参数丢失,混乱的故障导致的乱刀现象。

④其他原因造成的刀库乱刀。

⑤系统 PMC 参数和实际刀库的道具记忆值不符。

⑥刀库计数器开关故障或与实际刀库位置不一致。

⑦刀库拆装修复。

⑧操作者装刀过程中刀具混乱。

2. 处理方法

①排除故障,取消机床的报警,手动盘刀,让机械臂复位、刀库复位、机床执行回零方式一次(返回参考点)。

②手动方式下取下刀库中的所有刀具,然后在手动数据输入 MDI 方式下执行:

TO;

M06;(把刀安装到主轴上)

③选择方式功能至手动方式 JOG,通过机床面板上的刀库管理键,顺时针旋转或逆时针旋转手动调整刀库,让刀盘上的一号刀座处于刀盘最下方,即换刀过程中刀库刀座的位置。切换方式功能至手动数据输入 MDI 方式,输入 M33 指令,点击机床上的程序启动键,当听见机床 PLC 工作产生"嘟"声,机床刀具清空复位。

④选择手动数据输入 MDI 方式,进入刀具表查看刀具表信息,可以看见刀具表内的表内值是杂乱无序的。手动输入表内值,让表内值与序号、表内号相同,见表 5.2。

表 5.2　刀具表

No.(序号)	ADDRES(表内号)	DATA(表内值)
0000	D0000	0
0001	D0001	1
0002	D0002	2
0003	D0003	3
0004	D0004	4
⋮	⋮	⋮
00016	D00016	16

用光标键选择 D0000 对应的表内值在输入栏中输入 0,然后点击 MDI 面板上 INPUT 键。

⑤参看 D357 号参数(D357 表示当前刀座号所存的刀具号)查是否为数字 1,若不是,点击 MDI 面板 SYSTEM ,点击 CRT 屏幕下的 PMC 键,然后依次点击 PMC → PMCPRM → COUNT 查看,见表 5.3。

表 5.3

NO	ADDRES	PRESET	CURRENT
01	C00	16	4
02	⋮	⋮	⋮
03	⋮	⋮	⋮

这时,查看 01 号参数的内容可以看到,CURRENT 中的参数为任意值。此时,如表 5.3 所示其值为 4。之前由于刀库回零后刀座 1 号座处于刀库最下端,换刀位置上。这个 4 代表的意思就是刀库 1 号刀座中存放的是 T4 刀,我们可以手动更改这个数值。用光标键选择到数字 4 的位置上,输入数字 1,然后点击 MDI 面板上 INPUT 键,这时数值就由 4 更改为 1,其意思代表为刀座 1 号座里存放的刀号为 T1 刀。到这里,就完成了刀库回零及刀具表复位的操作。

⑥检查一下机床刀库是否正确,刀库是否与刀具表位置一一对应。在 MDI 方式下,依次执行 T1;M06;及 T2;M06;及 T3;M06;…;T16;M06;仔细观察到库中的位置,依次是在 1 号刀座、2 号刀座、3 号刀座至 21 号刀座处换刀,由此判断刀库正常。

3. 刀库掉刀故障原因分析

按照换刀顺序的逆过程,进行分析。排除故障。加工中心过程:CNC 换刀指令—刀套下降—下降到位—机械手转动—转动减速—转动到位—主轴刀松开—松开到位—机械手转动—转动减速—转动到位—主轴刀夹紧—加紧到位—机械手逆转—机械复位—换刀完成。

故障原因:

①机械手扣刀位置出现偏差。此故障有 3 种情况发生:一是机械手加持刀具的情况,二是主轴夹持刀具的情况,三是检查有关扣刀刹车信号是否正常。

检查机械手手臂上的两个卡爪及支持卡爪的弹簧、螺母、卡紧锁等附件。若卡紧爪弹簧压力过小,卡紧爪弹簧后面的螺母松动,刀具超重,机械手卡紧锁不起作用,都会导致在机械手转动情况下出现掉刀现象。

检查主轴内刀具夹紧装置中的蝶形弹簧等附件。若没有发现问题,主轴夹持刀具紧固,不会出现掉刀现象。若蝶形螺母等损坏,就会出现刀装不到位,甚至装不上而掉刀现象。

检查有关扣刀刹车信号线是否脱落或者损坏,PLC 处理是否正常。

②加工时掉刀故障的状态情况。观察掉刀现象是出现在工件加工完成之后,还是本工件根本没有加工刀具就落在工作台上。此故障有两种情况发生:一是机械手没有把刀装上,二是机械手没有接住松开的刀具。

检查换刀程序,若发现如下情况:主轴刀具夹紧没有到位,甚至在没有夹紧动作的情况下机械手转动,于是发生掉刀故障。经分析,是主轴刀具夹紧到位行程开关及其连接线路存在问题。

检查换刀程序,若发现如下情况:在机械手没有到位的情况下,主轴上的刀具松开,机械手没有抓住刀,于是发生掉刀故障。经分析,是机械手到位磁感应开关及其连接线路存在问题。

故障的处理:

①调整机械手的位置与机械手位置检测开关位置相对应。

②更换机械手锁紧弹簧。

案例中加工中心 1 的掉刀故障伴随有主轴刀具装不到位的现象,故诊断为主轴内刀具夹紧装置中的蝶形螺母等附件存在问题。检查发现,几处蝶形螺母损坏,具体维修方法如下:

①拆下主轴外面的护罩。

②拆下主轴上端的气缸。

③拆下主轴拉刀赶上的锁紧螺母。

④取出拉刀杆和蝶形弹簧。

⑤更换损坏的蝶形弹簧。

加工中心 2 换刀过程出现的掉刀故障发生在工件加工完成之后,并发生在本工件没加工的情况下。同时没有"刀装不到位"的现象伴随发生,因此属于机械手到位磁感应开关及其连接线路的问题。更换机械手到位磁感应开关,故障消除。

◎ 思考题

1. 自动换刀装置有哪几种形式? 各有何特点?

2. 刀库有哪几种形式? 各适用于什么场合?

3. 刀具的选择方式有几种? 各适用于何种场合?

项目 6　主轴控制系统典型故障诊断

知识目标

1. 学习模拟交流主轴伺服系统和数字式(串行)主轴伺服系统的基本组成和控制原理;

2. 以三菱 FR-S500 系列变频器为例,学习变频器的基本工作原理、功能设定和典型故障处理;

3. 学习认识 FANUC 系统电源模块和串行数字模块的组成、接口功能和连接要求;

4. 学习串行数字主轴伺服系统参数的含义及设定。

技能目标

1. 掌握一种常用变频器的使用方法;

2. 正确实施模拟交流主轴伺服系统的连接和调试,能够分析排除常见故障;

3. 掌握 FANUC 系列电源模块和主轴模块的接口功能,能够正确实施系统的连接;

4. 初步掌握串行数字主轴伺服系统参数设定与调整过程。

数控机床主轴驱动系统是主运动的动力装置部分,它的精度对零件的加工精度有较大的影响,在数控机床的故障诊断与维护中,主轴驱动系统是很重要的一部分。

数控机床主轴驱动系统包括主轴驱动装置(也称主轴放大器)、主轴电动机、传动机构、主轴组件、主轴信号检测装置及主轴辅助装置,图 6.1 为某加工中心主轴驱动系统的各组成部分。

(a)放大器　　(b)主轴电动机　　　(c)传动机构　　　　(d)主轴组件　　(e)主轴信号
　　　　　　　　　　　　　　　　　　　　　　　　　　　　　　　　检测装置

图 6.1　加工中心主轴驱动系统组成

主轴放大器:接收系统发出的主轴转速及功能控制信号,实施主轴电动机控制。它可以是变频器也可以是系统专用的主轴放大器。

主轴电动机:主轴电动机是主轴驱动的动力来源,可以是普通型电动机、变频专用型电动机及系统专用的主轴电动机。

主轴传动机构:数控机床主轴传动主要有 3 种配置方式,即带变速齿轮的主传动方式、通过带传动的主传动方式及由变速电动机直接驱动的主传动方式。

主轴组件:主轴组件都是成套的标准组件。如加工中心主轴组件包括主轴套筒、主轴、主轴轴承、拉杆、蝶形弹簧、拉刀爪等。

主轴信号检测装置:主轴信号检测装置由于实现主轴速度和位置反馈,以及主轴功能(如主轴定向和刚性攻螺纹)的信号检测,可以是主轴外置编码器、主轴电动机内装传感器及外接一转信号配合电动机内装传感器检测装置。

辅助装置:主要包括刀具锁紧/松开装置、冷却和润滑装置等。

数控机床的主轴驱动装置根据主轴速度控制信号的不同分为模拟量控制的主轴驱动装置和串行数字控制的主轴驱动装置两大类。模拟量控制的主轴驱动装置采用变频器实现主轴电动机的控制;串行数字控制的主轴驱动系统采用数控生产厂家专用数字驱动装置驱动其专用的主轴电机来实现。

任务 1　模拟主轴驱动系统典型故障诊断

由前面的学习已经知道数控机床的伺服驱动系统按其功能划分为主轴驱动系统和进给伺服系统。明确了主轴驱动系统与进给伺服系统各自的功能和相应的要求。为了实现螺纹加工、恒线速度切削、准停功能,则需要对主轴进行位置检测控制,主轴电动机装配有编码器或在主轴上安装编码器作为位置检测装置,这时的主轴驱动系统称为主轴伺服系统。

数控机床的主轴驱动系统包括主轴驱动装置、(主轴)电机、位置检测装置、传动机构及主轴。随着电子技术、微电子技术的发展,主轴驱动装置目前已从模拟控制逐步发展到全数字控制系统,并随着系统硬件功能的软件化,控制性能有了更多的提高。驱动元件从早期的可控硅(晶闸管)SCR、大功率晶体管 GTR 发展到目前的智能型功率元件 IPM。

目前,在 FANUC 的主轴驱动系统中,主轴电动机主要的控制有两种接口模拟(0-10VDC)和数字(串行传送)输出。模拟接口采用变频器和三相异步电动机来驱动控制;数字串行口采用全数字驱动装置控制伺服电动机。

子任务 1　变频器的认识与功能预置

◎ **任务提出**

由于数字 SPWM 变频调速技术的发展,在机床的数控改造及一些低中档数控机床的主轴控制中采用变频器控制的比较多,为了实现采用变频器对机床主轴实施控制,有必要了解掌握变频器这一典型主轴驱动装置的基本知识和常规使用,我们需要了解变频器的功能和基本工作原理、典型变频器的面板操作和功能设置等。

◎ **任务目标**

1. 了解变频器的功能和基本工作原理、明确变频器的使用注意事项;
2. 学习典型变频器的操作和功能设置;
3. 会用变频器操作面板实现电动机的启动、正反转控制。

◎ 相关知识

一、变频调速的基本概念

根据电机学理论,交流异步电机的转速 $n(\mathrm{r/m})$ 为:

$$n = \frac{60f}{p}(1 - s) \tag{6.1}$$

式中　f——电源频率;

　　　p——磁极对数;

　　　s——转差率。

可知改变三相异步电动机的电源频率 f,可以改变旋转磁场的同步转速,达到调速的目的。电源频率提高,电动机转速提高;电源频率下降,则电动机转速下降。若电源频率可以做到匀速调节,则电动机的转速就能平滑改变。但在实际调速过程中,只改变电源频率 f 是不够的。这是因为由电机学原理可知:

若电源电压 U 不变,当降低电源频率 f_1 调速时,则磁通 Φ_m 将增加会造成磁路饱和,从而导致励磁电流和铁损耗的大量增加,电动机温升过高等,这是不允许的。

因此在变频调速的同时,应同时改变电源电压 U,以保持磁通 Φ 不变,即使 U_l/f_1 或 E_l/f_1 为常数。

额定频率称为基频,变频调速时,可以从基频向上调,也可以从基频向下调。

1. 从基频向下调变频调速

降低电源频率时,必须同时降低电源电压。降低电源电压 U_1,有以下两种控制方法:

①保持 E_l/f_1 为常数。降低电源频率 f_1 时,保持 E_l/f_1 为常数,则 Φ_m 为常数,是恒磁通控制方式,也称恒转矩调速方式。降低电源频率 f_1 调速的人为机械特性,如图 6.2(a)所示。

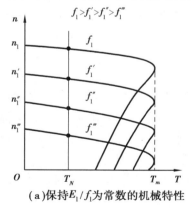
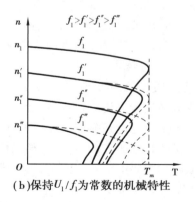

(a)保持 E_1/f_1 为常数的机械特性　　**(b)保持 U_1/f_1 为常数的机械特性**

图 6.2　基频向下变频调速时的机械特性

降低电源频率 f_1 调速的人为机械特性特点:同步速度 n_1 与频率 f_1 成正比;最大转矩不变;转速降落 $\Delta n =$ 常数,特性斜率不变(与固有机械特性平行)。这种变频调速方法与他励直流电动机降低电源电压调速相似,机械特性较硬,在一定静差率的要求下,调速范围宽,而且稳定性好。由于频率可以连续调节,因此变频调速为无级调速,平滑性好,另外,转差功率 P_s 较小,效率较高。

②保持 U_l/f_1 为常数。降低电源频率 f_1，保持 U_l/f_1 为常数，则 Φ_m 近似为常数，在这种情况下，当降低频率 f_1 时，Δn 不变。但最大转矩会变小，特别在低频低速时的机械特性会变坏，如图 6.2(b) 所示。其中虚线是恒磁通调速时为常数的机械特性，以示比较。保持 U_l/f_1 为常数，则低频率调速近似为恒转矩调速方式。

2. 从基频向上变频调速

从基频向上变频调速，升高电源电压是不允许的。因此，升高频率向上调速时，只能保持电压为不变，频率越高，磁通 Φ_m 越低，是一种降低磁通升速的方法，类似他励直流电动机弱磁升速情况，其机械特性如图 6.3 所示。保持电压不变升速，近似为恒功率调速方式。随着 $f_1\uparrow$，$T_2\downarrow$，$n\uparrow$，而 p_2 近似为常数。因而该方法适合于带恒功率负载。

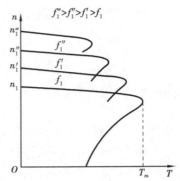

图 6.3　基频向上变频调速时的机械特性

二、变频器基础知识

工业控制中，为实现变频调速控制，其关键控制部件为变频器。变频器是一种静止的频率变换器，是利用半导体器件的通断作用将固定频率（通常为工频 50 Hz）的交流电（三相或单相）变换成频率连续可调的交流电的电能控制装置。

1. 变频器的种类

变频器的种类很多，分类方法多种多样，主要有以下几种：

(1)按变换环节分类

变频器按其变换环节分为 $\begin{cases}\text{交-交型}\\\text{交-直-交型}\end{cases}$

1)交-交变频器

交-交变频器是把频率固定的交流电直接变换成频率和电压连续可调的交流电。其主要优点是没有中间环节，变换效率高，但连续可调频率范围较窄，通常为额定频率的 1/2 以下，主要适用于电力牵引等容量较大的低速拖动系统中。

2)交-直-交变频器

交-直-交型是将工频交流电源通过变频器的电源接线端输入到变频器，利用其内部的整流器把交流电转换为直流电，再经逆变电路输出频率、电压均可控制的交流电，又称为间接式变频器。由于把直流电逆变成交流电的环节较易控制，因此在频率的调节范围以及对改善变频后的电动机的特性等方面，都有明显的优势，是目前广泛采用的变频方式。

(2)按工作原理可分为 V/f 控制变频器、转差率控制变频器和矢量控制变频器

1)V/f 控制变频器

为了实现变频调速，常规定通用变频器在变频时使用电压与频率的比值 V/f 保持不变而得到所需的转矩特性，控制的基本特点是对变频器输出的电压和频率同时进行控制。因为在 V/f 系统中，由于电机绕组及连线的电压降引起有效电压的衰落而使电机的扭矩不足，尤其在低速运行时更为明显。一般采用的方法是预估电压降并增加电压，以补偿低速时扭矩的不足。采用 V/f 控制的变频器控制电路结构简单、成本低，大多用于对精度要求不高的通用变频器。

2）转差频率控制变频器

转差频率控制方式是对 V/f 控制的一种改进,这种控制需要由安装在电动机上的速度传感器检测出电动机的转速,构成速度闭环,速度调节器的输出为转差频率,而变频器的输出频率则由电动机的实际转速与所需转差频率之和决定。由于通过控制转差频率来控制转矩和电流,与 V/f 控制相比,转差频率控制变频器的加减速特性和限制过电流的能力均得到了提高。

3）矢量控制变频器

矢量控制是一种高性能异步电动机控制方式。它的基本控制方法是:将异步电动机的定子电流分为产生磁场的电流分量(励磁电流)和与其垂直的产生转矩的电流分量(转矩电流),并分别加以控制。由于在这种控制方式中必须同时控制异步电动机的定子电流的幅值和相位,即定子电流的矢量,因此,这种控制方式被称为矢量控制方式。

（3）按用途分类

按用途变频器分为通用变频器和高性能专用变频器。

1）通用变频器

通用变频器是指能与普通的笼型异步电动机配套使用,能适应各种不同性质的负载,并具有多种可供选择功能的变频器。

2）高性能专用变频器

高性能专用变频器主要应用于对电动机的控制要求较高的系统。与通用变频器相比,高性能专用变频器大多采用矢量控制方式,驱动对象通常是变频器生产厂家指定的专用电动机。

2. 变频器的构成

交-直-交型变频器的构成如图 6.4 所示,可分为主电路和控制电路两大部分。主电路包括整流电路和逆变电路两部分,整流电路是把交流电转换为直流电;逆变电路是把直流电再逆变成交流电。控制电路主要用来完成对主电路的控制。

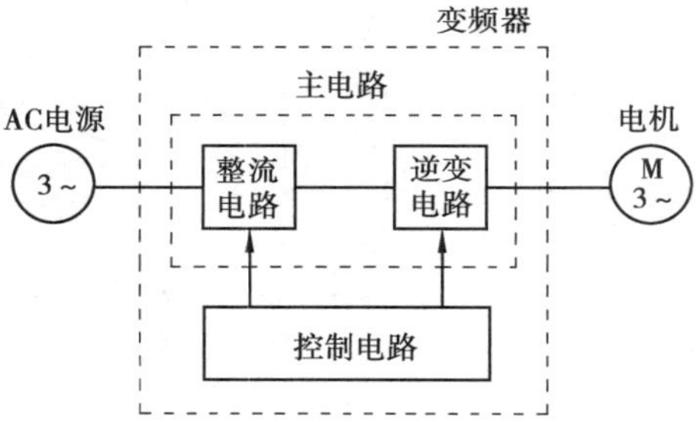

图 6.4　变频器的构成

三、三菱 FR-S500 系列变频器的使用

市场上的通用变频器产品很多,如西门子的 MicroMaster4(MM4)系列、日立 SJ100 系列、三菱的 FR-S500 系列等。

三菱的 FR-S500 变频器是具有免测速机矢量控制的通用变频器,它可计算出所需的电流和频率的变化量以维持所期望的电机转速,而不受负载条件变化的影响,并可通过数字操作面板或通过远程操作器方式。

1. 变频器操作面板说明及基本操作

图 6.5 为 FR-S500 系列变频器操作面板的示意图并给出各键的功能。

FR-S500 系列变频器的基本操作有监视器、频率设定、参数设定、报警履历,如图 6.6 所示。

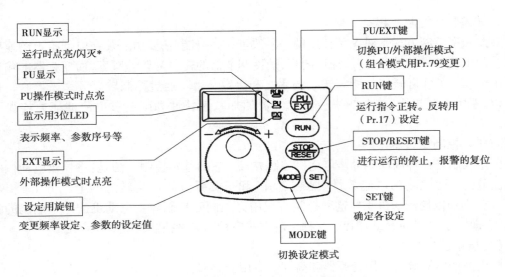

图 6.5　FR-S500 系列变频器操作面板说明

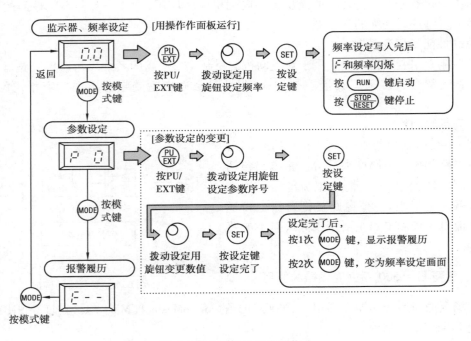

图 6.6　变频器的基本操作

2. 三菱变频器基本功能参数说明

变频器参数的设置对于变频器的运行十分重要,参数的正确设置基于对参数的准确理解。FR-S500 的基本参数如表 6.1 所示。

下面对基本功能参数含义进行阐述说明。

(1)上限频率 Pr.1 和下限频率 Pr.2

上限频率 Pr.1 和下限频率 Pr.2 用于确定变频器的运行范围。如要求某电机工作在 10 ~ 50 Hz,则可设定为 Pr.1 = 50,Pr.2 = 10,这样电机就不能再低于 10 Hz 运行。

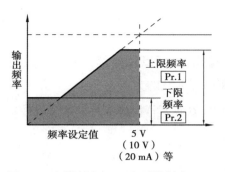

图 6.7　上限频率 Pr.1 和下限频率 Pr.2

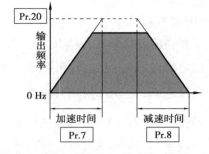

图 6.8　加速时间 Pr.7 和减速时间 Pr.8

表 6.1　FR-S500 变频器基本参数

参数	名　称	表示	设定范围	最小设定单位	出厂设定	用户设定
0	转矩提升	P0	0% ~ 15%	0.1%	4% ,6%	
1	上限频率	P1	0 ~ 120 Hz	0.1 Hz	50 Hz	
2	下限频率	P2	0 ~ 120 Hz	0.1 Hz	0 Hz	
3	基波频率	P3	0 ~ 120 Hz	0.1 Hz	50 Hz	
4	三速设定(高)	P4	0 ~ 120 Hz	0.1 Hz	50 Hz	
5	三速设定(中)	P5	0 ~ 120 Hz	0.1 Hz	30 Hz	
6	三速设定(低)	P6	0 ~ 120 Hz	0.1 Hz	10 Hz	
7	加速时间	P7	0 ~ 999 s	0.1 s	5 s	
8	减速时间	P8	0 ~ 999 s	0.1 s	5 s	
9	电子过电流保护	P9	0 ~ 50 A	0.1A	额定输出电流	
30	扩展功能显示选择	P30	0,1	1	0	
79	操作模式选择	P79	0 ~ 4,7,8	1	0	

（2）基波频率 Pr.3

基波频率 Pr.3 是指电动机额定转矩时的基准频率。按照电动机的铭牌来设置,可在 0 ~ 120 Hz 范围内设定,一般国产标准电机的额定频率为 50 Hz,故出厂设置为 50 Hz,使用时多不需改变。

（3）加减速时间（Pr.7、Pr.8、Pr.20）

加速时间 Pr.7 是指从 0 Hz 开始上升到加减速基准频率 Pr.20 所设定的频率时所需的加速时间;减速时间 Pr.8 是指从加减速基准频率 Pr.20 所设定的频率开始减速到 0 Hz 时所需的减速时间。

Pr.20 为加减速基准频率,出厂设定为 50 Hz。

（4）电子过流保护 Pr.9

电子过流保护 Pr.9 是为保护电动机不过热而设定的电流值。设定范围为 0 ~ 50 A,设定值为 0 时保护功能无效,通常设定为电动机的额定电流值,对于 0.4K、0.75K 的电机设定为电动机的额定电流值的 85% 。

（5）扩展功能显示选择 Pr.30

当设定 Pr.30 =0 时,仅显示基本功能参数;

当设定 Pr.30 = 1 时,显示全部参数。

(6)操作模式选择 Pr.79

变频器的操作模式可以用 PU(旋钮、RUN 键)操作,也可以用外部信号操作或组合使用。设定值可取 0~4、7、8,在数控机床的调试和使用中多涉及的为:

当设定 Pr.79 = 0 时,用 (PII/EXT) 键可以切换 PU(旋钮、RUN 键)操作或外部信号操作;

当设定 Pr.79 = 1 时,只能执行 PU(旋钮、RUN 键)操作;

当设定 Pr.79 = 2 时,只能执行外部信号操作;

Pr.79 出厂设定为 0。

(7)转矩提升 Pr.0

转矩提升的使用场合是当低速范围时,电动机输出转矩不足。图 6.9 中直线 1 表示 V/f 特性,横坐标为运行频率,纵坐标为对应的输出电压,100% 表示变频器输出的最大电压,也就是电源电压。变频器的运行都有这样的特性,就是在改变其输出频率时也改变输出电压,从 V/f 特性线上可看出运行频率越低,变频器输出的电压也越低,当运行频率达到 50 Hz 时,输出电压等于电源电压,而电机得到的输入电压越低,其输出转矩矩就越小,因此如果按照原有的 V/f 特性运行,当频率很低时,

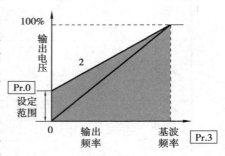

图 6.9 转矩提升 Pr.0

变频器输出电压也很低,电动机的输出转矩就很小,无法带动负载,为了满足电机在低频运行时也能带动负载的要求,把 V/f 曲线的起点进行提高,称为转矩提升。这样就保证了在很低的频率下运行时,变频器仍有一定的输出电压,从而使电机具有一定的输出转矩。

注意:转矩提升并非越大越好,因为设定值大时,电机的电流也较大,会使电机过热,同时变频器的输出电流较大,可能引起过电流断路。

◎ 任务实施

基本任务 1　使用变频器操作面板改变变频器参数

1.设定运行频率(例如设定为 30 Hz 运行)

按照表 6.2 中操作步骤进行:

表 6.2　用操作面板设定运行频率操作步骤

操作顺序	操作说明	按键操作	显　示
1	接通电源时为监视显示画面		**0.0**
2	运行显示和操作模式显示的确认按 (PII/EXT) 键设定 PU 操作模式	(PII/EXT)	**0.0**

续表

操作顺序	操作说明	按键操作	显　示
3	旋转设定旋钮 ◯ 直至出现期望的频率值	PU/EXT	30.0 约5秒闪灭
4	数值闪烁期间按 SET 设定频率（如未按 SET 键，闪烁 5 秒后返回监视显示画面，此时重新执行"操作 3"）	SET	30.0 ↔ F （闪烁，频率设定完成）
5	（约闪烁 5 秒后，显示回到 0.0）按 RUN 键运行	RUN	3秒后 0.0 → 30.0
6	按 STOP/RESET 键停止变频器	STOP/RESET	30.0 → 0.0

注:变更设定频率时,进行上述 3、4 操作。

2. 把参数 Pr.30 的设定值由"0"改变为"1"

按照表 6.3 中操作步骤进行:

表 6.3　把参数 Pr.30 的设定值由"0"改变为"1"操作步骤

操作顺序	操作说明	按键操作	显　示
1	运行显示和操作模式显示的确认按 PU/EXT 键设定 PU 操作模式	PU/EXT	0.0
2	按 MODE 键,进入参数设定模式	MODE	P 0 （显示以前读出的参数号码）
3	旋转设定旋钮 ◯ 直至出现期望的频率值	◯	P30
4	按 SET 读出现在的设定值（出厂值）,显示"0"	SET	0
5	旋转设定旋钮 ◯,把设定值变为"1"	◯	1
6	按 SET 键,完成设定	SET	1 ↔ P30 闪烁,设定完成

注:1. 设定完成后,旋转设定旋钮 ◯ 可读出其他参数,按 1 次 SET,再次显示设定值;按两次 SET,则显示下一个参数。

　　2. 设定完成后,按 1 次 MODE 显示报警履历;按 2 次 MODE,则变为频率设定画面。

基本任务2　**用变频器操作面板实现电动机的启动、正反转控制**

①按图 6.10 所示完成系统硬件接线,检查电路正确无误后,合上主电源总开关 QF1 及变频器电源开关 QF4。

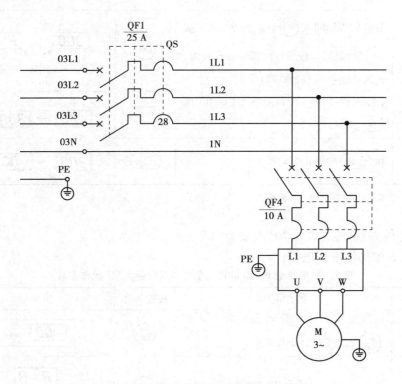

图 6.10　变频器控制电动机运行接线图

②按基本任务 1 中"设定运行频率"第 1—4 步骤内容设定变频器运行频率(如设定运行频率为 30 Hz);设定完成后,按下 RUN 启动变频器控制电动机正转运行。

③按 STOP/RESET 键停止变频器。

④设定变频器扩展功能参数 Pr.17,进行电动机旋转方向选择/切换,操作步骤如表 6.4 所示。

表 6.4　电动机旋转方向选择/切换操作步骤

操作顺序	操作说明	按键操作	显　示
1	运行显示和操作模式显示的确认 按 PU/EXT 键设定 PU 操作模式	PU/EXT	`0.0`
2	按 MODE 键,进入参数设定模式	MODE	`P 0` (显示以前读出的参数号码)

操作顺序	操作说明	按键操作	显　示
3	旋转设定旋钮 ◎ 直至出现期望的频率值	◎	P30
4	按 SET 读出现在的设定值（出厂值），显示"0"	SET	0
5	旋转设定旋钮 ◎，把设定值变为"1"	◎	1
6	按 SET 键，完成 Pr. 30 = 1 的设定	SET	1　P30 闪烁，设定完成
7	旋转设定旋钮 ◎ 直至出现期望的频率值	◎	P17
8	按 SET 读出现在的设定值（出厂值），显示"0"	SET	0
9	旋转设定旋钮 ◎，把设定值变为"1"	◎	1 （0:正转,1:反转）
10	按 SET 键，完成设定	SET	1　P17 闪烁，设定完成

注：Pr. 17 为扩张功能参数，Pr. 30 必须为"1"。

⑤按下 RUN 启动变频器控制电动机反转运行。

⑥选择不同的运行频率控制电动机的正、反转运行并用转速测试表对实际运行速度进行测定。

◎ **思考题**

1. 电动机正转运行控制，要求稳定运行频率为 40 Hz，画出变频器外部接线图，并进行参数设置、操作调试。

2. 对变频器的上、下限运行频率进行设定，将上限频率设定为 40 Hz，将下限频率设定为 10 Hz。

子任务2　模拟主轴驱动系统的实现

◎ **任务提出**

由前已知，主轴驱动装置目前已几近全部采用交流伺服系统，根据主轴控制信号不同主轴驱动装置分为:模拟量控制的主轴驱动装置和串行数字控制的主轴驱动装置两大类。模拟量控制的主轴驱动方案采用变频器实现主轴电动机控制。

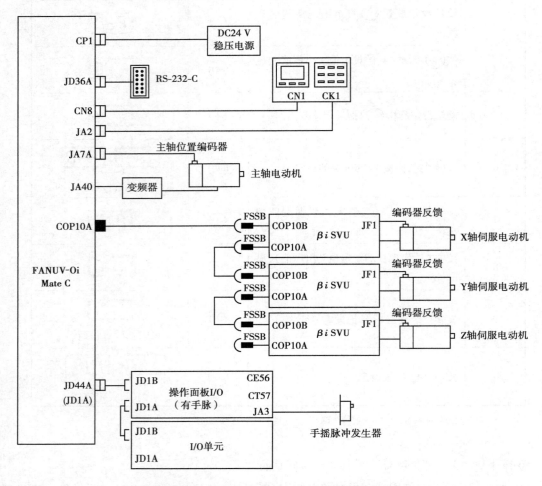

图 6.11　FANUC 0i Mate MC 数控系统的综合连接图

　　图 6.11 所示为 FANUC 0i Mate MC 数控系统的综合连接图方案之一,在该系统中主轴驱动采用了模拟量控制的主轴驱动方案,如图中虚线部分所示。在此以在数控机床主轴控制中应用较多的三菱的 FR-S500 系列变频器为例学习掌握这一类主轴驱动装置的控制原理和实现方式。

◎ **任务目标**

1.理解模拟主轴驱动装置的工作原理;

2.明确数控机床 CNC 系统与变频器之间的信号流程;

3.明确变频器和控制系统(CNC)的连接、变频器主电路的连接、控制信号的连接;

4.辨别硬件接口含义,达到正确接线。

◎ 相关知识

一、变频器主电路的连接

数控机床主轴电动机的功率一般较大,为了减少感性负载对电网功率因数的影响,在变频器电源进线电路上安装电抗器;由于变频器会对周围电气元器件产生较大的电磁干扰,在电源进线电路上安装滤波器,如图 6.12 所示,主回路的输入端子用 L1/L2/L3 标志,输出端子用 U/V/W 标志,绝对不能接错,否则会导致变频器的烧毁。在电器元部件的安装上,CNC 等控制板、编码器信号电缆等应远离变频器,变频器到主轴电机的电缆应与信号线电缆分开走线,且此电缆最好采用屏蔽电缆,并在电气柜中的长度尽可能短。为进一步减少干扰,提高数控机床控制系统的稳定性,可给变频器加装防护罩。

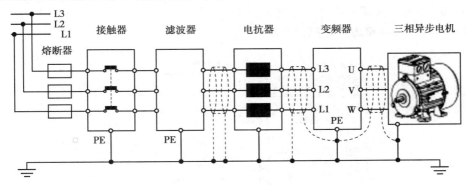

图 6.12　变频器主电路连接示意图

二、CNC 系统与变频器之间的信号流程

虽然通用变频器型号规格众多,但是命令信号来源大致相同,主要有以下几种:面板控制、旋转电位器控制、上位机指令控制。变频器在数控机床主轴驱动系统中的应用主要是最后一种控制方式。CNC 系统与变频器之间的信号流程具体如下:

1. CNC 到变频器的信号

①主轴正、反转信号。通过 PLC 程序处理,用于手动操作(JOG)和自动状态(M03、M04、M05)中,实现主轴的正转、反转及停止控制。

②系统故障输入信号。当系统出现故障时,通过系统 PMC 发出信号控制变频器停止输出,实现主轴自动停止控制。

③系统复位信号。通过系统 PMC 控制,进行变频器复位。如变频器受到干扰出现报警时,可以在不切断系统电源的情况下,直接使用系统 MDI 键盘的复位键, < RESET > 进行复位。

④主轴电机速度模拟量信号。用来接收数控系统发出的主轴转速信号(模拟电压信号),实现主轴的速度控制。系统把程序中的 S 指令值与主轴倍率的乘积转换成相应的模拟电压(0~10 V)输送到变频器的模拟量电压频率给定端,从而实现主轴的速度控制。

2. 变频器到 CNC 的信号

①变频器故障信号输入。当变频器出现任何故障时,数控系统应停止工作并发出相应的

报警。主轴故障信号由变频器的输出端发出,通过 PMC 处理,向系统发出信号,使系统停止工作。

②主轴速度到达信号。系统通过 PMC 检测到频率到达信号后,切削进给才能开始,否则系统进给指令一直处于待机状态。

③主轴零速信号。当数控车床的卡盘采用液压控制(通过机床的脚踏开关)时,主轴零速信号用来实现主轴旋转与液压卡盘的连锁控制,只有主轴速度为 0 时,液压卡盘控制才有效;主轴转动时,液压卡盘控制无效。

注:选择电流输入时,应将信号 AU 设定为 ON,AU 信号用 Pr. 60 ~ Pr. 63(输入端子功能选择)设定,具体可查看 FR-S500 变频器使用手册。

三、FR-S500 系列变频器外部端子说明

FR-S500 系列变频器的外部端子有 3 种类型:双圆圈◎表示主回路端子,单圆圈○表示控制回路输入端子,黑点●表示控制回路输出端子。

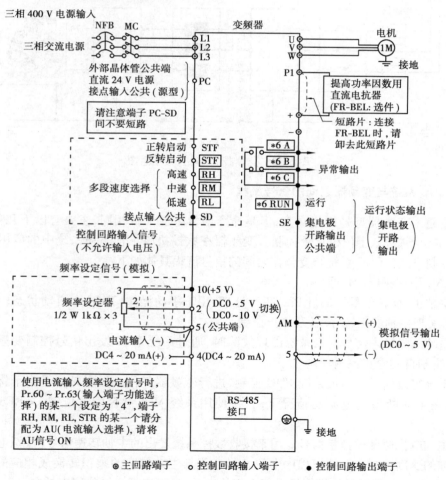

图 6.13　FR-S500 系列变频器接线端子图

1. 主回路端子

L1,L2,L3:为变频器外接三相电源输入端,U,V,W 为变频器三相输出端,也就是接电动机,输入端与输出端分别用不同字母表示,接线时务必分辨清楚,切勿接反,否则会烧毁变频器。

P1 和(+):在这两个端子之间接了一个短路片,在通常场合使用时,不可将短路片卸掉,卸掉直流母线就会断开,变频器不能工作;只有在需要接入提高功率因数用直流电抗器(FR-BEL 选件)时,才将短路片卸掉,在这两个端子之间接上直流电抗器。

注意:使用直流电抗器时布线的距离应在 5 m 之内,同时所用电缆应与电源线一样或更粗些,因为 P1 和(+)是变频器的直流母线,有大电流通过,连接电抗器的导线中也是有大电流通过。

接地:变频器工作时,切记要将此端子接地。

2. 控制回路信号输入端子

PC:连接变频器内部 24 V 电压的正端,24 V 电压的负端为输入公共接点 SD,如果用万用表去测量在 PC 和 SD 之间的电压为 24 V,因此注意端子 PC-SD 间不可短路。

STF:正转启动 STF 信号为 ON 时为正转,OFF 时为停止指令。

STR:正转启动 STR 信号为 ON 时为反转,OFF 时为停止指令。

RH,RM,RL:为变频器高速、中速、低速运行的控制信号。

SD:输入公共端,即端子 STF,STR,RL,RM,RH 的公共端子。

端子 2:频率设定(电压信号):输入 DC0 ~ 5 V(0 ~ 10 V)时,输出成比例,输入 5 V(10 V)时,输出为最高频率。多采用这种频率设定方式。

注:5 V/10 V 切换用 Pr. 730 ~ 5 V,0 ~ 10 V 选择,见后面任务。

端子 4:频率设定(电流信号):输入 DC4 ~ 20 mA。出厂时设定为 4 mA 对应 0 Hz,20 mA 对应 60 Hz,最大允许输入电流为 30 mA,输入阻抗约 250 Ω。

端子 5:频率设定公共端。

3. 控制回路输出端子

A,B,C:异常输出,变频器的保护功能动作,输出停止的输出端子。正常时 B—C 间导通(A—C 间不导通);报警时 B—C 间不导通(A—C 间导通)。因此如果在 A 处接一个指示灯,就可作为报警指示灯。

RUN:变频器运行状态输出,当变频器运行时,RUN 有信号输出,采用集电极开路输出方式。

SE:为集电极开路输出的公共端。

也就是说输出端子 RUN 对应一个输出晶体管,晶体管的发射极接在 SE 端子,集电极从端子 RUN 输出。

AM:为变频器模拟信号输出,输出一个为 0 ~ 5 V 的电压信号,该电压信号随变频器输出频率的不同而不同,默认设置变频器输出频率为 0 Hz 时,AM 输出电压为 0 V,变频器输出频率为 50 Hz 时,AM 输出电压为 5 V,该端子输出的 0 ~ 5 V 电压与变频器的输出运行频率 0 ~ 50 Hz 成线性正比关系。

◎ 任务实施

基本任务　FANUC 0i Mate MC 系统主轴驱动控制的实现

变频器采用三菱公司生产的 FR-S500 变频器。接线时需拆下前盖板和接线盖,如图 6.14 所示。

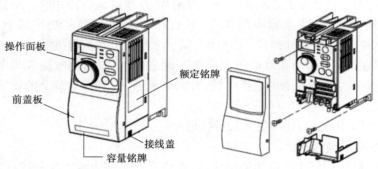

图 6.14　拆下变频器前盖板和接线盖

一、变频器主回路连接

FR-S500 变频器电源及电机动力线接线端子排列如图 6.15 所示, 变频器电源接线位于变频器的左下侧,单相交流电 AC 220 V 供电,接线端子 L1,N 及接地 PE。

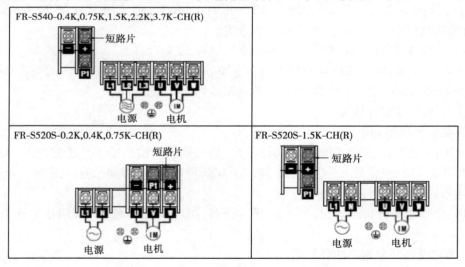

图 6.15　变频器电源及电机动力线接线端子

变频器电机接线位于变频器的右下侧,接线端子 U,V,W 及接地 PE 引线接三相电动机。在我们 FANUC 0i Mate MC 系统中具体如何连接的呢? 从 FANUC 0i Mate MC 系统电气原理图中可知,变频器电源的接通与切断最终是受交流接触器 KM3 的常开主触头控制的,因此将交流接触器 KM3 常开主触头下端出线 6L3、6N 分别与变频器电源进线端子 L1,N1 相连接,并将电源接地线 PE 与变频器的接地端 PE 可靠连接。

由变频器的电机接线端子 U,V,W 及接地 PE 引线接三相电动机(接线标号为 U2,V2,W2 及 PE)。

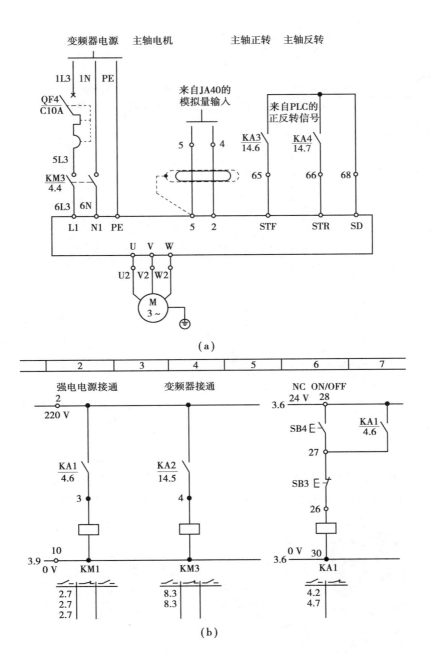

图 6.16   FANUC 0i Mate MC 系统模拟主轴驱动连接
（取自 FANUC 0i MC 系统电气图 8/18）

二、控制回路的连接

FANUC 0i Mate MC 系统其控制信号是从 FANUC 0i C 系统的 JA40 接口输出模拟电压用于模拟主轴的控制，通过 PLC 实现主轴的正反转运行及速度控制。图 6.17 和图 6.18 分别为 FANUC 0i C 系统接口位置及功用图和变频器控制回路端子排列图。

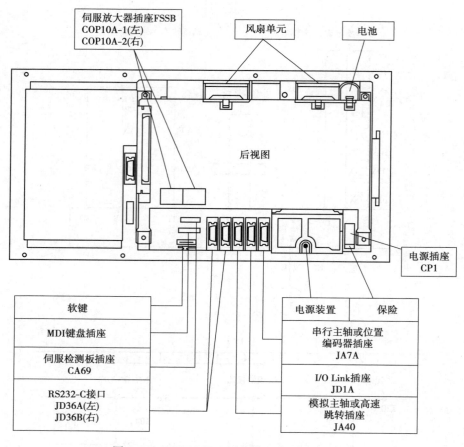

图 6.17　FANUC 0i C 系统接口位置及功用图

前已述及,频率设定信号可采用直流电压信号或电流信号,在此采用 DC0 ~ 5 V 信号,由 FANUC 0i Mate C 系统的 JA40 接口连接电缆至变频器的频率信号给定端 2 和公共端 5。

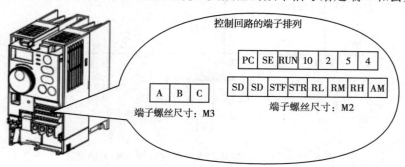

图 6.18　变频器控制回路端子排列及接线

变频主轴的正、反转控制是通过 PLC 控制实现。变频器正、反转启动、停止信号 STF 和 STR 来自于 PLC 的输出继电器 KA3,KA4(见图 6.19、图 6.16)。将 KA3 的一组常开触头的两端分别与变频器正转启动端子 STF(接线标号为 65)和公共端 SD(接线标号为 68)相连,将 KA4 的一组常开触头的两端分别与变频器反转启动端子 STR(接线标号为 66)和公共端 SD(接线标号为 68)相连。

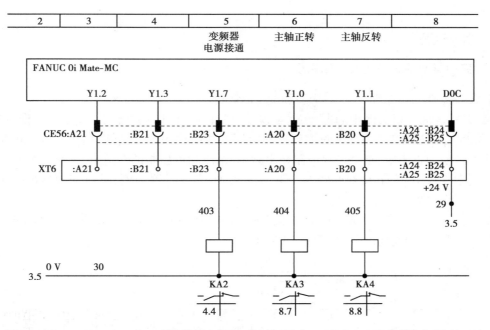

图 6.19　FANUC 0i Mate MC 系统模拟主轴驱动连接（取自 FANUC 0i MC 系统电气图 14/18）

◎ 思考题

1. 采用变频器改造数控车床主轴驱动,CNC 系统与变频器之间的信号有哪些？这些信号的作用是什么？

2. 在采用变频器主轴驱动控制方案的 FANUC 0i Mate MC 系统中,如何实现主轴的转向和速度控制？

3. 在采用变频器主轴驱动控制方案的 FANUC 0i Mate MC 系统中,当系统首次连接好后应对变频器的哪些参数进行设定？

子任务 3　典型故障诊断处理

◎ 任务提出

在采用变频主轴驱动控制的数控机床中,有时会出现电机转速与指令不符、电动机不运转、电机转动不稳定、电动机过载、变频器过电流/过电压等故障。对于这些故障如何进行处理呢？

◎ 任务目标

1. 了解变频器本身典型故障报警的含义及故障排查方向;

2. 能够利用万用表对变频器主回路元件进行检测;

3. 掌握变频主轴驱动控制中常见故障的成因及排除思路。

◎ 相关知识

一、变频器的基本组成及工作原理

变频器按其工作原理分为交-交型和交-直-交型。

交-交型是将工频交流电直接转换为频率、电压可控制的交流，又称为直接型变频器；交-直-交型是将工频交流电源通过变频器的电源接线端输入到变频器，利用其内部的整流器把交流电转换为直流电，再经逆变电路输出频率、电压均可控制的交流电，又称为间接式变频器。控制中多采用交-直-交型变频器。下面以交-直-交变频器为例，学习变频器的基本组成及主电路工作原理。

交-直-交型变频器的组成可分为主电路和控制电路两大部分。变频器主电路部分包含整流部分、中间部分和逆变部分，如图6.20所示。

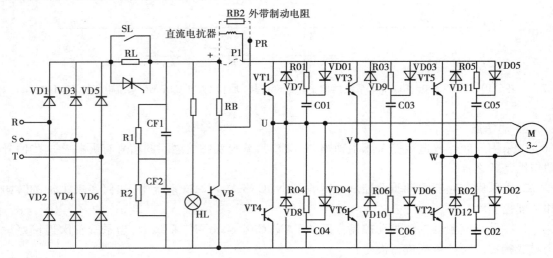

图6.20　变频器主电路控制原理图

1.整流部分

图6.20中R，S，T为三相交流电的输入端，由VD1—VD6 6个二极管构成的整流桥将输入的交流电变为直流；RL为缓冲电阻，它由晶闸管或继电器SL的触点进行控制，当变频器刚刚接通电源运行时，通常晶闸管不导通或SL是断开的，这时缓冲电阻RL串联在电路中，起到一个限流作用，限制电流迅速增加，当变频器运行一段时间后晶闸管导通或SL接通，将缓冲电阻RL短接掉。

2.中间环节

CF1，CF2为滤波电容，经过整流后是一个脉动的直流，经过滤波电容滤波成为平滑的直流电，由于整流后加在母线上的直流电压比较高，一个滤波电容器的耐压不易达到要求，通常采用两个电容器串联来提高耐压，由于电容器制造参数不同，在两个电容器上的分压会不均匀，为此在每一个电容器上并联一个电阻R1和R2，称为分压电阻，选择R1和R2的阻值一致，这样就使得电容器CF1，CF2上的分压一致。

HL为变频器电源指示灯，整流电源接通后HL点亮，当R，S，T电源切断后，电源指示灯仍然会维持点亮一段时间,是因为电容会向指示灯放电,因此在维修变频器,特别是主电路接线时,在切断电源后一定要等到该电源指示灯熄灭再进行操作,否则很可能造成触电。

VB 是一个大功率晶体管(IGBT),和制动电阻 RB 构成内部制动单元,制动单元的作用是防止电动机在减速或制动过程中变频器出现过电压。由于电动机是电感性负载,在减速或制动过程中会放电,通过续流二极管放到直流母线上,从而提升直流母线上的电压,当电压过高时会将逆变管或整流管击穿,为了避免这种情况发生,在变频器内设计了制动单元,当电动机减速或制动时将 VB 导通,将电动机放电产生的电流通过这一回路在放电电阻 RB 上消耗掉。如果电机功率比较大,电机经常处于正、反转和刹车的工作情况下,需要外加制动电阻,RB2 为外加制动电阻,外加制动电阻一端接在变频器直流母线的正端(+),另一端 PR 连与制动晶体管,即与内部制动电阻 RB 并联,电阻并联阻值减小消耗放电更快。故(+)和 RP 端是由于接外加制动电阻的,如无外加制动电阻,就靠内部制动电阻来工作。

直流母线的正端(+)和 P1 之间通常用一短路片连接,将短路片去掉,直流母线就会断开,这时可在直流母线的正端(+)和 P1 之间接入一外加的直流电抗器来改善电路的功率因素,如不用外加的直流电抗器,直流母线的正端(+)和 P1 之间必须用短路片连接,短路片切不可拆除,否则直流母线就断开了。

滤波、电源指示和制动单元为主电路的中间环节。

3. 逆变部分

VT1,VT3,VT5,VT2,VT4,VT6 等 6 个大功率晶体管(IGBT)构成了逆变部分,变频器的控制电路就是控制 VT1,VT3,VT5 和 VT2,VT4,VT6 等 6 个大功率晶体管的导通和关断,从而将直流逆变成交流,如图 6.21。

假设某一瞬间 VT1,VT2,VT6 是导通的而其他是断开的,电流沿直流母线正端(+)经 VT1 到达 U,通过电动机内部绕组,一路经 VT,VT6 返回负端,另一路经 W,VT2 返回负端,这样电动机内部绕组就有电产生磁场。

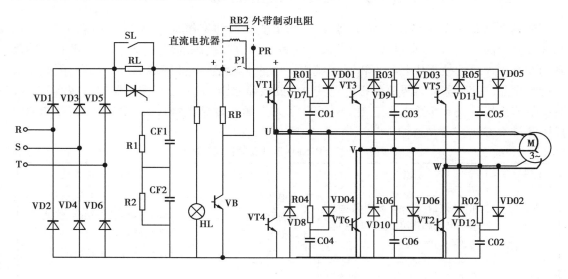

(a)

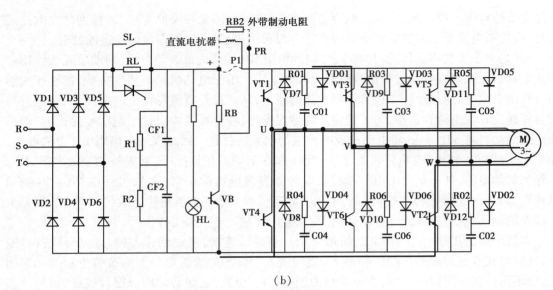

（b）

图 6.21　变频器逆变原理示意图

下一时刻切换为 VT3，VT2，VT4 是导通的而其他是断开的,这时电流沿直流母线正端
（ + ）经 VT3 到达 VT ,通过电动机内部绕组,一路经 U,VT4 返回负端,另一路经 W,VT2 返回
负端……将 VT1—VT6 6 个 IGBT 轮流切换,就使得通过电动机绕组的电流发生变化,只要按
照一定的规律切换,加在电机绕组上的就是交流电,这就是逆变——将直流转换为交流。

为了对 IGBT 起保护作用,在每个 IGBT 上并联一个续流二极管和阻容吸收回路,电动机
在刹车时其电感线圈会对外放电,如无续流二极管,就会将 IGBT 反向击穿,有了续流二极管放
电电流就会经续流二极管加在直流母线上,直流母线通过制动单元将这一部分能量消耗掉。

二、三菱 FR-S500 系列变频器常见报警代码及维修处理

变频器面板上的指示灯和显示器,可以指示变频器的工作状态、故障代码和报警信息。
当变频器检测出故障时,典型故障会在操作面板上以故障代码的形式予以显示,虽然不同品
牌的变频器显示的故障代码各不相同,但就同一类故障而言,其故障成因大体相同,因此了解
一种常用品牌变频器的常见故障报警及其可能的故障原因,对于处理变频器的一些典型故障
具有借鉴作用。表 6.5 给出了三菱 FR-S500 系列变频器常见报警代码、故障含义、可能故障
成因和排查方法。

表 6.5　三菱 FR-S500 系列变频器常见故障

面板显示	故障含义	故障原因	排查处理方法
$OC1$ （OC1）	加速时过电流:加速时变频器输出电流超过变频器额定电流约 200% 时	电网电压过低 加速时间太短 转矩提升过高 负载过大	检查输入电压是否过低 检查输出是否短路、接地 适当延长加速时间 Pr.7 设置适合负载的转矩提升
$OC2$ （OC2）	恒速时过电流:恒速时变频器输出电流超过变频器额定电流约 200% 时	负载急剧变化 输出短路、接地	检查输出是否短路、接地 取消负载急剧变化

续表

面板显示	故障含义	故障原因	排查处理方法
OC3 (OC3)	减速时过电流:减速时变频器输出电流超过变频器额定电流约200%时	减速时间过短,电动机回馈能量过大 输出短路、接地	适当延长减速时间 Pr.8 检查输出是否短路、接地 加装外部制动电阻和制动单元
OV1 (OV1)	加速时过电压:加速时变频器内部主回路直流电压超过规定值	加速时,电动机回馈能量过大 电源系统发生浪涌电压	加速过程是否太缓慢,适当缩短加速时间 安装功率因素改善用电抗器
OV2 (OV2)	恒速时过电压:恒速时变频器内部主回路直流电压超过规定值	恒速运行时,电动机回馈能量过大 电源系统发生浪涌电压	检查负载是否有急剧变化,取消负载急剧变化 安装功率因素改善用电抗器
OV3 (OV3)	减速或停止时过电压:减速或停止时变频器内部主回路直流电压超过规定值	减速或停止时,电动机回馈能量过大 电源系统发生浪涌电压	检查是否急减速运转,适当延长减速时间 Pr.8 安装功率因素改善用电抗器
THM (THM)	电动机过负荷(Motor Over Load)	变频器内置电子过流保护检测到由于过负荷或低速运行中,冷却能力降低引起电机过热时停止变频器输出	检查电机是否处于过负荷,适当减轻负荷
THT (THT)	变频器过负荷(INV Over Load)(输出晶体管过热保护)	电流超过额定输出电流的150%而不到过电流切断(200%)时,为保护输出晶体管,用反时限特性使电子过流保护动作停止变频器输出	检查电机是否处于过负荷,适当减轻负荷
FIN (FIN)	变频器过热	风道堵塞、散热风扇损坏、不运转 环境温度过高 模块与散热器接触不良 模块或温度检测电路异常	检查风扇是否工作正常,必要时清洁、更换 确认模块与散热器接触良好 调节周围温度达规定范围 实测变频器温度,如温度正常,则为温度检测电路故障,否则为功能模块故障
GF (GF)	启动时接地过电流保护:变频器输出侧(负荷侧)发生接地流过接地过电流时变频器输出停止 注:Pr.40(启动时接地检测选择)=1时有效	电机、连接线发生接地	检查、排除接地

◎ **任务实施**

基本任务1 **变频器主回路元件检测**

如果变频器出现故障,断电以后不能马上进行检修,因为电源开关刚断开时,变频器的电源输入线、直流回路端子和电机端子上仍然可能带有危险电压,因此,断开电源开关以后还必须等待 5 min,保证电路放电完毕后,再进行操作。变频器主回路元件的检测主要是整流模块和逆变模块的检测,检测方法和步骤如下:

①拆下与外连接的电源线(R,S,T)及与电动机的连线(U,V,W);

②将万用表设置为 1 Ω 挡或二极管测量挡;

③在变频器的接线端子 R,S,T,U,V,W 和 P1(+)和"−"之间交换万用表极性,测定它们的导通状态,便可判断是否良好。

注意:①测量时必须确认平波电容放电以后才能进行;②不导通时,通常显示为无穷大,但由于平波电容的影响会瞬间导通,导通瞬间可能不显示无穷大;导通时显示几十或几百 Ω,其数值的大小取决于模块的种类和万用表的型号等,种类等不同显示的数值可能会有不同,但同类型号模块如所测量的数值几乎相同,即可确认此模块是没问题的。表 6.6 给出了整流模块中二极管和逆变模块中 IGBT 正常状态下的测量值。如果不符合表中给出的状态,可判断该元件损坏。

表 6.6 变频器整流二极管和逆变 IGBT 的检测

		万用表极性		测量值		万用表极性		测量值
		⊕	⊖			⊕	⊖	
整流桥模块	VD1	R	P1(+)	导通	VD2	R	N(−)	不导通
		P1(+)	R	不导通		N(−)	R	导通
	VD3	S	P1(+)	导通	VD4	S	N(−)	不导通
		P1(+)	S	不导通		N(−)	S	导通
	VD5	T	P1(+)	导通	VD6	T	N(−)	不导通
		P1(+)	T	不导通		N(−)	T	导通
逆变桥模块	TR1	U	P1(+)	导通	TR4	U	N(−)	不导通
		P1(+)	U	不导通		N(−)	U	导通
	TR3	V	P1(+)	导通	TR6	V	N(−)	不导通
		P1(+)	V	不导通		N(−)	V	导通
	TR5	W	P1(+)	导通	TR2	W	N(−)	不导通
		P1(+)	W	不导通		N(−)	W	导通

基本任务 2　变频主轴驱动系统常见故障排除

1. 电动机不运转

①检查变频器操作面板是否为故障显示(如 OC1 等),如有,依据相关知识中介绍的"三菱 FR-S500 系列变频器常见报警代码及维修处理"逐一进行排查。

②检查确认主轴电机三相动力线是否正确连接,无脱落,检查变频器输出端子是否提供电源,用万用表检测三相输出电源 U,V,W 是否正常;如三相输出电压正常,则为电机故障,否则从变频器及控制电路方面进行如下方面的检查。

③检查变频器 P1 和 + 之间的导体是否脱落。

④检查确认变频器得电(Y1.7 有输出→继电器 KA2 吸合→KM3 吸合→变频器得电),检查变频器电源输入端子 L1,N1 输入电压是否正常。

⑤检查确认运转信号是否输入:观察检测中间继电器 KA5,KA6 的吸合情况。

⑥检查确认频率设定信号正常:检测变频器频率设定端子 2,5 之间的电压是否在 0~5 V 之间,如为"0",检查电路连接,如排除线路连接故障,检查系统基本单元的模拟量主轴速度接口 JA40 到主轴变频器的指令输入端的信号是否正常。

⑦检查变频器参数设定:检查运行模式选择是否正常(Pr.78 应为 0 或者 2);检查上限频率设定(Pr.1)应是否为零;检查是否选择了反转限制(Pr.78 = 1),此时不可执行反转。

⑧检查负荷是否太重;是否实施机床锁住,即按下机床锁住按钮。

2. 电动机运转方向与指令方向相反

①检查变频器输出端子与电动机的连线是否正确,查看电动机正反转的相序是否与 U,V,W 相对应。通常:正转(FWD) = U—V—W,反转(REV) = U—W—V。

②检查变频器控制端子 STF 和 STR 连线是否正确,STF 用于正转控制,STR 用于反转控制,查看变频器连接电路图中正、反转控制端子及相应继电器的线路连接是否一致。

3. 电机转动不稳定

①检查输入电源是否有波动,如输入电源长期不稳定,可增加稳压电源。

②检查负载波动是否过大,在工艺许可的情况下减少负载波动,必要时可考虑增加变频器及电机容量。

③检查调速信号是否受干扰,如果频率设定信号输出线与变频器的主回路线相互靠近,运行中就会出现干扰,出现转速波动。整理控制线路走线,让控制线路与动力线严格分开,控制信号线一定要屏蔽良好,并将屏蔽层一端良好接地。

④如该现象只是出现在某一特定频率下,可稍稍改变输出频率,使用频率跳跃功能(Pr.31、Pr.32)将有此问题的频率跳过去。

◎ **思考题**

1. 如何判断变频器的自身故障?

2. 如果主轴电动机转速达不到指令设定值,如何进行故障原因排查?

3. 电机转速与指令不符,如何进行故障原因排查?

4. 查阅相关资料,学习分析查找主轴振动和噪音异常的故障原因。

任务2 串行数字控制主轴驱动装置及常见故障诊断

子任务1 串行数字控制主轴驱动装置的连接

◎ **任务提出**

前已述及,数控机床的主轴驱动装置根据主轴速度控制信号的不同分为模拟量控制的主轴驱动装置和串行数字控制的主轴驱动装置两大类。模拟量控制的主轴驱动装置采用变频器实现主轴电动机的控制;串行数字控制的主轴驱动系统采用数控生产厂家专用数字驱动装置驱动其专用的主轴电机来实现。各生产商的技术策略和实现方案各不相同。

图6.22(a)及(b)分别为 FANUC 0i MA 数控系统和 FANUC 0i Mate MC 数控系统的综合连接图,在系统中主轴驱动采用了串行数字控制的主轴驱动方案,如图中虚线部分所示。在此以在数控机床主轴控制中应用较多的 FANUC α 系列和 αi 系列主轴模块为例,学习掌握这一类主轴驱动装置的控制原理和实现方式。

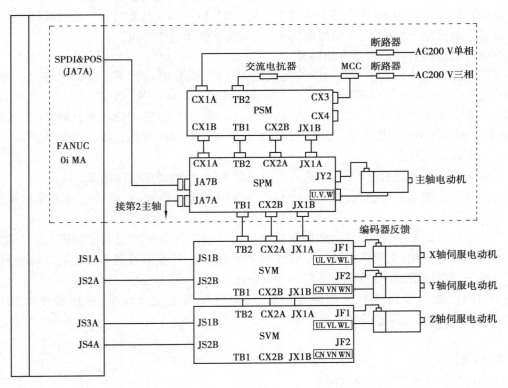

(a)α 系列

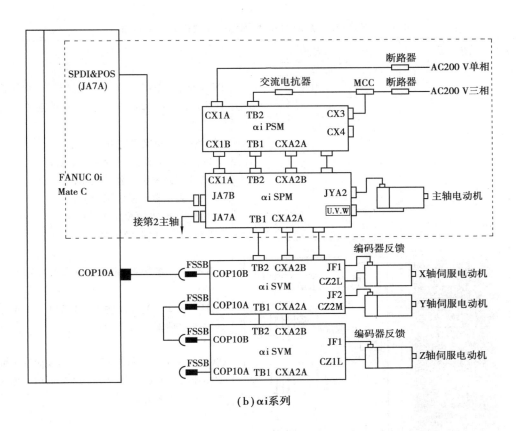

图 6.22　FANUC 0i Mate MC 数控系统主轴模块连接图

◎ **任务目标**

1. 理解串行数字主轴伺服系统的基本构成；
2. 明确 FANUC 系统电源模块和串行数字主轴模块的组成、接口功能和连接要求；
3. 能够正确实施系统的连接；
4. 初步掌握串行数字主轴伺服系统参数设定与调整过程。

◎ **相关知识**

一、FANUC 系统电源模块

电源模块的功能是为主轴模块和伺服模块提供直流主回路电源(标准型为 DC300V,高压型为 DC600 V)、控制回路电源(DC 24 V)及电源模块本身内部的直流电源;电动机再生能量通过电源模块反馈到电网,实现回馈制动。现在的电源模块已经将整流、逆变及保护电路集成一体,成为智能模块 IPM。表 6.7 为 FANUC α 系列和 αi 系列电源模块接口功能说明,将 α 系列和 αi 系列电源模块集于一表以便于对照。

表 6.7 FANUC α 系列和 α_i 系列电源模块接口功能说明

种类	图　示	接线端子	接口说明
α 系列电源模块			DC Link：DC300V 输出，与主轴模块、伺服模块主电路 DC300V 输入端 DC Link 连接 STATUS：电源模块状态指示窗口—— 　PIN（绿）表示电源模块控制电源工作； 　ALM（红）表示电源模块故障； 　"—"表示电源模块未启动； 　"00"表示电源模块启动就绪； 　"##"表示电源模报警 CX1A：电源模块控制电源输入，AC 200 V，3.5 A CX1B：AC 200 V 电压输出，AC 200 V，1 A连接到主轴模块的 CX1A CX2A/CX2B：DC 24 V 输出，为主轴模块、伺服模块等后续模块提供 DC 24 V，CX2B 连接到主轴模块的 CX2A JX1B：模块之间信息连接，与下一模块的 JX1A 相连，最后一个接口 JX1B 必须用短接盒（5,6 脚短接）将模块间的使能信号短接，否则系统报警 CX3：主电源 MCC（常开点）控制信号接口，一般用于电源模块三相交流电源主接触器的控制 CX4：＊ESP 急停信号接口，与机床操作面板急停开关常闭点相接，不用该接口信号时，必须将 CX4 短接，否则系统处于急停报警状态 L1，L2，L3：三相 AC 200 V，50 Hz 输入端，一般与伺服变压器输出端连接

续表

种　类	图　示	接线端子	接口说明
αi 系列电源模块	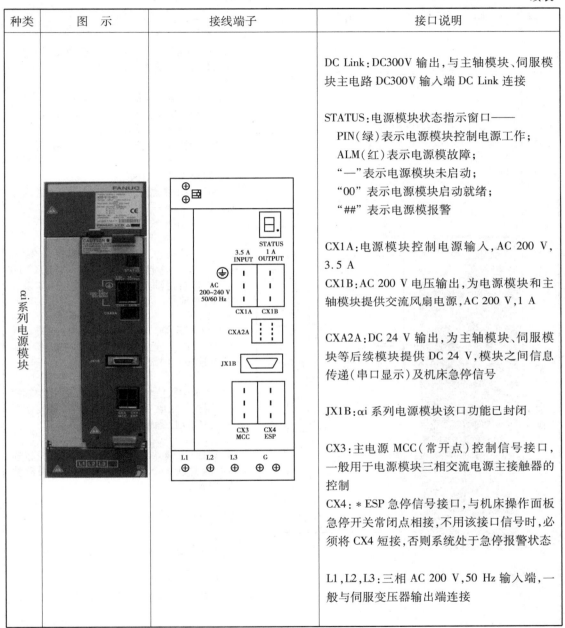		DC Link：DC300V 输出，与主轴模块、伺服模块主电路 DC300V 输入端 DC Link 连接 STATUS：电源模块状态指示窗口—— 　PIN(绿)表示电源模块控制电源工作； 　ALM(红)表示电源模故障； 　"—"表示电源模块未启动； 　"00"表示电源模块启动就绪； 　"##"表示电源模报警 CX1A：电源模块控制电源输入，AC 200 V，3.5 A CX1B：AC 200 V 电压输出，为电源模块和主轴模块提供交流风扇电源，AC 200 V，1 A CXA2A：DC 24 V 输出，为主轴模块、伺服模块等后续模块提供 DC 24 V，模块之间信息传递(串口显示)及机床急停信号 JX1B：αi 系列电源模块该口功能已封闭 CX3：主电源 MCC(常开点)控制信号接口，一般用于电源模块三相交流电源主接触器的控制 CX4：*ESP 急停信号接口，与机床操作面板急停开关常闭点相接，不用该接口信号时，必须将 CX4 短接，否则系统处于急停报警状态 L1，L2，L3：三相 AC 200 V，50 Hz 输入端，一般与伺服变压器输出端连接

二、FANUC 系统主轴模块

主轴模块的作用是实现主轴速度控制、主轴位置反馈及主轴控制功能的控制。按电压等级分为标准型(主电路输入电压为 DC300V)和高压型(主电路输入电压为 DC600V)。表6.8为 FANUC α 系列和 αi 系列主轴模块接口功能说明，将 α 系列和 αi 系列主轴模块集于一表以便于对照。

表 6.8　FANUC α 系列和 αi 系列主轴模块接口功能说明

种类	图　　示	接线端子	接口说明
α系列主轴模块		P (1) N STATUS PIL（绿） ALM（红）　8.8.　(2) ERR（黄） AC IN/OUT　PE 200～300 V　200S (3) 50/60 Hz　200R CX1A　CX1B (5) DC IN/OUT　＊ESP +24 V　0 V (4) 　24 V CX2A　CX2B JX4 □ (6) JX1A □ (7) JX1B □ (8) JY1 □ (9) JA7B □ (10) JA7A □ (11) JY2 □ (12) JY3 □ (13) JY4 □ (14) JY5 □ (15) U　V　W　⊕	DC Link：DC300V 电源，与电源模块、伺服模块主电路输入端连接 STATUS：主轴模块状态指示窗口—— 　PIN（绿）表示主轴模块控制电路正常； 　ALM（红）表示主轴模块检出故障； 　ERR（黄）表示主轴模块检出错误信息。 　"—"不闪表示主轴模块启动就绪，闪烁表示主轴模块未启动就绪； 　"00"表示主轴模块已启动并有速度信号输出； 　"##"表示主轴故障或错误信息 CX1A/ CX1B：200V 交流控制电路输入/输出接口。CX1A 连接到电源模的 CX1B，CX1B 与第二串行主轴模块的 CX1A 连接（如果有两串行主轴） CX2A/CX2B：DC 24 V 输入/输出及急停信号接口。CX2A 连接到电源模块的 CX2B，CX2B 连接到伺服模块的 CA2A JX4：主轴伺服信号检测板接口。通过主轴模块检测板可获取主轴电动机内装脉冲发生器和主轴独立位置编码器的信号 JX1A/JX1B：模块之间连接接口，JX1A 相连到电源模块的 JX1B，JX1B 连接伺服模块的 JX1A JY1：外接主轴负载表和速度表接口 JA7B：串行主轴输入信号接口。与 CNC 单元的 JA7A 连接 JA7A：用于连接第二串行主轴的信号输出接口。与第二串行主轴模块的 JA7B 接口连接 JY2：连接主轴电动机速度传感器和电机过热检测装置（热敏电阻） JY3：作为主轴位置一转信号接口 JY4：主轴独立编码器连接器（光电编码器）接口 JY5：主轴 CS 轴传感器接口 U,V,W：主轴电动机的动力电源接口

续表

种类	图 示	接线端子	接口说明

α系列主轴模块	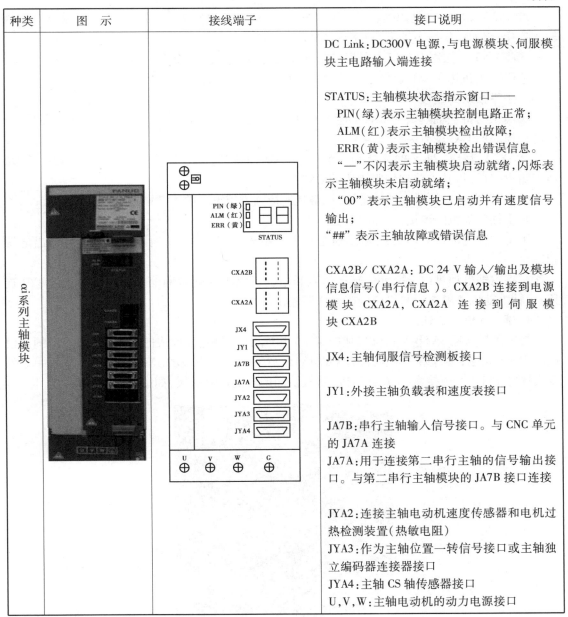	PIN(绿)
		ALM(红)
		ERR(黄)
		STATUS
		CXA2B
		CXA2A
		JX4
		JY1
		JA7B
		JA7A
		JYA2
		JYA3
		JYA4
		U V W G
			DC Link：DC300V 电源,与电源模块、伺服模块主电路输入端连接
			
			STATUS：主轴模块状态指示窗口——
			  PIN(绿)表示主轴模块控制电路正常；
			  ALM(红)表示主轴模块检出故障；
			  ERR(黄)表示主轴模块检出错误信息。
			  "—"不闪表示主轴模块启动就绪,闪烁表示主轴模块未启动就绪；
			  "00"表示主轴模块已启动并有速度信号输出；
			  "##"表示主轴故障或错误信息
			
			CXA2B/ CXA2A：DC 24 V 输入/输出及模块信息信号(串行信息)。CXA2B 连接到电源模块 CXA2A,CXA2A 连接到伺服模块 CXA2B
			
			JX4：主轴伺服信号检测板接口
			
			JY1：外接主轴负载表和速度表接口
			
			JA7B：串行主轴输入信号接口。与 CNC 单元的 JA7A 连接
			JA7A：用于连接第二串行主轴的信号输出接口。与第二串行主轴模块的 JA7B 接口连接
			
			JYA2：连接主轴电动机速度传感器和电机过热检测装置(热敏电阻)
			JYA3：作为主轴位置一转信号接口或主轴独立编码器连接器接口
			JYA4：主轴 CS 轴传感器接口
			U,V,W：主轴电动机的动力电源接口

◎ **任务实施**

基本任务1 串行数字控制主轴驱动装置的连接实施

实训设备：FANUC 0i MA 数控系统、FANUC α 系列电源模块、主轴模块及主轴电动机。

1. 电源模块的连接

①CX1A 为 AC 200 V 控制电源输入接口,是电源模块风扇电源,与机床控制变压器 AC

200 V 输出端连接；CX1B 为 AC 200 V 输出接口，连接到主轴模块的 CX1A。

②CX2A/CX2B 为电源模块 DC 24 V 输出接口，将 CX2A 与机床面板的 I/O 卡的 DC 24 V 输入连接；将 CX2B 与主轴模块 CX2A 连接。

③将 CX3 与控制电源模块三相交流电源接通的主接触器 MCC 的线圈串联。

④CX4 为机床 ∗ESP 急停信号接口，与机床操作面板急停开关常闭点相连接。

2. 主轴模块的连接

①确认已将主轴模块的 CX1A 连接到电源模块的 CX1B，由于系统只有 1 个主轴模块，所以主轴模块的 CX1B 不接。

②CX2A 为 DC 24 V 输入接口，确认已将 CX2A 连接到电源模块的 CX2B；CX2B 为 DC 24 V输出接口，将其连接到伺服模块的 CX2A。

③JA7B 为串行数字主轴信息接口，将其连接到系统单元的 JA7A 端子。

3. 主轴电动机的连接

①将主轴电动机的动力线连接到主轴模块的输出端 U,V,W 上，连接时注意输出电源相序。

②将主轴电动机内装速度传感器信号和电动机绕组温度检测信号与主轴模块的 JY2 连接；主轴电动机风扇电源与机床伺服变压器输出端连接。

4. 模块间信号的连接

将电源模块的 JX1B 与主轴模块的 JX1A 相连，然后将主轴模块的 JX1B 与第一个伺服模块的 JX1A 相连，再将第一个伺服模块的 JX1B 与下一伺服模块的 JX1A 相连，将最后一个伺服模块的 JX1B 用短接盒(5,6 脚短接)将模块间的使能信号短接，如图 6.23 所示。

图 6.23　FANUC 系统 α 系列电源模块和主轴模块的实际连接

基本任务 2　**FANUC** α/αi **系列电源模块常见故障分析**

电源模块启动过程首先是控制电路端输入交流电源 200 V，如电源模块内部电路正常及后续模块正常，电源模块控制电路工作，此时接通电源模块的主电路，完成电源模块的启动。电源模块的故障主要表现为启动未就绪和电源模块报警。

1. 电源模块不启动(状态窗口无显示)故障检测排查

首先检查排除机床外部控制电路故障,检查确认是否因机床外部控制电路故障导致没有提供电源模块控制电路的 AC 200 V 输入。

如确实无电源模块控制电路的 AC 200 V 输入,则检查机床强电控制回路,找出故障点,确保电源模块控制电路的 AC 200 V 输入正常。

如电源模块的 AC 200 V 输入正常,则是电源模块控制电路本身故障,即电源模块控制电路板上的开关稳压电源故障,需将电源模块送检。

2. 电源模块启动不就绪故障检测排查

状态窗口有指示状态:α 系列电源模块为"－ －",αi 系列电源模块为"－"。

①检查电源模块是否有急停信号输入,检查急停信号输入接口 CX4 是否正常。

②检查电源模块内部就绪继电器 MCC 是否故障,必要时更换。

③检查是否后续模块异常,通过封锁伺服放大器或使能信号短接进行排除。

④如上述方法均不能奏效,需将电源模块送检。

3. 电源模块报警代码及处理

针对电源模块的主要报警代码,表 6.9 给出了对应的处理方法,可依此进行排查。

表 6.9(a)　α 系列电源模块报警代码

LED 显示	故障名称	可能故障诊断与排除方法
01	IPM 报警	①检测主回路的 IPM 模块的 U,V,W 分别对电源模块直流输出"＋"端和"－"的导通压降,如有异常,更换 IPM 模块 ②如更换 IPM 模块后还有报警,更换电源模块
02	风扇报警(内部)	①观察风扇转动是否正常,如不转或风力很小,拆下用汽油或酒精清洗 ②如清洗后还有报警,检查风扇 24 V 电源是否正常,红线 ＋24 V,黑线 0 V,如电压不正确,需送 FANUC 维修处更换电源模块控制板;如电压正常,更换风扇
03	IPM 过热报警	①关机等候一段时间后,重新开机看是否还有报警,如报警消失,可能是机械负载过大,检查机械负荷或切削量是否过大 ②如排除机械负载过大因素所致,需送 FANUC 维修处检测热控开关是否断开或更换电源模块控制板
04	DC300V 电压低报警	①检查主轴模块(PSM)和伺服模块(SVM)是否有短路故障,更换短路模块 ②更换电源模块
05	主电路的充电没在规定时间进行	①更换电源模块 ②送 FANUC 维修处更换电源模块控制板
06	输入电源缺相	①用万用表检查三相交流电源是否有缺项,修复故障部位 ②更换电源模块
07	DC300V 电压高报警	①用万用表检查三相交流电源供电是否正常,检修外围供电回路 ②送 FANUC 维修处更换电源模块控制板
08	电源模块硬件故障	送 FANUC 维修处更换电源模块控制板

表 6.9(b)　αi 系列电源模块报警代码

LED 显示	故障名称	可能故障诊断与排除方法
1	IPM 报警	①检测主回路的 IPM 模块的 U,V,W 分别对电源模块直流输出"＋"端和"－"的导通压降,如有异常,更换 IPM 模块 ②如更换 IPM 模块后还有报警,更换电源模块
2	风扇报警(内部)	①观察风扇转动是否正常,如不转或风力很小,拆下用汽油或酒精清洗 ②如清洗后还有报警,检查风扇 24 V 电源是否正常,红线 ＋24 V,黑线 0 V,如电压不正确,需送 FANUC 维修处更换电源模块控制板;如电压正常,更换风扇
3	IPM 过热报警	①关机等候一段时间后,重新开机看是否还有报警,如报警消失,可能是机械负载过大,检查机械负荷或切削量是否过大 ②如排除机械负载过大因素所致,需送 FANUC 维修处检测热控开关是否断开或更换电源模块控制板
4	DC300V 电压低报警	①检查主轴模块(PSM)和伺服模块(SVM)是否有短路故障,更换短路模块 ②更换电源模块
5	主电路的充电没在规定时间进行	①更换电源模块 ②送 FANUC 维修处更换电源模块控制板
6	控制电路电压低	①控制输入电压低,检修控制电路 ②送 FANUC 维修处更换电源模块控制板
7	DC300V 电压高报警	①用万用表检查三相交流电源供电是否正常,检修外围供电回路 ②送 FANUC 维修处更换电源模块控制板
A	外部冷却散热片的冷却风扇故障(大容量电源模块)	①检查风扇,必要时进行更换 ②送 FANUC 维修处更换电源模块控制板
E	输入电源缺相	①用万用表检查三相交流电源是否有缺项,修复故障部位 ②更换电源模块

◎ 思考题

1. 模拟量控制主轴和串行数字控制主轴驱动装置控制原理有何不同?

2. FANUC 串行数字控制主轴驱动系统中电源模块出现"02"(风扇)报警,应如何检查处理?

3. FANUC 串行数字控制主轴驱动系统中主轴模块出现"01"(电动机过热)报警,应如何检查处理?

子任务 2　串行数字控制的主轴系统参数设定及初始化操作

◎ **任务提出**

虽然系统出厂时已把串行数字电动机的标准控制参数存储在系统中,通过主轴参数初始化操作即可选择与实际主轴电动机相对应的标准参数。但在主轴参数初始化时,还需进行系统相关功能参数的设定,因为主轴参数初始化就是将主轴的设定参数(数控系统厂家设定的初始值)按实际选用的 FANUC 标准主轴电机型号进行重新覆盖,还不是机床厂家主轴实际调整后的参数,还需按照机床的实际情况设定机床厂家的相关主轴参数。

那么与串行数字主轴相关的功能参数有哪些? 主轴参数初始化的操作如何进行呢?

◎ **任务目标**

1. 理解主轴参数初始化的作用;
2. 了解与串行主轴相关的功能参数及含义;
3. 能够正确实施主轴参数初始化操作。

◎ **相关知识**

一、串行主轴参数设定、调整和监控画面

1. 主轴伺服画面显示参数

为了显示主轴伺服画面,需要将主轴伺服画面显示参数(SPS)设置为"1",FANUC 16/16i/18/18i/21/21i/0i/0i Mate 系统的参数为 3111#1。

2. 主轴画面显示操作

在 FANUC 16/16i/18/18i/21/21i/0i/0i Mate 系统,执行下面操作即可显示主轴伺服画面:

SYSTEM → ▷ → [SP.PRM]

系统功能键　　　　　系统扩展软键　　　　主轴伺服画面软键

3. 主轴伺服画面

主轴伺服画面包含主轴参数设定画面、主轴调整画面和主轴监控画面。通过系统软件选择相应的主轴伺服画面。[SP. SET]为主轴参数设定画面软键;[SP. TUN]为主轴调整画面软键;[SP. MON]为主轴监控画面软键。

(1)主轴参数设定画面

在主轴伺服画面中,按主轴参数设定软键[SP. SET],显示如图 6.24 所示。

GEAR SELECT(齿轮选择):显示机床侧的主轴齿轮选择状态,有 1,2,3,4 挡显示(1 为主轴第 1 挡,2 为主轴第 2 挡,以此类推)。

SPINDLE(主轴):选择对应某一主轴的数据,S1 为第 1 主轴放大器,S2 为第 2 主轴放大器。

GEAR RATIO(齿轮比):与主轴齿轮挡位相对应的齿轮比参数(系数是 0.01)。

图 6.24 主轴设定画面   图 6.25 主轴调整画面

MAX SPINDLE SPEED:主轴最高转速。

MAX MOTOR SPEED:主轴电动机最高转速。

MAX C AXIS SPEED:主轴作为 C 轴控制时,C 轴最高转速。

(2)主轴调整画面

在主轴伺服画面中,按主轴参数设定软键[SP. TUN],显示如图 6.25 所示。

OPERATION(运行方式):主轴运行方式有速度控制方式、主轴定向方式、主轴同步方式、刚性攻螺纹方式、主轴恒线速度控制方式等。

PROP. GAIN:比例增益(一般是电动机的标准参数)。

INT. GAIN:积分增益(一般是电动机的标准参数)。

MOTOR VOLT:电动机电压(一般是电动机的标准参数)。

REGEN. PW:再生能量(一般是电动机的标准参数)。

MOTOR:主轴电动机速度显示。

SPINDLE:主轴速度显示。

(3)主轴监控画面

在主轴伺服画面中,按主轴参数设定软键[SP. MON],显示如图 6.26 所示。

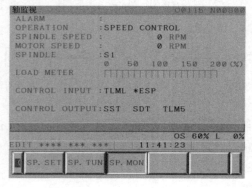

图 6.26 主轴监控画面

ALARM:主轴报警。当主轴系统出现故障时,显示主轴放大器的报警号及报警内容。

LOAD METER:主轴负载表。显示主轴电动机瞬时电流是电动机额定电流的百分比。

CONTROL INPUT:显示主轴当前输入的控制信号,如 SFR 为主轴正转信号、SRV 为主轴反转信号、*ESP 为主轴急停信号、ORCM 为主轴定向信号、TLML 为转矩限制信号(低速)、ARST 为报警复位信号等。

CONTROL OUTPUT：显示主轴当前输出的控制信号，如 SST 为主轴速度零速信号、SDT 为主轴速度检测信号、SAR 为主轴速度到达信号、ORAR 为主轴定向结束信号、ALM 为主轴报警信号等。

二、串行数字主轴相关功能参数

虽然系统出厂时已把串行数字电动机的标准控制参数存储在系统中，通过主轴参数初始化操作选择与实际主轴电动机相对应的标准参数，但在主轴参数初始化时，还需进行系统相关功能参数的设定，那么与串行数字主轴相关的功能参数有哪些？

1. 串行数字主轴控制功能选择参数及串行主轴个数选择参数

FANUC 16/16i/18/18i/21/21i/0i/0i Mate 系统串行主轴控制功能选择参数为 3701#1，设定为"0"为串行数字控制主轴，"1"为模拟量控制串行主轴。

串行主轴个数选择参数为 3701#4，"0"为 1 个串行主轴，"1"为 2 个串行主轴。

2. 主轴位置编码器控制功能选用参数

FANUC 16/16i/18/18i/21/21i/0i/0i Mate 系统主轴位置编码器控制功能选用参数 4002#1，设置为"0"为不使用外接编码器作为主轴位置反馈，设置为"1"为使用外接编码器作为主轴位置反馈。

参数 4002#0 设置为"1"为使用电动机内装传感器作为主轴位置反馈。

3. 主轴与位置编码器的传动比参数

FANUC 16/16i/18/18i/21/21i/0i/0i Mate 系统主轴与位置编码器的传动比参数为 3706#0、3706#1（二进制代码组合设定，分别为 1∶1，1∶2，1∶4，1∶8），通常设定为"00"，即为 1∶1。

4. 主轴速度到达检测功能参数

FANUC 16/16i/18/18i/21/21i/0i/0i Mate 系统主轴速度到达检测功能参数为 3708#0，"0"为不检测主轴到达速度，设置为"1"为检测主轴到达速度。如果设定为"1"，系统 PMC 控制中还需编制程序实现切削进给的开始条件。

5. 主轴齿轮挡位传动比参数

FANUC 16/16i/18/18i/21/21i/0i/0i Mate 系统的主轴齿轮挡位传动比参数为 4 056 ~ 4 059。

6. 主轴齿轮挡位的最高速度参数

FANUC 16/16i/18/18i/21/21i/0i/0i Mate 系统的主轴齿轮挡位最高速度参数为 3 741 ~ 3 744。

7. 主轴电动机最高转速设定参数

FANUC 16/16i/18/18i/21/21i/0i/0i Mate 系统的主轴电动机最高转速设定参数为 4 020。

◎ **任务实施**

基本任务　主轴模块标准参数的初始化实施

主轴模块标准参数的初始化，就是将主轴的设定参数（数控系统厂家设定的初始值）按实际选用的 FANUC 标准主轴电机型号进行重新覆盖。按照下述步骤实施主轴模块标准参数的初始化：

①将系统设置急停状态,打开电源。

②将主轴电动机型号的代码(见表6.10)设定在系统串行主轴电动机代码参数中,FANUC 16/16i/18/18i/21/21i/0i/0i Mate系统为4133。如果在参数手册上查不到,则输入最接近的电机代码。

表6.10 主轴电动机型号的代码

代　码	α 系列电机型号	代　码	αi 系列电机型号
102	α1.5/8000	308	α3/10000i
103	α2/8000	312	α8/8000i
104	α2/1500	401	α6/12000i
105	α3/8000	314	α12/7000i
106	α6/8000	316	α15/7000i
107	α8/8000	320	α22/7000i
108	α12/6000	406	α22/10000i
109	α15/6000	322	α30/6000i
110	α18/6000	323	α40/6000i
111	α22/6000	411	αP30/6000i
112	αP8/6000	413	αP50/6000i
113	αP12/6000	242	αC3/6000i
114	αP15/6000	243	αC6/6000i
115	αP18/6000	244	αC8/6000i
116	αP22/6000	245	αC12/6000i
117	αP30/4500	246	αC15/6000i

③将自动设定串行数字主轴标准值的参数(LDSP)置为"1"。16/16i/18/18i/21/21i/0i/0i Mate系统为PRM4019#7,即将参数PRM4019#7置为"1"。

④将系统断电再重新上电,主轴标准参数被写入。

⑤初始化后对照主轴电动机参数表对照一下,有不同的部分加以修改(没有出现的不用更改)。

⑥根据机床的具体要求,设定机床厂家主轴实际调整后相关参数,如相关的电机速度(3 741～3 744)等。

⑦在MDI状态时输入"M03 S100"检查电机运行情况。

注意:如在主轴初始化操作中不能完成主轴参数的自动设定或出现报警,在排除操作不当的情况下,其故障原因多为主轴模块控制电路不良,需要更换相应的故障板。

◎ 思考题

1.主轴参数初始化的含义是什么?如何进行主轴参数初始化操作?

2. 与串行数字主轴相关的功能参数有哪些?

3. FANUC 串行数字控制主轴驱动系统中主轴模块出现"主模块过电流"报警,造成此故障的可能因素有哪些?

子任务 3　数控车床螺纹加工中常见故障处理

◎ 任务提出

螺纹加工是数控车床的重要加工功能之一,在螺纹加工中会出现下列常见的故障现象,诸如:不执行螺纹加工;螺纹加工出现"乱扣"现象;螺纹加工出现螺距不稳等故障现象。

因此,维修人员必须了解、掌握螺纹加工控制原理、常见故障的诊断方法及实际处理过程。

◎ 任务目标

1. 明确螺纹加工控制原理;

2. 了解主轴编码器的作用及功能连接;

3. 能够排查螺纹加工中出现的常见故障。

◎ 相关知识

一、数控车床主轴位置编码器的功能(图 6.27)

一般情况下主轴电动机与主轴并不是直连的,主轴电动机内装传感器的反馈信号并不是主轴速度的位置的直接反馈信号。为了实现主轴的速度和位置(主轴的转角)的精确控制,必须安装主轴独立位置编码器作为主轴的反馈信号。

图 6.27　数控车床主轴编码器

1. 实现主轴与进给轴的同步控制

数控车床车螺纹及数控铣床、加工中心攻螺纹时,为满足切削螺距的需要,要求主轴每转一周,刀具准确地移动一个螺距(或导程)。系统通过主轴编码器的位置反馈信号实现主轴旋转与进给轴的插补功能,完成主轴位置脉冲的计数与进给同步控制。

2.实现恒线速度切削控制

数控车床进行端面或锥面切削时,为了保证加工表面粗糙度保持一定的值,要求刀具与工件接触电的线速度为恒定值。随着刀具的横向进给和切削直径的逐渐减小或增大,应不断地提高或降低主轴转速,保持 $V=2\pi Dn$ 为常数。其中 D 为刀具位置反馈信号(工件的切削直径),V 为加工程序中编制的恒线速度值,上述数据经协调软件处理后,传输到主轴放大器作为主轴速度控制信号,并通过主轴编码器的反馈信号准确实现主轴的速度控制。

3.实现主轴位置、速度和一转信号的控制

加工中心自动换刀时,为了使机械手对准刀柄实现准确换刀,主轴必须停在固定的径向位置。在固定切削循环中,如精镗加工,要求刀具必须停在某一径向位置才能退刀。以上功能都要求主轴能够准确地停在某一固定位置上,这就是主轴定向准停控制功能。现代数控机床的主轴定向准停功能是通过主轴上的编码器实现控制,此时主轴的控制为 PMC 控制。当系统接收到主轴位置编码器的一转信号后,主轴就按照 PMC 程序规定的方向、速度转过规定的角度准确停止。

主轴编码器发出的信号有 PA 和 *PA、PB 和 *PB、PZ 和 *PZ,其中 PA 和 *PA、PB 和 *PB 实现主轴位置(反馈位置脉冲数)和速度(反馈位置脉冲的频率)控制,同时实现主轴方向的判别;PZ 和 * PZ 信号实现主轴一转信号控制。

二、主轴位置编码器信号及连接

主轴位置编码器的信号接口及功能连接如图 6.28 所示。当主轴采用变频器驱动时,主轴编码器连接到数控系统的 JA7A(FANUC 0iA/0iB/0iC),如图 6.28(a)所示;当主轴采用 FANUC 主轴模块时,主轴编码器连接到主轴模块的 JY4(采用 α 系列主轴模块)/JYA3,采用 ttαi 系列主轴模块,如图 6.28(b)所示。

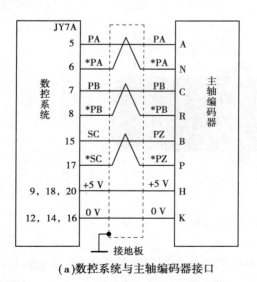
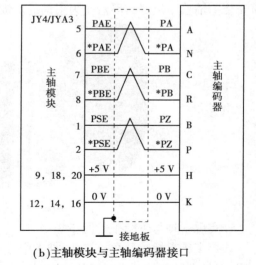

(a)数控系统与主轴编码器接口   (b)主轴模块与主轴编码器接口

图 6.28　主轴编码器信号接口和功能连接

◎ 任务实施

基本任务 1 不执行螺纹加工的故障排查

故障现象：某配套 FANUC 0iC 系统的数控车床,在自动加工时不执行螺纹加工程序。

1. 控制原理分析

数控车床螺纹加工的实质就是主轴旋转与 Z 轴进给之间的插补。执行螺纹加工指令时,当系统得到主轴位置检测装置发出的一转信号后开始进行螺纹加工,根据主轴的位置反馈脉冲进行 Z 轴的插补控制,即主轴转一周,Z 轴进给一个螺距或导程(多头螺纹加工)。

2. 故障成因分析

造成自动加工时不执行螺纹加工指令的可能故障原因有以下：

①主轴编码器与系统之间的连接不良。

②主轴编码器的位置信号 PA 和 * PA、PB 和 * PB 不良或连接电缆断开。

③主轴编码器的一转信号 PZ 和 * PZ 不良或连接电缆断开。

④系统或主轴放大器故障。

3. 故障诊断处理

①对于可能的故障原因①,如系统采用的是 FANUC 主轴模块,系统会发出 9027(AL-27)报警,检查连接电缆接口及电缆线的校线查出故障并进行修复。

②对于可能的故障原因②,查看系统显示装置上是否有主轴转速显示,如无主轴转速显示,则是该原因导致此故障。

③对于可能的故障原因③,可通过加工指令 G99(每转进给)和 G98(每分钟进给)切换来判别,如果 G98 进给切削正常而 G99 进给切削不正常,即为该原因所致。对于可能的故障原因③也可利用示波器检查 PZ 和 * PZ 信号,确认是否是因为主轴编码器一转信号输出故障造成。

④如果以上故障成因均已排除,则需检查系统或主轴放大器,需送售后服务进一步检测维修。

基本任务 2 螺纹加工时出现"乱扣"、螺距不准现象的故障排查

1. 控制原理分析

一般的螺纹加工需要经过几次切削才能完成,每次重复切削时,开始的进刀位置必须相同。为了保证重复切削不乱扣,数控系统在接收到主轴编码器的一转信号后才开始螺纹切削的计算。

2. 故障成因分析及排查

当数控系统接收到的一转信号不稳时,就会出现"乱扣"、螺距不准等现象。

①检查主轴编码器是否存在连接不良,将两端连接头连接处插紧。

②检查是否存在主轴编码器的一转信号 PZ 和 * PZ 不良或连接电缆断开。

③排除主轴编码器信号线受到干扰,检查确认信号线屏蔽完好,确保两端的屏蔽街头可靠接地。

④检查主轴编码器内部太脏或编码器本身出现问题,必要时更换主轴编码器。

⑤从机械方面检查丝杠有无窜动,主轴跳动是否过大,机械传动是否稳定,负载是否松动,刀架定位是否准确。

⑥如果以上故障成因均已排除,还出现"乱扣"现象,则需检查系统或主轴放大器,需送售后服务进一步检测维修。

基本任务3 螺纹加工时,出现起始段螺纹"乱扣"的故障排查

故障现象:某配套 FANUC 系统的数控机床,主轴采用变频器驱动,在执行 G92 车削螺纹时,出现起始段螺纹"乱扣"的现象。

1. 控制原理分析

同于基本任务 1 的控制原理分析,数控车床螺纹加工的实质就是主轴旋转与 Z 轴进给之间的插补。"乱扣"是由于主轴与 Z 轴的进给不能实现同步引起的。

螺纹加工时,出现起始段螺纹"乱扣"现象是由于该机床使用变频器作为主轴驱动装置,主轴速度为开环控制,在不同的负载下,主轴的启动时间不同,且启动时的主轴速度不稳,转速有相应变化,导致了主轴与 Z 轴的进给不能实现同步引起。

2. 故障排除

分别采用下述两种方法解决上述故障:

①在主轴旋转指令(M03)之后,螺纹加工指令 G92 之前增加 G04 延时指令,以保证在主轴速度稳定后在开始进行螺纹切削加工。

②更改螺纹加工程序的起始点,使其离开工件一段距离,保证在主轴速度稳定后,再接触工件,开始进行螺纹切削加工。

◎ **思考题**

1. 主轴位置编码器的作用有哪些? 主轴编码器发出的信号有哪些?

2. 当主轴采用变频器驱动时其主轴编码器的连接与采用 FANUC 主轴模块时有何不同?

子任务4 数控机床主轴准停控制功能及故障处理

◎ **任务提出**

主轴准停功能又称为主轴定向功能,即当主轴停止时,控制其停于固定位置。主轴准停功能的作用主要有:

1. 自动换刀的数控铣镗类机床,为保证准确地自动换刀,主轴必须停止在某一固定的位置上,从而保证刀柄上的键槽必须与主轴的凸键对准,防止换刀时出现撞刀现象;

2. 在精镗时为不使刀尖划伤已加工的表面,切削完毕后主轴定向停止,并在定向的反方向偏移一个微小量(一般取 0.5 ~ 1.0 mm)后返回;

3. 多功能数控车床在圆柱面或端面进行铣槽等特殊加工时,要求先进行主轴准停控制,然后主轴旋转与进给轴的插补控制,即 C 轴控制。

那么数控机床上主轴准停功能是如何实现的? 主轴准停控制过程中又有哪些常见故障?这些常见故障该如何排除呢?

◎ 任务目标

1. 理解主轴准停控制功能的含义和作用；

2. 了解主轴准停功能的实现方法；

3. 能够进行常见故障的分析处理。

◎ 相关知识

一、主轴准停控制形式简介

当数控系统接收到准停命令 M19 或机床面板主轴准停信号（点动主轴准停开关），主轴按规定的速度（定向速度）旋转，当检测到主轴一转信号后，主轴旋转一个固定角度（可以通过参数修改）停止。

主轴准停机构有两种方式，即机械式与电气式。机械方式采用机械凸轮机构或光电盘方式进行粗定位，然后有一个液动或气动的定位销插入主轴上的销孔或销槽实现精确定位，完成换刀后定位销退出，主轴才开始旋转。采用这种传统方法定位，结构复杂，在早期数控机床上使用较多。而现代数控机床大多采用电气方式实现主轴的准停控制。

在 FANUC 数控系统中主要采用下述 3 种方式实现主轴准停控制，见图 6.29 所示。

主轴内装传感器
（带—转检测信号）

主轴独立编码器

主轴内装传感器
外接—转检测信号（接近开关）

图 6.29　主轴准停控制装置

1. 通过主轴电机内装传感器实现主轴准停控制

利用主轴电动机内装传感器发出的主轴速度、主轴位置信号及主轴一转信号实现主轴准停控制，这种方式适用于主轴电动机与主轴直连或 1∶1 传动的场合。

2. 主轴外接主轴独立编码器实现主轴准停控制

利用与主轴 1:1 连接的主轴编码器发出的主轴速度、主轴位置信号及主轴一转信号实现主轴准停控制,这种方式适用于主轴电动机与主轴之间有机械齿轮传动的场合。

3. 通过主轴电动机内装传感器和外接一转检测信号(接近开关)实现主轴准停控制

利用主轴电动机内装传感器的主轴速度、主轴位置信号及主轴外接一转信号开关(接近开关)发出的主轴一转信号实现主轴准停控制,这种方式适用于主轴电动机与主轴之间有机械齿轮传动的场合。

二、主轴准停控制功能的实现方法

下面以 FANUC 数控机床为例,介绍主轴准停控制的实现方法。

1. 通过主轴电机内装传感器实现主轴准停控制

这种控制方式主轴电动机传感器为带有一转检测信号的传感器,即 FANUC 系统 α 系列主轴电动机 MZ 系列或 αi 系列主轴电动机 MZi 系列。

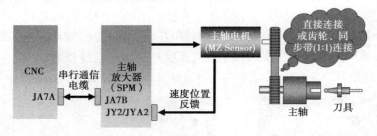

图 6.30　主轴电动机内装传感器实现主轴准停控制

由 CNC 装置发出主轴准停信号,通过主轴放大器的 JY2(α 系列主轴模块)/JYA2(αi 系列主轴模块)进行主轴速度、位置及一转信号反馈,如图 6.30 所示。

这种准停控制方式下,相关的参数设置见表 6.11。

表 6.11　主轴电机内装传感器实现主轴准停控制的系统参数设定

FANUC 18/18i/0i 系统	设定值	参数说明
4000#0	0/1	主轴和主轴电动机转向相同/相反
4002#0	1	使用主轴电动机内装传感器作为主轴位置反馈
4010#0	1	主轴电动机内装带一转信号的传感器
4015#0	1	主轴定向功能有效
4056	100	主轴电动机与主轴的齿轮比为 1:1

2. 主轴外接主轴独立编码器实现主轴准停控制(图 6.31)

这种控制方式主轴电动机的传感器为不带一转检测信号的传感器,即 FANUC 系统 α 系列主轴电动机 M 系列或 αi 系列主轴电动机 Mi 系列。

由 CNC 装置发出主轴准停信号,通过主轴放大器的 JY2(α 系列主轴模块)/ JYA2(αi 系列主轴模块)进行主轴电动机闭环电流矢量控制,通过 JY4(α 系列主轴模块)/ JYA3(αi 系列主轴模块)进行主轴位置及一转信号反馈。

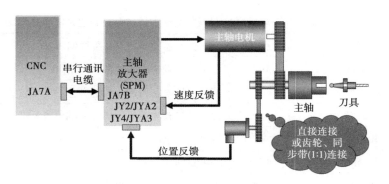

图 6.31　主轴外接主轴独立编码器实现主轴准停控制

这种准停控制方式下,相关的参数设置如表 6.12 所示。

表 6.12　主轴外接主轴独立编码器实现主轴准停控制的系统参数设定

FANUC 18/18i/0i 系统	设定值	参数说明
4000#0	0/1	主轴和主轴电动机转向相同/相反
4002#0	1	使用主轴电动机内装传感器作为主轴位置反馈
4002#1	1	使用外接独立编码器作为主轴位置反馈
4010#0	0	主轴电动机内装不带一转信号的传感器
4015#0	1	主轴定向功能有效
4056~4059	实际设定	主轴电动机与主轴得当的齿轮比

3. 通过主轴电动机内装传感器和外接一转检测信号(接近开关)实现主轴准停控制

这种控制方式主轴电动机的传感器为不带一转检测信号的传感器,即 FANUC 系统 α 系列主轴电动机 M 系列或 αi 系列主轴电动机 Mi 系列。

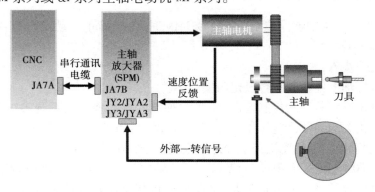

图 6.32　主轴外接一转信号检测元件(接近开关)实现主轴准停控制

由 CNC 装置发出主轴准停信号,通过主轴放大器的 JY2(α 系列主轴模块)/ JYA2(αi 系列主轴模块)进行主轴速度和位置控制,通过 JY3(α 系列主轴模块)/ JYA3(αi 系列主轴模块)进行主轴一转信号反馈,如图 6.32 所示。

这种准停控制方式下,相关的参数设置如表 6.13 所示。

表 6.13　主轴外接一转信号检测开关实现主轴准停控制的系统参数设定

FANUC 18/18i/0i 系统	设定值	参数说明
4000#0	0/1	主轴和主轴电动机转向相同/相反
4002#0	1	使用主轴电动机内装传感器作为主轴位置反馈
4002#1	1	使用外接独立编码器作为主轴位置反馈
4010#0	0	主轴电动机内装不带一转信号的传感器
4015#0	1	主轴定向功能有效
4056～4059	实际设定	主轴电动机与主轴得当的齿轮比

三、主轴准停功能的控制

1. 主轴准停功能控制信号

FANUC 18/18i/21/21i/0i 系统主轴定向准停控制信号为 G70.6,定向完成信号为 F45.7。

2. 主轴准停的速度

FANUC 18/18i/21/21i/0i 系统主轴定向准停速度系统参数为 3732。

3. 主轴准停的控制角度

FANUC 18/18i/21/21i/0i 系统主轴定向准停控制角度系统参数为 4077。

◎ 任务实施

基本任务　主轴定向准停过程中常见故障排除

一、主轴不能实现主轴定向准停控制的故障排查

故障现象:当执行主轴准停控制功能指令 M19 时,主轴静止不动或执行主轴准停指令时系统就发出主轴报警。

故障分析查找步骤:

①检查是否主轴准停控制参数设定与实际不符。

通过实际机床准停装置的控制情况,检查主轴准停控制装置与系统参数设定是否一致。各种控制形式下相关的参数设定祥见本节"相关知识"中的讲述。

②通过系统 PMC 控制程序检查主轴定向控制信号 G70.6 是否满足。

如果主轴定向控制信号 G70.6 不满足,依据 PMC 控制程序检查造成不满足的原因。

如主轴定向控制信号 G70.6 已满足,故障原因可能是主轴准停装置故障,可用交换法进检查验证。

③如以上原因均可排除,检查故障原因是否是因主轴放大器控制电路板不良所致,最好用交换法进行进一步检查验证。

二、主轴慢转、"定向准停"不能完成的故障排查

故障现象:当执行主轴准停控制功能指令 M19 时,主轴以定向速度旋转一直到超时报警。

故障分析查找步骤：

①检查主轴准停控制装置与系统参数设定是否一致；各种控制形式下相关的参数设定详见本节"相关知识"中的讲述。

②检查是否因主轴定向装置接线不良或一转信号不良所致。

仔细检查主轴定向装置的安装和接线，首先排除因连接不良造成此故障，然后用手缓慢转动主轴(速度一定要慢)，用万用表测量一转信号是否正常。

③检查故障原因是否是因主轴放大器控制电路板不良所致。

三、主轴定向准停角度出现偏差的故障排查

故障现象：当执行主轴准停控制功能指令 M19 时，主轴能够实现定向准停控制，但准停的角度与规定的角度有偏差。

故障分析查找步骤：

检查确认主轴定向准停角度出现的偏差是固定的还是随机的。

如主轴定向准停角度出现的偏差是固定，故障原因是参数设定不当或被修改，重新设定主轴定向准停角度参数 4077。

如主轴定向准停角度出现的偏差是随机的，则从以下几个部分进行检查查找：

①排除机械方面的原因，如用手旋转一下，主轴则会产生相反方向的位移，则为机械方面原因，如主轴与主轴齿轮、主轴电动机轴与电动机齿轮之间的键连接测间隙过大。

②主轴位置检测装置与机械连接不良或松动、移位。

③检查是否因主轴定向装置不良或一转信号不良所致。

④检查故障原因是否是因主轴放大器控制电路板不良所致。

当然，如上述原因均可排除，故障原因是否是控制系统故障所致，需进一步检查验证。

◎ 思考题

1. 主轴定向的概念是什么？ 常用的方法和各自的实现策略是什么？

2. 与主轴定向相关的控制参数有哪些？ 简述其含义。

项目 7　进给伺服系统典型故障诊断

知识目标

1. 学习数控机床进给伺服系统的组成和功能特点；

2. 以雷塞 57HS13 步进电机及雷塞 M542V2.0 细分驱动器为例,学习开环步进伺服系统的控制原理、系统构成和典型故障处理；

3. FANUC 0i C 伺服单元(SVU)驱动装置的功能接口、连接方法和典型故障处理；

4. FANUC 0i C 伺服模块(SVM)驱动装置的功能接口、连接方法和典型故障处理；

5. 学习 FANUC 伺服系统参数的设定与伺服调整及其典型故障处理；

6. FANUC 伺服总线(FSSB)的设定和常见故障分析；

7. 学习进给伺服系统位置检测装置的故障诊断与维修；

8. 数控机床进给伺服系统典型故障诊断。

技能目标

1. 掌握 FANUC 0i C 数控机床进给伺服系统的组成和功能特点；

2. 学会开环步进伺服系统的控制原理、系统构成和典型故障处理；

3. 正确实施 FANUC 0i C 伺服单元(SVU)驱动装置功能设定,能够分析排除常见故障；

4. 正确实施 FANUC 0i C 伺服模块(SVM)驱动装置功能设定,能够分析排除常见故障；

5. 学会 FANUC 伺服系统参数的设定与伺服调整及其典型故障处理；

6. 学会 FANUC 伺服总线(FSSB)基本参数设定和常见故障分析；

7. 掌握进给伺服系统位置检测装置编码器、光栅尺的检测原理和常见故障分析；

8. 初步掌握数控机床进给伺服系统典型故障诊断。

任务 1　数控机床进给伺服系统的组成和功能特点

◎ 任务提出

数控机床的伺服系统是由伺服放大器、伺服电动机、机械传动组件和检测装置等组成。伺服系统接受 CNC 所发出的位置指令来驱动电动机进行定位控制,是数控系统的"四肢",发挥着重要作用。因此有必要了解进给伺服系统的组成和功能特点,为其进行故障诊断打好基础。伺服控制是由伺服控制理论、变流技术、电动机控制技术来组成位置、速度、电流的三环控制,如图 7.1 所示为进给伺服系统简图,试简述各部分作用及工作原理。

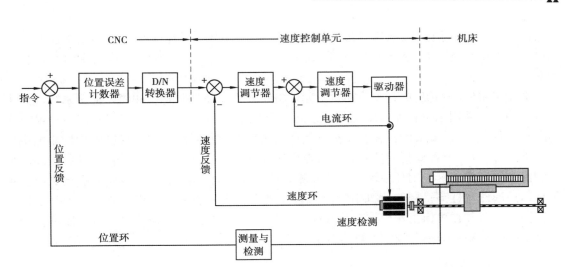

图 7.1 进给伺服系统简图

◎ **任务目标**

1. 回顾 FANUC 0i Mate C 进给伺服系统各组成部分的型号及特点;
2. 了解进给伺服系统组成和各部分的功能;
3. 重点学会伺服放大器的基本工作原理。

◎ **任务分析**

为了熟悉掌握进给伺服系统组成和各部分的功能,我们还需要了解:

1. 机械传动组件的基本工作原理;
2. 检测装置的基本工作原理;
3. FANUC 0i C/FANUC 0i Mate C 数控系统的组成,掌握系统与主轴驱动装置、与进给伺服装置、与外围设备之间的功能连接。

◎ **相关知识**

数控机床的伺服驱动系统按其功能和用途划分为主轴驱动系统和进给伺服系统。数控机床的进给伺服是一种位置随动系统,是数控装置和机床的联系环节。它的作用是快速、准确地执行由数控装置发出的控制命令,通过伺服驱动系统转换成坐标轴的运动,精确地控制机床进给传动链的坐标运动,完成程序所规定的操作。

伺服系统是以机床运动部件(如工作台)的位置和速度作为控制量的自动控制系统。它可以准确地执行 CNC 装置发出的位置和速度指令,由伺服驱动电路作一定的信号转换和放大后,经伺服电动机(步进电机、交/直流伺服电机)和机械传动机构驱动机床运动部件实现工作进给、快速运动以及位置控制。数控机床伺服系统的本质特点在于能够根据指令信号精确地控制执行部件的位置和进给速度。伺服系统由伺服驱动装置、伺服电机、位置检测装置等组成。

数控机床运动中,主轴运动和进给伺服运动是机床的基本成形运动。数控机床伺服系统按功能可分为主轴伺服系统和进给伺服系统。主轴伺服用于控制机床主轴的运动,提供机床的切削动力;进给伺服实现机床各进给轴的位置控制,不仅对单个坐标轴的运动速度和位置精度进行严格控制,而且在多轴联动时,还要求各轴有很多的动态配合,是要求最高的位置控制。

对于进给伺服系统,按有无反馈检测元件将其分为开环伺服系统和闭环伺服系统。其主要区别为是否采用了位置和速度检测反馈元件组成了反馈系统。开环控制常用步进电机作为驱动元件,它不需要由位置和速度检测元件组成反馈检测回路。闭环控制采用伺服电机作为驱动元件,根据位置检测元件所处在数控机床位置的不同,可以分为半闭环控制、全闭环控制和混合闭环控制。半闭环控制一般将检测元件安装在伺服电机的非输出轴端,伺服电机角位移通过滚珠丝杠等机械传动机构转换为数控机床工作台的直线位移。全闭环控制是将位置检测元件安装在机床工作台或某些部件上,以获取工作台的实际位移量。混合闭环控制则采用半闭环控制和全闭环控制相结合的方式。

一、伺服放大器

目前 FANUC 系统常用的伺服放大器有 α 系列伺服单元、β/βiS 系列伺服单元、α/αi 系列伺服模块和 β/βis 系列驱动单元,如图 7.2 所示。

图 7.2 伺服放大器

伺服放大器的作用是接收系统(伺服轴板)伺服信息传递信号,实施伺服电动机控制,并采集检测装置的反馈信号,实现伺服电动机闭环电流矢量控制及进给执行部件的速度和位置控制。

注意:伺服电机动力线是插头,用户要将插针连接到线上,然后将插针插到插座上,U,V,W 顺序不能接错,一般是红、白、黑顺序,如图 7.3 所示。

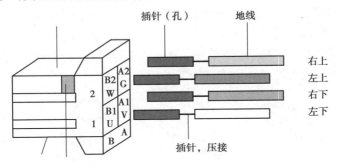

图 7.3　伺服电机动力接线图

标记:XX,XY,YY 分别表示 1,2,3 轴。各轴不能互换。

伺服放大器的接口如图 7.4 所示:

单元之间的光缆长度应限制在 100 m,光缆总长度应限制在 500 m。

在 CNC 控制单元和伺服放大器之间只用一根光缆连接,与控制轴数无关。

在控制单元侧,COP10A 插头安装在主板的伺服卡上。

FANUC 0i C 进给伺服驱动的进给伺服放大器为 αi 系列,进给伺服电动机使用 αis 系列,最多可接 4 个进给轴电动机。

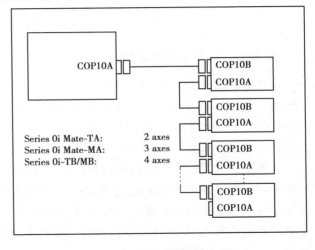

图 7.4　伺服放大器的接口图

二、伺服电动机

伺服电动机是进给伺服系统的电气执行部件,现代数控机床进给伺服电动机普遍采用交流永磁式同步电动机,它是由定子部分、转子部分和内装编码器组成,如图 7.5 所示。

定子　　　　　　　转子　　　　　　　编码器

图 7.5　伺服电动机

FANUC 系统进给伺服电动机一般采用 α/αi 系列伺服电动机和 β/βis 系列伺服电动机。

FANUC 0i C 与 0i B 一样，经 FANUC 串行伺服总线 FSSB，用一条光缆与多个进给伺服放大器（αi 系列）相连。进给伺服电动机使用 αis 系列，最多可接 4 个进给轴电动机。

三、机械传动组件

数控机床进给伺服系统的机械传动组件是将伺服电动机的旋转运动转变为工作台或刀架直线运动以实现进给运动的机械传动部件。主要包括伺服电动机与丝杠联接装置、滚珠丝杠螺母副及其固定支承部件、导向元件和润滑辅助装置等。它的传动质量直接关系到机床的加工性能。数控机床进给组件具体组成如图 7.6 所示。

| 联接装置 | 滚珠丝杠 | 直线滚动导轨 | 固定和支承 | 导轨和丝杠润滑 |

图 7.6　数控机床进给组件

四、数控机床位置检测装置

伺服电动机上装有脉冲编码器，标配为 1 000 000 脉冲/转。编码器既用做速度反馈，又用做位置反馈。系统支持半闭环控制和使用直线尺的全闭环控制。检测器的接口有并行口（A/B 相脉冲）和串行口两种。位置检测器可用增量式或绝对式，绝对式位置检测器（如绝对式编码器）必有电池。

数控机床的进给速度和位置检测装置有编码器、光栅尺等。FANUC 0i C 系统的半闭环控制采用伺服电动机的内装编码器完成，其反馈信号即为速度反馈信号，同时又作为丝杠的位置反馈信号。进给伺服系统的全闭环控制装有分离型位置检测装置，直接反馈位置信号。在全闭环伺服系统中，速度反馈信号来自伺服电动机的内装编码器信号，而位置反馈信号是来自分离型位置检测信号。

分离型位置检测装置有旋转式位置检测装置（如旋转编码器）和直线式位置检测装置（如光栅尺）两种。FANUC 0i C 系统是采用光栅尺作为分离型位置检测装置的全闭环控制伺服系统。进给伺服电动机的内装编码器信号作为工作台的实际速度反馈信号，光栅尺的信号作为工作台实际移动位置的反馈信号，如图 7.7 所示。

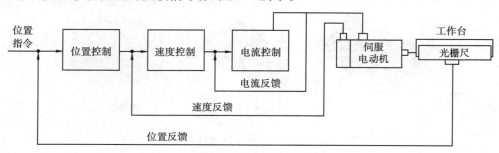

图 7.7　全闭环控制伺服系统

◎ 任务实施

基本任务 1　半闭环控制进给伺服系统的组成和功能特点

如图 7.8 所示是数控机床的半闭环伺服系统,反馈信号取自伺服电机,通过采样其旋转角度进行检测,而不是直接检测最终运动部件的实际位置。半闭环位置伺服系统是具有位置检测和反馈的闭环控制系统。它的位置检测器与伺服电机同轴相连,可通过它直接测出电动机轴旋转的角位移,进而推知当前执行机械(如机床工作台)的实际位置。

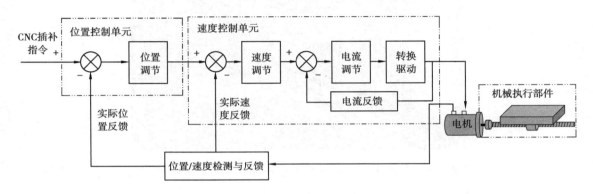

图 7.8　半闭环伺服系统

基本任务 2　全闭环控制进给伺服系统的组成和功能特点

如图 7.9 所示是数控机床的全闭环伺服系统,位置反馈信号取自最终运动部件,直接采样其直线位移信号进行检测。它将位置检测器件直接安装在机床工作台上,从而可以获取工作台实际位置的精确信息,通过反馈闭环实现高精度的位置控制。从理论上说,这是一种最理想的位置伺服控制方案。

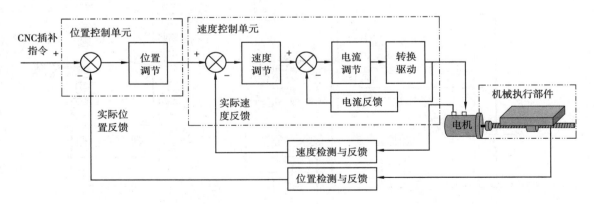

图 7.9　全闭环伺服系统

基本任务3 FANUC αi 系列伺服放大器各模块之间的连接（图7.10、图7.11）

图 7.10 FANUC αi 系列伺服放大器各模块之间的连接实物图

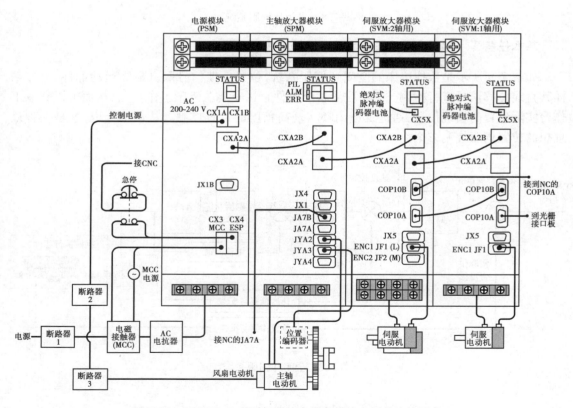

图 7.11 FANUC αi 系列伺服放大器各模块之间的连接示意

基本任务4　伺服放大器现场硬件故障处理

任务描述:生产现场在用的一台配置 FANUC 0i Mate TC 数控系统的数控车床出现故障,显示屏报警为 5136 FSSB:NUMBER OF AMPS IS SMALL(含义:FSSB 识别的放大器数比控制轴数少)。发生该故障后按下"复位"键不能消除上述报警信息,机床下电后再上电,仍旧出现该报警、不能动作。经初步诊断检查,发现其 X 轴伺服电动机编码器电缆被切屑划破,对其破皮电线处理后,开机仍报警,故怀疑其 X 轴 SV1-20i 伺服放大器出现故障。把出现故障的该伺服放大器与现场同型号正常运转数控机床的伺服放大器互换后,怀疑出现故障的伺服放大器在正常运转的数控机床上故障重现,而正常运转数控机床的同型号伺服放大器在出现故障的数控机床上故障消失,因此排除了出现故障的数控机床外围故障因素,从而把故障范围缩小到了 X 轴 SV1-20i 伺服放大器。

任务实施:拆掉 SV1-20i 伺服放大器的黄色外壳后,发现它主要由动力印制电路板、控制印制电路板两部分构成。首先总体直观检查该伺服放大器,没有发现电阻爆裂、电容漏液、集成电路外壳变形、印刷电路板局部发黑、碳化等明显异常现象,再对各个部分具体故障诊断。

1.动力印制电路板故障诊断

①检查测量各个贴片电阻,未见异常。

②检查测量 30 Ω 再生电阻,其两根黑线间阻值正确、两根白线间热敏开关触点闭合正确。

③测量 10 Ω 雪泥电阻,阻值正确。

④检查测量各电容元件,未见异常。

⑤检查其内置风扇,正常。

⑥检查测量富士 6MBP20RTA060 智能电源模块,功能正常。

⑦检查测量 30L6P45 东芝整流桥,未见异常。

⑧检查测量 1MBH60-90 晶体管,未见异常。

⑨检查测量 YG226S8 二极管,没有击穿。

⑩对 G2R-1-E 欧姆龙小型继电器、G6B-2014P 欧姆龙固态继电器、RB105-DE 控制继电器进行 DC 24 V 加电测试,各个触点闭合、断开动作正常。

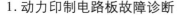

图 7.12　MD1422N 集成电路针脚排列图

⑪测量检查 TLP621-2 光耦,功能正常。

⑫测量检查 LM339 集成比较器,功能正常。

经以上初步诊断得出故障可能不在动力印制电路板元件上,把故障范围由整个伺服放大器又缩小到控制印制电路板元件上。

2.控制印制电路板故障诊断与维修

①自备 DC 24 V 开关稳压电源、空气开关、按钮等器件,自制了试验台,控制印制电路板的电源插口 CXA19B 两针脚焊上细导线引出。利用自制试验台对控制印刷电路板进行现场加电功能测试,结果其电源指示灯(绿色发光二极管)根本就不亮。检查发现控制印刷电路板上有一个 3.2 A 保险(FU1),用万用表测量确认它已经烧断。该保险为 FANUC 公司专用的,在市面上购买相应玻璃管保险,用鱼形夹夹住保险管与两段细导线,细导线焊在 FU1 保险的

相应针脚上,再次进行加电试验,结果保险再次烧坏,这样就确认了控制印刷电路板有故障。

②检查测量各个贴片电阻,阻值正确。

③检查测量各电容元件,未见异常。

④功能测试 74LS123 单稳态触发器,功能正常。

⑤检查并测试 7860K 光耦,功能正常。

⑥检查并测试 VT244A 三态输出驱动器,功能正常。

⑦检查并测试 LVTH240 三态输出驱动器,功能正常。

⑧检查并测试 903FP 比较器,未见异常。

⑨检查并测试 MD1422N 集成电路,发现异常。

具体介绍如下:

MD1422N 集成电路由 SHINDENGEN 公司制造,双排共 32 针脚,针脚序号与功能符号的对应见表 7.1 所示。

表 7.1　MD1422N 集成电路针脚序号与功能符号对应表

针脚序号	功能符号	针脚序号	功能符号
1	S/S	17	N/C
2	OCL −	18	V_{DD}
3	OCL +	19	V_{DD}
4	GND	20	V_{DD}
5	R/C	21	V_{DD}
6	Vcc	22	N/C
7	N/C	23	V_{GHi}
8	Vboot	24	N/C
9	V_{GL}	25	V_B
10	N/C	26	GND
11	Vout	27	VTS
12	Vout	28	Vref
13	Vout	29	N/C
14	Vout	30	AmpOUT
15	N/C	31	N/C
16	p GND	32	Amp −

把万用表打到"二极管及通断测试"挡,红、黑表笔先后接 MD1422N 集成电路第 16(p. GND)针脚、另一表笔分别测试其余各个针脚通断情况(现场测试结果见表 7.2)。

从现场测试结果表 7.2 中可以看出,不管红表笔还是黑表笔接第 16(p. GND)针脚,该针脚与第 2(OCL −),3(OCL +),4(GND),5(R/C),11(V_{out}),12(V_{out}),13(V_{out}),14(V_{out}),26(GND)针脚都接通。但从集成电路功能原理方面分析:若该集成电路功能正常,其电源地针脚 16 与输出电压针脚 11,12,13,14 间不应该接通,其起过流保护作用的两针脚 2,3 间也不应该接通,上述 10 个针脚相互之间也不应该接通,故断定现场测试结果异常。从市面购买该集成电路更换后再加电试验、仍旧烧保险,诊断该控制印刷线路板上还有损坏的元件。

表 7.2　MD1422N 集成电路针脚现场通断测试结果表

红表笔	黑表笔	测试结果	红表笔	黑表笔	测试结果
16	1	断(蜂鸣器无声)	1	16	断(蜂鸣器无声)
16	2	通(蜂鸣器长响)	2	16	通(蜂鸣器长响)
16	3	通(蜂鸣器长响)	3	16	通(蜂鸣器长响)
16	4	通(蜂鸣器长响)	4	16	通(蜂鸣器长响)
16	5	通(蜂鸣器长响)	5	16	通(蜂鸣器长响)
16	6	断(蜂鸣器无声)	6	16	断(蜂鸣器无声)
16	7	断(蜂鸣器无声)	7	16	断(蜂鸣器无声)
16	8	断(蜂鸣器无声)	8	16	断(蜂鸣器无声)
16	9	断(蜂鸣器无声)	9	16	断(蜂鸣器无声)
16	10	断(蜂鸣器无声)	10	16	断(蜂鸣器无声)
16	11	通(蜂鸣器长响)	11	16	通(蜂鸣器长响)
16	12	通(蜂鸣器长响)	12	16	通(蜂鸣器长响)
16	13	通(蜂鸣器长响)	13	16	通(蜂鸣器长响)
16	14	通(蜂鸣器长响)	14	16	通(蜂鸣器长响)
16	15	断(蜂鸣器无声)	15	16	断(蜂鸣器无声)
16	17	断(蜂鸣器无声)	17	16	断(蜂鸣器无声)
16	18	断(蜂鸣器无声)	18	16	断(蜂鸣器无声)
16	19	断(蜂鸣器无声)	19	16	断(蜂鸣器无声)
16	20	断(蜂鸣器无声)	20	16	断(蜂鸣器无声)
16	21	断(蜂鸣器无声)	21	16	断(蜂鸣器无声)
16	22	断(蜂鸣器无声)	22	16	断(蜂鸣器无声)
16	23	断(蜂鸣器无声)	23	16	断(蜂鸣器无声)
16	24	断(蜂鸣器无声)	24	16	断(蜂鸣器无声)
16	25	断(蜂鸣器无声)	25	16	断(蜂鸣器无声)
16	26	通(蜂鸣器长响)	26	16	通(蜂鸣器长响)
16	27	断(蜂鸣器无声)	27	16	断(蜂鸣器无声)
16	28	断(蜂鸣器无声)	28	16	断(蜂鸣器无声)
16	29	断(蜂鸣器无声)	29	16	断(蜂鸣器无声)
16	30	断(蜂鸣器无声)	30	16	断(蜂鸣器无声)
16	31	断(蜂鸣器无声)	31	16	断(蜂鸣器无声)
16	32	断(蜂鸣器无声)	32	16	断(蜂鸣器无声)

⑩继续对控制印刷线路板故障查寻,发现一个长3.6 mm、宽1.6 mm、高0.8 mm的两脚贴片元件正向、反向测试均导通。该元件表面只刻有"A3N"字样,不知是何类元件。再查看该元件附近线路板上印有"VP5"字样,经继续查寻到"VP1"3 脚元件、"VP2"8 脚元件、"VP3"2 脚元件、"VP4"4 脚元件。推测这5 个元件应同类,其中"VP3"2 脚元件应与"VP5"元件功能、特性应更类似。经测试"VP3"2 脚元件正向导通、反向截止,故推断"VP5"元件可能被击穿损坏,用智能850A 型热风台拆除该件。在拆除时发现,该件1 端脚所熔焊的线路板金属基体早已烧损,这样就进一步证明该件异常。拆除该件后对控制线路板又进行加电试验,结果FU1 保险不再烧了,从而确认"VP5"为故障件。这样,故障范围就由整个控制印制电路板定位到了元件。市场采购不到"VP5"原装元件。经攻关分析,该件可能起电压保护作用,属二极管类,决定采用1N4007 塑封二极管代替现场试验。由于与"VP5"元件1 端脚相熔焊的线路板金属基体已经烧损,经测试该端脚应该与LP1 元件1 端脚相连,这样就抛开原已烧损的线路板金属基体,直接从LP1 元件相关端脚焊接引出1 根线,再从与"VP5"另1 端脚熔焊的完好线路板金属基体焊接引出另1 根线,这两根线再与1N4007 二极管两端脚相连,用热缩管处理后,对控制印制线路板再次进行现场加电测试。结果FU1 保险不再烧了、其电源指示灯亮(绿色发光二极管)、ALM 报警指示灯亮(黄色发光二极管)、COP10B /COP10A 两光缆插口的上插口均发出红光(有了相应功能)。上述报警灯亮应该是因为试验现场没有连接编码器等器件所致,属正常现象。

⑪将该伺服放大器组装好,整体装到数控机床上现场试验,机床运转正常,原故障排除。

本任务的实施,现场采用多种故障诊断方法逐步缩小故障范围,最终故障定位到元件级,可以减少现场机床故障停机时间,节省了数控机床用户费用。

◎ 思考题

1. 混合闭环控制进给伺服系统的组成和功能特点。

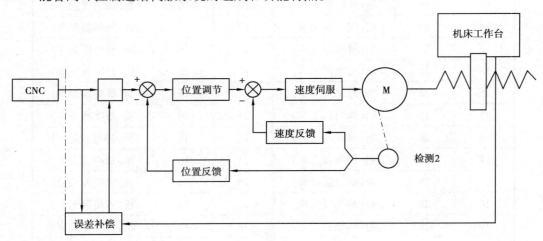

2. 现场硬件故障处理方法与注意事项?

任务 2　步进进给系统典型故障诊断

子任务 1　步进开环进给运动控制的实现

◎ 任务提出

由前已知,开环伺服系统不设位置检测反馈装置,不构成运动反馈控制回路,电动机按数控装置发出的指令脉冲工作,对运动误差没有检测反馈和处理修正过程。其典型代表是步进电动机开环进给伺服系统。那么步进电动机开环进给伺服系统是由哪些基本环节组成? 又是如何实现坐标轴的运动控制呢?

◎ 任务目标

1.了解步进电动机开环进给控制系统的基本组成及其工作原理;
2.掌握一种步进电动机驱动控制装置的使用。

◎ 相关知识

一、步进电动机的工作原理和主要特性

步进电动机是一种将电脉冲信号转换成机械角位移的机电执行元件。同普通电动机一样,由转子、定子和定子绕组组成。当给步进电动机定子绕组输入一个电脉冲,转子就会转过一个相应的角度,其转子的转角与输入的脉冲个数成正比;转速与输入脉冲的频率成正比;转动方向取决于电动机定子绕组的通电顺序。

1.步进电动机的工作原理

图 7.13 所示为三相反应式步进电动机的结构示意图。其定子、转子铁芯都用硅钢片或软磁材料叠成双凸极形式。定子上有 6 个磁极,其上装有绕组,两个相对磁极上的绕组串联起来,构成一相绕组,组成三相独立的绕组,称为三相绕组,绕组接成三相星形接法作为控制绕组。绕组由专门的电源输入电脉冲信号,通电顺序称为步进电动机的相序。当定子中的绕组在脉冲信号的作用下,有规律地通电、断电工作时,在转子周围有一个按相序规律变化的磁场。转子铁芯的凸极结构就是转子均匀分布的齿,有 4 个磁极,上面没有绕组。转子的齿也称显极,转子开有齿槽,其齿距与定子磁极极

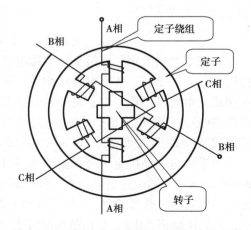

图 7.13　三相反应式步进电动机结构示意图

靴上的齿距相等,而齿数有一定要求,不能随便取值。转子在定子产生的磁场中形成磁体,具有磁性转轴。定、转子间有气隙隔开。

如果先将脉冲加到 A 相绕组,B、C 相不加电脉冲,A 相磁极便产生磁场,在磁场力矩作用

下转子 1、3 齿与定子 A 相磁极对齐，如图 7.14(a)所示；如将电脉冲加到 B 相绕组，A、C 相不加电脉冲，B 相磁极产生磁场，这时转子 2、4 两个齿与定子 B 相磁极靠得最近，转子便沿顺时针方向转过 30°，使转子 2、4 齿与定子 B 相磁极对齐，如图 7.14(b)所示；如果继续 A、B 相不加电脉冲，将电脉冲加到 C 相绕组，C 相磁极产生磁场，这时转子 1、3 两个齿与定子 C 相磁极靠得最近，转子便再沿顺时针方向转过 30°，使转子 1、3 齿与定子 C 相磁极对齐，如图 7.14(c)所示。

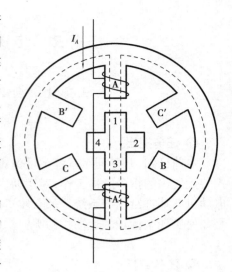

如果按照 A→B→C→A→… 的顺序通电，步进电动机就沿顺时针方向转动；如果按照 A→C→B→A→… 的顺序通电，步进电动机就沿逆时针方向转动，且每步旋转 30°。如果控制电路连续地按照一定顺序切换定子绕组的通电顺序，转子就按一定的方向连续转动。

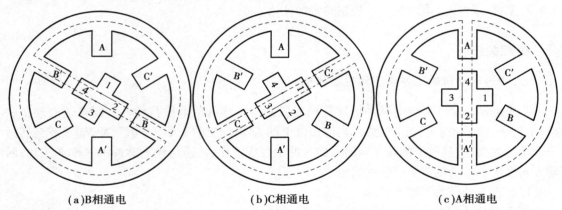

（a)B相通电　　　　　　　（b)C相通电　　　　　　　（c)A相通电

图 7.14　三相反应式步进电机工作原理图

步进电动机的定子绕组从一种通电状态换到另一种通电状态称为一拍，每拍转子转过的角度称为步距角。上述通电方式称为三相单三拍，即三相励磁绕组依次单独通电运行，换相 3 次完成 1 个通电循环。由于每一通电状态只有一相绕组通电，转子容易在平衡位置附近产生震荡，并且在绕组通电切换瞬间，电动机可能失去自锁转矩，易产生丢步。通常可采用三相双三拍控制方式，即按照 AB→BC→CA→AB→… 或者 AC→CB→BA→AC→… 的顺序通电。

如果步进电动机定子绕组按照 A→AB→B→BC→C→CA→A→… 或者 A→AC→C→CB→B→BA→A→… 的顺序通电，每个循环周期有 6 种通电状态，这种方式称为三相六拍。三相六拍运行方式的工作原理如下：当 A 相通电时，转子 1、3 齿与定子 A 相磁极对齐，如图 7.14 所示；当 A、B 两相通电时，B 相磁场对转子 2、4 齿有磁拉力，该拉力使转子顺时针方向转动，同时 A 相磁场继续对转子 1、3 齿有拉力，所以转子转到两磁拉力平衡的位置上，相对于 B 相单独通电时，转子转了一半角度；当 B 相通电时，转子 2、4 齿与定子 B 相磁极对齐，又转过了剩下的一半。依次改变通电状态，当电动机的通电状态历经了六拍(1 个循环)后，磁场旋转过 1 周，转子转过 1 个齿距角(齿距角 θ_t 为 360°/转子齿数 Z)。在三相六拍通电方式中，其步距角是三相单三拍时的一半,且在换相过程中,总有一相保持通电,不易造成失步。

通过比较不同的通电方式,可以清楚地看到因通电方式不同,同一电动机运行时的步距角是不同的。在三相单三拍和三相双三拍通电方式下,步距角 $\theta_s = \theta_t/$拍数 $= 90°/3 = 30°$;在三相单六拍通电方式下,步距角 $\theta_s = \theta_t/$拍数 $= 90°/6 = 15°$。

综上所述,可以得到如下结论:

①步进电动机的步距角 θ_s 是指每给一个脉冲信号,电机转子应转过的角度的理论值,它取决于步进电机的结构和控制方式。步距角的计算方法见式(7.1):

$$\theta_s = \frac{\theta_t}{mk} = \frac{360°}{mzk} \qquad (7.1)$$

式中　m——定子相数;

　　　z——转子齿数;

　　　k——通电方式系数,若连续两次通电相数相同为1,若不同则为2。

②改变步进电机定子绕组的通电顺序,转子的旋转方向随之改变。

③步进电机定子绕组通电状态的变化频率决定步进电机的转速。

实际应用采用的步进电机的步距角多为小步距角,为产生小步距角,定子、转子都做成多齿的。如图 7.15 所示是最常用的一种小步距角三相反应式步进电动机的结构示意图,图中转子上均匀分布了 40 个小齿,定子每个极面上也有 5 个小齿,定、转子小齿的齿距必须相等。对于三相双三拍步距角为3°,三相六拍步距角为1.5°。

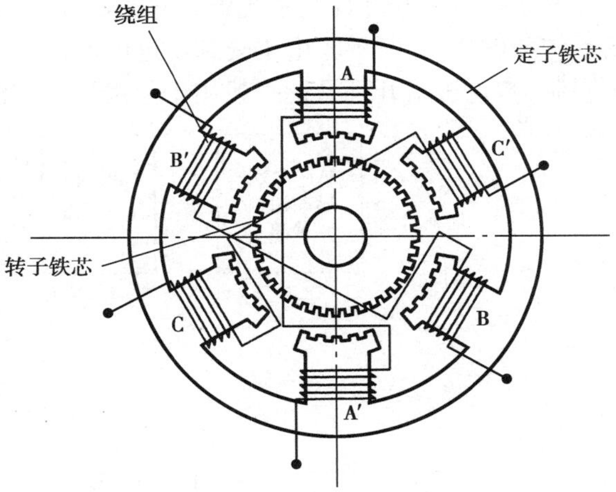

2. 步进电动机主要特性

(1)步距角和步距误差

(2)静态转矩和矩角特性

(3)最大启动转矩

(4)最高启动频率

空载时,步进电机由静止突然启动,并

图 7.15　小步距角步进电动机结构示意图

不丢步地进入稳定运行,所允许的启动频率的最高值称为最高启动频率或突跳频率。空载启动时,步进电机定子绕组通电状态变化的频率不能高于该突跳频率,否则会造成失步。而且随着负载加大,启动频率会降低。

(5)最高工作频率

步进电机连续运行时,在保证不丢步的情况下所能接受的最高频率称为最高工作频率。它是决定定子绕组通电状态最高变化频率的参数,它决定了步进电机的最高转速,如图 7.16 所示。

(6)转频特性

以最大负载转矩(启动转矩)Tq 为起点,随着控制脉冲频率增加,步进电动机的转速逐步升高、而带负载能力却下降。矩频特性是用来描述步进电动机连续稳定运行时输出转矩写连续运行频率之间的关系曲线。矩频特性曲线上每一频率所对应的转矩称为动态转矩。动态转矩除了和步进电动机结构及材料有关外,还与步进电动机绕组连接、驱动电路、驱动电压有密切的关系。如图 7.17 所示的并联绕组和串联绕组的矩频特性图。

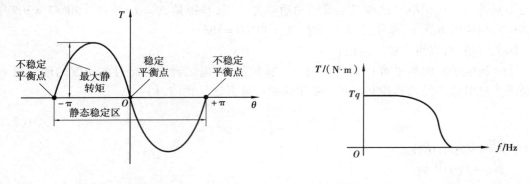

图 7.16　最高工作频率　　　　　　　　图 7.17　步进电机的矩频特性

二、步进进给开环系统的工作原理简介

在数控机床开环控制系统中,一般采用混合式步进电机作为执行元件,所构成的开环进给系统如图 7.18 所示。由于受到步进电动机运行速度、带载能力的限制,以及开环控制精度的限制,步进进给开环系统一般用于经济型数控机床或老机床的数控改造中。

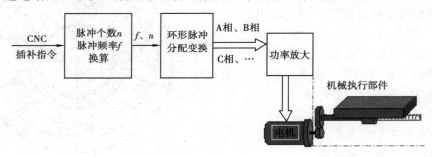

图 7.18　数控机床开环进给系统

步进电机电源既不是交流正弦波,也不是恒定直流,而是脉冲电压/电流,给接收到一个脉冲,转子转过一个确定的角度,所以通过控制脉冲的个数来控制步进电机的角位移,通过控制脉冲的频率来控制步进电机的转速,通过改变通电相序控制电机的转向。

1. 工作台位移量的控制

数控装置经过插补计算后发出 N 个进给脉冲,经驱动电路放大后,变成控制步进电机定子绕组通电、断电的电平信号变化次数,使步进电机定子绕组的通电状态变化 N 次。由步进电机工作原理可知:定子绕组通电状态的变化次数 N 决定了步进电机的角位移:

$$\varphi = N\theta \quad (\theta \text{ 为步距角})$$

该角位移经减速齿轮、丝杠、螺母之后转变为工作台的位移量:

$$L = \varphi \cdot t/360°i$$

式中　i——减速齿轮的减速比($i = Z1/Z2$);

　　　t——滚珠丝杠螺距,mm。

即进给脉冲的数量 N→定子绕组通电状态变化次数 N→步进电机的转角 φ→工作台位移

量 L。

据此可推得开环进给系统的脉冲当量(一个进给脉冲对应工作台的位移量)δ(mm/脉冲)为式(7.1)所示：

$$\delta = L/N = \frac{\theta \cdot t}{360° i} \tag{7.2}$$

2. 工作台进给速度控制

控制系统发出的进给脉冲频率 f,经驱动控制电路之后转换为控制步进电机定子绕组通电、断电的电平信号变化频率,而定子绕组通电状态的变化频率 f 决定了步进电机转子的转速 ω。该转子转速 ω 经丝杠螺母转换之后,体现为工作台的进给速度 v。即进给脉冲的频率 $f \rightarrow$ 定子绕组通电状态的变化频率 $f \rightarrow$ 步进电机的转速 $\omega \rightarrow$ 工作台的进给速度 v,如图 7.19 所示。据此可得开环进给系统进给速度 v(mm/mim)为：

$$v = 60f\delta$$

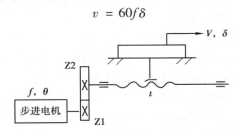

图 7.19　步进电机开环进给系统参数示意图

3. 工作台运动方向的控制

改变步进电机输入脉冲信号的循环方向,就可改变步进电机定子绕组中电流的通断循环顺序,从而实现对步进电机正转或反转的控制,相应地工作台的进给方向就被改变。

由此可见,在开环步进式伺服系统中,输入的进给脉冲的数量、频率、方向,经驱动控制线路和步进电机,转换为工作台的位移量、进给速度和进给方向,从而实现对工作台运动的控制。

4. 步进电机的驱动控制

根据步进式伺服系统的工作原理,为保证其正常运动,必须由步进电机的驱动电路(图 7.20)将 CNC 装置发出的弱电信号通过转换和放大变为强电信号,即将逻辑电平信号变换成步进电机定子绕组所需的具有一定功率的电脉冲信号,并使其定子励磁绕组循序通电,一个完整的步进电机的驱动控制线路由环形脉冲分配器和功率放大器电路组成。

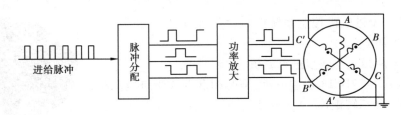

图 7.20　步进电机驱动电路方框图

(1)环形脉冲分配器

脉冲分配器用来控制步进电机的运行通电方式。其作用是将数控装置送来的一系列指令脉冲按照一定的循环规律依次分配给步进电机各相绕组,用以控制各相绕组的通电和断电。由于步进电动机有正反转要求,因而脉冲分配器的输出既是周期性的,又是可逆的,故称为环形脉冲分配器。如图 7.21 所示为三相三拍步进电机环形脉冲分配器的输入/输出关系。环形脉冲分配器可采用软硬件两种方法实现。

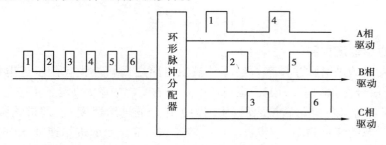

图 7.21　三相三拍步进电机环形脉冲分配器的输入/输出关系

（2）功率驱动（功率放大器电路）

环形脉冲分配器的输出电流一般只有几毫安,而步进电机励磁绕组则需要几安至几十安的电流,功率放大器的作用是将环形脉冲分配器发出的电平信号经放大后送至步进电机各相绕组,驱动步进电机运转,每相绕组分别有一组功率放大电路。

由于步进驱动功率放大电路中的负载为步进电动机的绕组,是感性负载,主要有两点需要特别设计,那就是电路较大电感影响快速性以及感应电动势带来的功率管保护问题。过去常采用单电压驱动和高电压驱动,现在多采用恒流斩波和调频调压等形式的驱动电路。

◎ **任务实施**

基本任务　步进开环进给控制系统的认识及部件连接

一、实训设备

1. 雷塞 57HS13 两相混合式步进电动机（图 7.22）一台;

2. 雷塞 M542V2.0 细分驱动器一台;

3. HNC-21S 数控综合实训系统一套。

二、步进开环进给控制系统部件认识

一个完整的步进电机控制系统应包含步进电机、步进驱动器及控制器（脉冲源）。

1. 57HS13 两相混合式步进电动机

步进电机采用 57HS13 步进电机,是两相混合式步进电动机,步距角为 1.8°,静态转矩1.3 N·m,额定相电流2.8 A。

57HS13 两相混合式步进电动机有 8 根引线,引线标志如图7.23(a)所示。这种电机既可以串联连接(如图7.23(b)所示)又可以并联连接(如图7.23(c)所示)。串联连接的电机,线圈长度增加,力矩较大;并联连接的电机,电感较小,所以启动、停止速度较快。

图 7.22　雷塞 57HS13 两相混合式步进电动机

 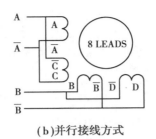 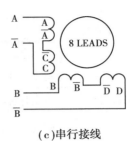

（a）步进电机引出线标识　　　　（b）并行接线方式　　　　（c）串行接线

图 7.23　步进电机引线及接线方式

2. M542V2.0 细分驱动器

M542V2.0 是细分型高性能步进驱动器，主要驱动雷塞 42、57 型两相混合式步进电机。其微步细分数有 15 种，最大步数为 25 000 Pulse/rev；其工作峰值电流范围为 1.0～4.2 A，输出电流共有 8 挡，电流的分辨率约为 0.45 A；具有自动半流，过压和过流保护等功能。该驱动器为直流供电，建议工作电压范围为 24～36 VDC，使用时电压不超过 50 VDC，不低于 20 VDC。在驱动器的侧边装有一排拨码开关组，可以用来选择细分精度，以及设置动态工作电流（8 等级）和静态工作电流。当过压或过流时，驱动器指示灯由绿变红，清除保护状态，需解除过压或过流条件，重新上电，驱动器指示灯变绿才能正常工作。

图 7.24　M542V2.0 细分驱动器外观图

M542V2.0 步进驱动器的外观如图 7.24 所示，功能说明如表 7.3 所示。

表 7.3　M542V2.0 步进驱动器功能说明

驱动器功能	说　明
细分数设定	由 SW5—SW8 4 个拨码开关来设定驱动器细分数，共有 15 挡微步细分。用户设定微步细分时，应先停止驱动器运行。具体微步细分数的设定，见表7.6
输出电流设定	由 SW1—SW3 3 个拨码开关来设定驱动器输出电流，其输出电流共有 8 挡。具体输出电流的设定，见表 7.4
自动半流功能	用户可通过 SW4 来设定驱动器的自动半流功能。off 表示静态电流设为动态电流的一半，on 表示静态电流与动态电流相同。一般用途应将 SW4 设成 off，使得电机和驱动器的发热减少，可靠性提高。脉冲串停止后约 0.4 s 左右电流自动减至一半左右（实际值的 60%），发热量理论上减至 36%
信号接口	PUL + 和 PUL - 为控制脉冲信号正端和负端； DIR + 和 DIR - 为方向信号正端和负端；为保证电机可靠响应，方向信号应先于脉冲信号至少 5 μs 建立； ENA + 和 ENA - 为使能信号的正端和负端。此输入信号用于使能/禁止，高电平使能，低电平时驱动器不能工作，电机处于自由状态

续表

驱动器功能	说　明
电机接口	A + 和 A − 接步进电机 A 相绕组的正负端；B + 和 B − 接步进电机 B 相绕组的正负端。当 A、B 两相绕组调换时，可使电机方向反向
电源接口	采用直流电源供电，工作电压范围建议为 20 ~ 50 VDC，电源功率大于 100 W
指示灯	驱动器有红绿两个指示灯。其中绿灯为电源指示灯，当驱动器上电后绿灯常亮；红灯为故障指示灯，当出现过压、过流故障时，故障灯常亮。故障清除后，红灯灭。当驱动器出现故障时，只有重新上电和重新使能才能清除故障

驱动器采用 8 位拨码开关 SW1—SW8 来设定细分精度、动态电流和半流/全流，描述如下：

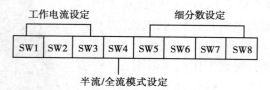

驱动器工作电流的设定如表 7.4 所示。

表 7.4　驱动器工作电流的设定

输出峰值电流	输出参考电流	SW1	SW2	SW3
1.00 A	0.71 A	on	on	on
1.46 A	1.04 A	off	on	on
1.91 A	1.36 A	on	off	on
2.37 A	1.69 A	off	off	on
3.84 A	2.03 A	on	on	off
3.31 A	2.36 A	off	on	off
3.76 A	2.69 A	on	off	off
4.20 A	3.00 A	off	off	off

关于细分的概念及设定见下一子任务。

3. HNC-21S 数控系统 XS30-XS33 接口认识

图 7.25 所示为 HNC-21S 数控系统接口总体框图。

HNC-21 数控装置提供了不同类型的轴控制接口，即串行式 HSV-11 型伺服轴控制接口（XS40-XS43）及模拟、脉冲、步进进给轴控制接口（XS30-XS33），可与目前流行的大多数驱动装置连接。XS30-XS33 接口信号定义如图 7.26 所示。

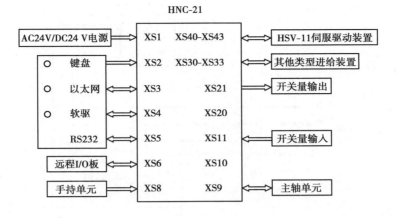

图 7.25　HNC-21S 数控系统接口总体框图

信号名称	说　明
A + 、A −	编码器 A 相反馈信号
B + 、B −	编码器 B 相反馈信号
Z + 、Z −	编码器 C 相反馈信号
+ 5 V，GND	DC5 V 电源
OUTA	模拟指令输出（ − 20 ～ + 20 mA）
CP + 、CP −	指令脉冲输出
DIR + 、DIR −	指令方向输出

图 7.26　XS30-XS33 接口信号定义

三、步进开环进给控制系统部件连接

按照图 7.27 所示，完成步进开环进给控制系统的部件连接。

在这里步进电机采用串联接法，即电机绕组 $\overline{A}$ 和 $\overline{C}$，$\overline{B}$ 和 $\overline{D}$ 短接后，再 A 接驱动器的 A，C 接驱动器的 $\overline{A}$，B 接驱动器的 B，D 接驱动器的 $\overline{B}$。

◎ 思考题

1. 描述步进电机控制原理，绘制开环进给驱动系统构成框图。
2. 区分步进电机控制系统的强、弱电连接。
3. 比较步进电机绕组串联与并联接线方法的不同及适用场合。

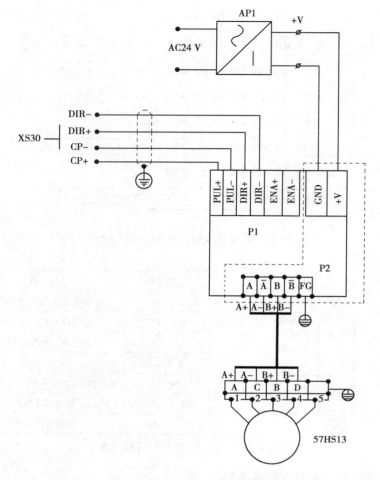

图 7.27　步进进给驱动系统的连接

子任务 2　步进驱动系统常见故障处理

◎ **任务提出**

　　由前面已知,步进电机是一种能将数字脉冲转化成步距角增量的电磁执行元件,能方便地将电脉冲转换为角位移,无积累定位误差并能跟踪一定频率范围的脉冲列。随着计算机技术的发展,除功率驱动电路之外,其他部分均可由软件实现,从而进一步简化结构。因此,至今国内外对这种系统仍在进一步开发。

　　但是,步进电机并不能像普通交流电机那样在常规下方便使用,必须由环形脉冲信号、功率驱动电路等组成控制系统方可使用。由于步进电机的特殊性和其特有的矩频特性,使得步进进给驱动系统在使用中会出现一些特殊的问题,如输入脉冲频率过高,易导致失步;输入脉冲频率过低,易出现共振;转速升高转矩降低明显等。

◎ 任务目标

1. 初步了解步进电机的选择依据;

2. 了解步进开环进给控制系统在使用中存在的相关问题;

3. 掌握步进电动机驱动控制常见故障的排查思路。

◎ 相关知识

一、步进电机的选用方法

1. 选择步进电机的转矩

在选择步进电机时,首先应保证步进电机的输出转矩大于负载所需的转矩,即先计算机械系统的负载转矩,并使步进电机的输出转矩有一定余量。图 7.13 是步进进给结构示意图,通过式(7.3)来计算步进电机的负载力矩 $M_L(\text{N} \cdot \text{m})$:

$$M_L = \frac{Z_1}{Z_2} \cdot \frac{(F + 9.8\, G\mu)h \times 10^{-3}}{2\pi\eta} \tag{7.3}$$

式中　F——进给方向的切削力,N;

G——工件和工作台总质量,kg;

μ——导轨摩擦系数;

η——传动总效率;

Z_1——步进电机输出轴端齿轮齿数;

Z_2——滚珠丝杠轴端齿轮齿数;

h——滚珠丝杠轴螺距,mm。

然后按式(7.4)选择步进电机转矩 M:

$$(0.2 \sim 0.4)M \geqslant M_L \tag{7.4}$$

2. 确定步进电机步距角

选择步进电机步距角应与机械系统相匹配,以满足机床所需的脉冲当量。由于步进电机输出轴端齿轮齿数、滚珠丝杠轴端齿轮齿数与机床的脉冲当量、步进电机步距角及滚珠丝杠轴螺距存在如式(7.5)所示关系:

$$\frac{Z_1}{Z_2} = \frac{360°\delta}{h\theta} \tag{7.5}$$

故可据此求得步进电机步距角为:

$$\theta = \frac{Z_2}{Z_1} \cdot \frac{360°\delta}{h} \quad (\text{取最接近的数值} \frac{360°\delta}{h} \text{的整数})$$

步进电机的相数是指电机内部的线圈组数,目前常用的有二相、三相、四相、五相步进电机。电机相数不同,其步距角也不同,一般二相电机的步距角为 0.9°/1.8°、三相的为 0.75°/1.5°等、五相的为 0.36°/0.72°。在没有细分驱动器时,用户主要靠选择不同相数的步进电机来满足自己步距角的要求。如果使用细分驱动器,则"相数"将变得没有意义,用户只需在驱动器上改变细分数,就可以获得所需的步距角。

3. 频率选择

应使被选步进电机能与机械系统的负载惯量、机床要求的启动频率相匹配,并有一定余量,还应使其最高频率能够满足机床运动部件快速移动的要求。

4.确定步进电机驱动器供电电源

当然,步进驱动器电源的确定也是使用中必须认真选取的事项,如何确定步进电机驱动器直流供电电源?

(1)电源电压的确定

混合式步进电机驱动器的供电电源电压一般是在一个较宽的范围,电源电压通常根据电机的工作转速和响应要求来选择。如果电机工作转速较高或响应要求较快,那么电压取值也高,但注意电源电压的纹波不能超过驱动器的最大输入电压,否则可能损坏驱动器。如果电机工作转速较低,则可以考虑电压选取较低值。

(2)电源输出电流的确定

供电电源电流一般根据驱动器的输出相电流 I 来确定。如果采用线性电源,电源电流一般可取 I 的 $1.1 \sim 1.3$ 倍;如果采用开关电源,电源电流一般可取 I 的 $1.5 \sim 2.0$ 倍。如果一个供电源同时给几个驱动器供电,则应考虑供电电源的电流应适当加倍。

二、步进驱动系统使用中会出现的常见问题

1.加工大导程螺纹时,步进电机出现堵转现象

开环控制的数控机床的 CNC 装置的脉冲当量一般为 0.01 mm,Z 坐标轴 G00 指令速度一般为 2 000 ~ 3 000 mm/min。开环控制的数控车床主轴结构一般有两类:一类是由普通车床改造的数控车床,主轴的机械结构不变,仍然保持换挡有级调速;另一类是采用通用变频器控制数控车床主轴实现无级调速。这种主轴无级调速的数控车床在进行大导程螺纹加工时,进给轴电机会产生堵转,这是步进电机高速低转矩特性造成的。

如果主轴无级调速的数控车床加工 10 mm 导程的螺纹时,主轴转速选择 300 r/min,那么刀架沿 Z 坐标轴需要用 3 000 mm/min 的进给速度配合加工,Z 坐标轴步进电动机的转速和负载转矩是无法达到这个要求的,因此会出现堵转现象。如果将主轴转速降低,刀架沿 Z 坐标轴加工的速度减慢,Z 坐标轴步进电动机的转矩增大,螺纹加工的问题似乎可以得到改善,然而由于主轴采用通用变频器调速,使得主轴在低速运行时转矩变小,主轴会产生堵转。

2.步进电动机驱动单元的常见故障——功率管损坏

步进电动机驱动单元的常见故障为功率管损坏。功率管损坏的原因主要是功率管过热或过流造成的。要重点检查提供功率管的电压是否过高,功率管散热环境是否良好,步进电动机驱动单元与步进电动机的连线是否可靠,有没有短路现象等,如有故障要逐一排除。为了改善步进电动机的高频特性,步进电动机驱动单元一般采用大于 80 V 交流电压供电,经过整流后,功率管上承受较高的直流工作电压。如果步进电动机驱动单元接入的电压波动范围较大或者有电气干扰、散热环境不良等原因,就可能引起功率管损坏。对于开环控制的数控机床,重要的指标是可靠性。因此,可以适当降低步进电动机驱动单元的输入电压,以换取步进电动机驱动器的稳定性和可靠性。

3.两相混合式步进电机在低速运转时振动和噪声的克服

步进电机低速转动时振动和噪声大是其固有的缺点,一般可采用以下方案来克服:

①采用带有细分功能的驱动器,这是最常用的,最简便的方法。因为细分型驱动器电机的相电流变流较半步型平缓。

②换成步距角更小的步进电机,如三相或五相步进电机,或两相细分型步进电机。

③如步进电机正好工作在共振区,可通过改变减速比提高步进电机运行速度。

④换成交流伺服电机,几乎可以完全克服振动和噪声,但成本较高。

三、步进电机驱动器的细分控制

何为驱动器的细分控制?要了解"细分",先要再次认识"步距角"这个概念:它表示控制系统每发一个步进脉冲信号,电机转自所转动的角度。电机出厂时给出了一个步距角的值,如 M535 型电机给出的值为 $0.9°/1.8°$(表示半步工作时为 $0.9°$、整步工作时为 $1.8°$),这个步距角可以称之为"电机固有步距角",它不一定是电机实际工作时的真正步距角,真正的步距角和驱动器有关,参见表 7.5(以 86BYG250A 型电机为例)所示。

表 7.5　步距角和驱动器关系

电机固有步距角	所用驱动器类型及工作状态	电机运行时的真正步距角
$0.9°/1.8°$	驱动器工作在半步状态	$0.9°$
$0.9°/1.8°$	细分驱动器工作在 5 细分状态	$0.36°$
$0.9°/1.8°$	细分驱动器工作在 10 细分状态	$0.18°$
$0.9°/1.8°$	细分驱动器工作在 20 细分状态	$0.09°$
$0.9°/1.8°$	细分驱动器工作在 40 细分状态	$0.045°$

表 7.5 可以看出:步进电机通过细分驱动器的驱动,其步距角变小了,如驱动器工作在 10 细分状态时,其步距角只为"电机固有步距角"的十分之一,也就是说,当驱动器工作在不细分的整步状态时,控制系统每发一个步进脉冲,电机转动 $1.8°$;而用细分驱动器工作在 10 细分状态时,电机只转动了 $0.18°$,这就是细分的基本概念。步进电机的细分控制是由驱动器精确控制步进电机的相电流来实现的,以二相电机为例,假如电机的额定相电流为 3 A,如果使用常规驱动器(如常用的恒流斩波方式)驱动该电机,电机每运行一步,其绕组内的电流将从 0 突变为 3 A 或从 3 A 突变到 0,相电流的巨大变化,必然会引起电机运行的振动和噪声。如果使用细分驱动器,在 10 细分的状态下驱动该电机,电机每运行一微步,其绕组内的电流变化只有 0.3 A 而不是 3 A,且电流是以正弦曲线规律变化,这样就大大改善了电机的振动和噪声。

细分功能完全是由驱动器精确控制电机的相电流来实现的,与电机无关。驱动器细分后的主要优点是完全消除了电机的低频振荡。低频振荡是步进电机(尤其是反应式电机)的固有特性,而细分是消除它的唯一途径,如果步进电机有时要在共振区工作(如走圆弧),选择细分驱动器是唯一的选择。同时由于减小了步距角,提高了步距的均匀度是不言而喻的。现在的驱动器设计多加入了细分控制技术。

需要特别说明的是,步进电机的细分技术实质上是一种电子阻尼技术(请参考有关文献),其主要目的是减弱或消除步进电机的低频振动,提高电机的运转精度只是细分技术的一个附带功能。比如对于步进角为 $1.8°$ 的两相混合式步进电机,如果细分驱动器的细分数设置为 4,那么电机的运转分辨率为每个脉冲 $0.45°$,电机的精度能否达到或接近 $0.45°$,还取决于细分驱动器的细分电流控制精度等其他因素。不同厂家的细分驱动器精度可能差别很大;细分数越大精度越难控制。表 7.6 是雷塞 M542V2.0 细分驱动器的细分设定。

表 7.6　雷塞 M542V2.0 细分驱动器的细分设定

步数/转（细分数）	SW5	SW6	SW7	SW8
400（2）	off	on	on	on
800（4）	on	off	on	on
1 600（8）	off	off	on	on
3 200（16）	on	on	off	on
6 400（32）	off	on	off	on
12 800（64）	on	off	off	on
25 600（128）	off	off	off	on

◎ **任务实施**

基本任务　步进开环进给控制系统常见故障排查

1.步进电机转向不正确故障的排查

（1）检查是否接线错误所致

任意交换电机同一相的两根接线（例如 A + ,A − 交换接线位置）。如是因接线错误所致，再任意交换电机同一相的两根接线后,电机转向将发生改变;否则继续下面的检查。

（2）查找电机线断路

分清电机绕组采用的连接方式,对照正确的连接方式检查确认电机绕组间、电机与驱动器间的接线,找出断线点。

2.通电后,步进电机不转动故障的排查

表 7.7　通电后,步进电机不转动故障的排查

检查部位	可能原因	排查措施
步进驱动器	驱动器电源未接通或驱动器与电动机连线断线	检查供电电路,用万用表测量,确认输出电压正确 检查确认电源正负极极性连接正确,电路接线可靠
	电流设定是否太小	检查电流设定是否太小,选对电流,选对细分
	使能信号为低	此信号拉高或使能端悬空
	步进驱动器故障	最好用交换法,确定是否驱动器电路故障,必要时更换驱动器电路板或驱动器
步进电机	电机接线错误	检查并核对电机接线是否正确
	电动机卡死	主要是机械故障,排除卡死的故障原因,经验证,确保电动机正常后再使用
	电动机绕组烧坏、匝间短路或接地	用万用表测量线圈间是否短路
外部	启动频率过高或负载过大（此时电机有啸叫声）	降低转速（即降低输入脉冲的突调频率） 适当调大驱动器电压、电流 更换转矩更大的电机

3. 工作过程中停车的故障排查

步进电机在工作正常的状况下,发生突然停车现象。引起此故障的可能原因可依据表 7.8 所示进行排查。

表 7.8　工作过程中停车的故障排查

检查部位	可能原因	排查措施
步进驱动器	驱动器电源故障	用万用表测量,确认输出电压正确
	步进驱动器故障	最好用交换法,确定是否驱动器电路故障,必要时更换驱动器电路板或驱动器
步进电机	电动机绕组烧坏、绕组碰到机壳,发生相间短路或者线头脱落	用万用表测量线圈间是否短路
	电动机卡死	主要是机械故障,可目测排除卡死的故障原因

4. 步进电机过热

故障确认:步进电机温度过高会使电机的磁性材料退磁,从而导致力矩下降甚至丢失。电机允许的最高温度应取决于不同电机磁性材料的退磁点;一般来说,磁性材料的退磁点都在 130 ℃以上,但在实际运行中电机发热允许到什么程度,还需考虑电机内部绝缘等级。内部绝缘性能在高温下(130°以上)才会被破坏。所以只要内部不超过 130°,电机便不会损坏,而这时表面温度会在 90°以下。所以,步进电机表面温度在 70° ~ 80°都是正常的。简单的温度测量方法有用点温计的,也可以粗略判断:用手可以触摸 1 ~ 2 s 以上,不超过 60°;用手只能碰一下,为 70° ~ 80°;滴几滴水迅速汽化,则 90°以上了。

有些系统会报警,显示电动机过热。无论是现实过热故障还是实测不正常,对此可按表 7.9 进行逐一排查。

表 7.9　电动机过热排查

可能原因	排查措施
工作环境过于恶劣,环境温度过高	重新考虑机床应用条件,改善工作环境
设置不当,造成电流过大	根据驱动器说明书重新设置 对于已经选定的电机,应充分利用驱动器的自动半流控制功能 采用电流细分控制
驱动器电压等级不当	重新确认驱动电压等级,只要能满足高速性要求,尽量选用低的电压等级

◎ 思考题

1. 为什么步进电机的力矩会随转速升高而下降?

2. 驱动器细分有什么优点,为什么建议使用细分功能?

3. 可通过哪些途径改善步进电机发热?

任务3　FANUC 0i C/ 0i Mate C 伺服单元(SVU)驱动装置的功能接口、连接方法和典型故障处理

◎ **任务提出**

FANUC 0i C 为 B 型伺服接口。

FANUC 0i C/ 0i Mate C 伺服装置按主电路的电压输入是交流还是直流,可分为伺服单元(SVU)和伺服模块(SVM)两种。伺服单元的输入电源通常为三相交流电(220 V,50 Hz),电动机的再生能量通常通过伺服单元的再生放电单元的制动电阻消耗掉。FANUC 0i C/ 0i Mate C 伺服单元有 α 系列、β 系列、βi 系列。伺服模块的输入电源为直流电源(通常为300 DV),电动机的再生能量通过系统电源模块反馈到电网。FANUC 系统的伺服模块有 α 系列、αi 系列。

通过对 FANUC 交流 α 系列伺服单元、交流 βi 系列伺服单元的端子功能的学习、认识了解各端子的功能。了解端子接口的功能及各部件之间的连接要求。从前面的学习可知,FANUC 0i C/ 0i Mate C 系统的一般配置如表 7.10 所示[对于0i Mate C,如果没有主轴电机,伺服放大器是单轴型(SVU),如果包括主轴电机,放大器是一体型(SVPM)]。本任务要求通过实践操作掌握 FANUC 0i C 伺服单元(SVU)驱动装置伺服功能连接和典型故障处理。

FANUC 0i
数控系统
电缆连接

表 7.10　FANUC 0i C/ 0i Mate C 系统的一般配置

系统型号		用于机床	放大器	电机
0i C 最多 4 轴	0i MC	加工中心,铣床	αi 系列的放大器	αi,αis 系列
	0i TC	车床	αi 系列的放大器	αi,αis 系列
0i Mate C 最多 3 轴	0i Mate MC	加工中心,铣床	βi 系列的放大器	βi,βis 系列
	0i Mate TC	车床	βi 系列的放大器	βi,βis 系列

◎ **任务目标**

掌握 FANUC 0i C/ 0i Mate C 伺服驱动系统与各功能模块之间的硬件连接要求和方法。能够正确实施:

1. FANUC 0i C 伺服单元(SVU)端子功能及连接;

2. FANUC 0i C 伺服单元(SVU)典型故障处理。

◎ **相关知识**

一、FANUC 0i C(最多 4 轴)系统 α 系列伺服单元简介

1. α 系列伺服单元的端子功能

α 系列伺服单元的实体图、结构图、接口图如图 7.28 所示。

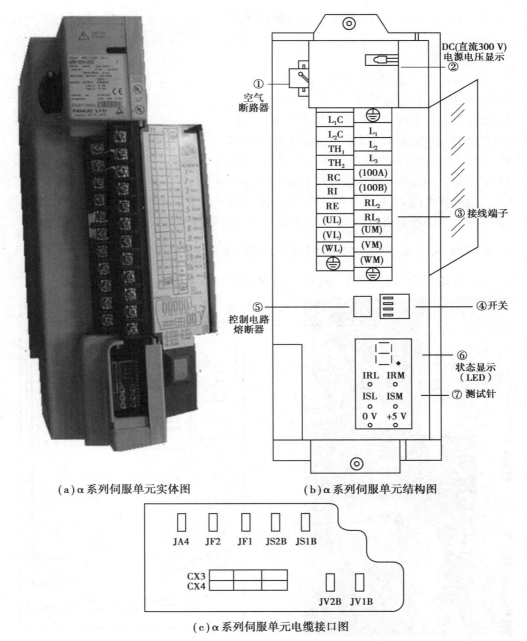

（a）α 系列伺服单元实体图   （b）α 系列伺服单元结构图

（c）α 系列伺服单元电缆接口图

图 7.28   α 系列伺服单元

L1，L2，L3：三相输入动力电源端子，交流 200 V。

L1C，L2C：单相输入控制电路电源端子，交流 200 V（出厂时与 L1、L2 短接）。

TH1，TH2：为过热报警输入端子（出厂时，TH1-TH2 已短接），可用于伺服变压器及制动电阻的过热信号的输入。

RC，RI，RE：外接还是内装制动电阻选择端子。

RL2，RL3：MCC 动作确认输出端子（MCC 的常闭点）。

100A,100B:C 型放大器内部交流继电器的线圈外部输入电源(α 型放大器已为内部直流 24 V 电源)。

2.电缆接口说明

UL,VL,WL:第 1 轴伺服电动机动力线。

UM,VM,WM:第 2 轴伺服电动机动力线。

JV1B,JV2B:A 型接口的伺服控制信号输入接口。

JS1B,JS2B:B 型接口的伺服控制信号输入接口。

JF1,JF2:B 型接口的伺服位置反馈信号输入接口。

JA4:伺服电动机内装绝对编码器电池电源接口(6 V)。

CX3:伺服装置内 MCC 动作确认接口,一般可用于伺服单元主电路接触器的控制。

CX4:伺服紧急停止信号输入端,用于机床面板的急停开关(常闭点)。

二、FANUC 0i Mate C(最多 3 轴)系列 βi 系列伺服单元简介

βi 系列伺服单元实体如图 7.29 所示,βi 系列伺服单元结构如图 7.30 所示。

图 7.29　βi 系列伺服单元实体图

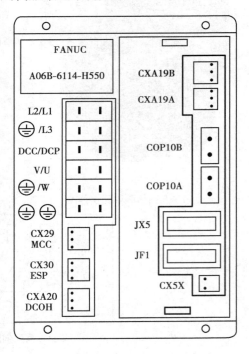

图 7.30　βi 系列伺服单元结构图

L1,L2,L3:主电源输入端接口,三相交流电源 200 V、50/60 Hz。

U,V,W:伺服电动机的动力线接口。

DCC,DCP:外接 DC 制动电阻接口。

CX29:主电源 MCC 控制信号接口。

CX30:急停信号(＊ESP)接口。

CXA20:DC 制动电阻过热信号接口。

CX19A：DC 24 V 控制电路电源输入接口，连接外部 24 V 稳压电源。

CX19B：DC 24 V 控制电路电源输出接口，连接下一个伺服单元的 CX19A。

C0P10A：伺服高速串行总线（HSSB）接口。与下一个伺服单元的 C0P10B 连接（光缆）。

C0P10B：伺服高速串行总线（HSSB）接口。与 CNC 系统的 C0P10A 连接（光缆）。

JX5：伺服检测板信号接口。

JF1：伺服电动机内装编码器信号接口。

CX5X：伺服电动机编码器为绝对编码器的电池接口。

◎ 任务实施

基本任务 1　βi 系列伺服单元连接

使用的伺服放大器是 βi 主轴 βis 伺服，带主轴的放大器是 SPVM 一体型放大器，连接如图 7.31 所示。

①24 V 电源连接 CXA2C（A1-24V，A2-0V）。

②TB3（SVPM 的右下面）不要接线。

③上部的两个冷却风扇要自己接外部 200 V 电源。

④3 个（或 2 个）伺服电机的动力线插头是有区别的，CZ2L（第 1 轴），CZ2M（第 2 轴），CZ2N（第 3 轴）分别对应为 XX，XY，YY。

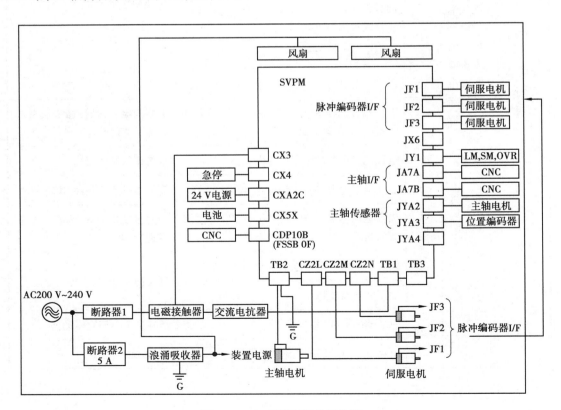

图 7.31　βi 系列伺服单元连接

基本任务 2　伺服单元典型故障分析

1. 伺服单元过电流报警(表7.11)

表 7.11　伺服单元过电流报警

警报内容	警报发生状况		可能原因	处理措施
过电流（功率晶体管（IG-BT）产生过电流）或者散热片过热	在接通控制电源时发生		伺服驱动器的电路板与热开关连接不良	更换伺服驱动器
			伺服驱动器电路板故障	
	在接通主电路电源时发生或者在电动机运行过程中产生过电流	接线错误	U、V、W 与地线连接错误	检查配线,正确连接
			地线缠在其他端子上	
			电动机主电路用电缆的 U、V、W 与地线之间短路	修正或更换电动机主电路用电缆
			电动机主电路用电缆的 U、V、W 之间短路	
			再生电阻配线错误	检查配线,正确连接
			伺服驱动器的 U、V、W 与地线之间短路	更换伺服驱动器
			伺服驱动器故障（电流反馈电路、功率晶体管或者电路板故障）	
			伺服电动机的 U、V、W 与地线之间短路	更换伺服单元
			伺服电动机的 U、V、W 之间短路	
		其他原因	因负载转动惯量大并且高速旋转,动态制动器停止,制动电路故障	更换伺服驱动器（减少负载或者降低使用转速）
			位置速度指令发生剧烈变化	重新评估指令值
			负载是否过大,是否超出再生处理能力等	重新考虑负载条件、运行条件
			伺服驱动器的安装方法（方向、与其他部分的间隔）不适合	将伺服驱动器的环境温度下降到55 ℃以下
			伺服驱动器的风扇停止转动	更换伺服驱动器
			伺服驱动器故障	
			驱动器的 IGBT 损坏	最好是更换伺服驱动器
			电动机与驱动器不匹配	重新选配

2.伺服单元过电压报警（表7.12）

表7.12　伺服单元过电压报警

警报内容	警报发生状况	可能原因	处理措施
过电压（伺服驱动器内部的主电路直流电压超过其最大值限）在接通主电路电源时检测	在接通控制电源时发生	伺服驱动器电路板故障	更换伺服驱动器
	在接通主电源时发生	AC电源电压过大	将AC电源电压调节到正常范围
		伺服驱动器故障	更换伺服驱动器
	在通常运行时发生	检查AC电源电压（是否有过大的变化）	
		使用转速高，负载转动惯量过大（再生能力不足）	检查并调整负载条件、运行条件
		内部或外接的再生放电电路故障（包括接线断开或破损等）	最好是更换伺服驱动器
		伺服驱动器故障	更换伺服驱动器
	在伺服电动机减速时发生	使用转速高，负载转动惯量过大	检查并重调整负载条件，运行条件
		加减速时间过小，在降速过程中引起过电压	调整加减速时间常数

3.伺服单元欠电压报警（表7.13）

表7.13　伺服单元欠电压报警

警报内容	警报发生状况	可能原因	处理措施
电压不足（伺服驱动器内部的主电路直流电压低于其最小值限）在接通主电路电源时检测	在接通控制电源时发生	伺服驱动器电路板故障	更换伺服驱动器
		电源容量太小	更换容量大的驱动电源
	在接通主电路电源时发生	AC电源电压过低	将AC电源电压调节到正常范围
		伺服驱动器的保险丝熔断	更换保险丝
		冲击电流限制电阻断线（电源电压是否异常，冲击电流限制电阻是否过载）	更换伺服驱动器（确认电源电压，减少主电路ON/OFF的频度）
		伺服ON信号提前有效	检查外部使能电路是否短路
		伺服驱动器故障	更换伺服驱动器
	在通常运行时发生	AC电源电压低（是否有过大的压降）	将AC电源电压调节到正常范围
		发生瞬时停电	通过警报复位重新开始运行
		电动机主电路用电缆短路	修正或更换电动机主电路用电缆
		伺服电动机短路	更换伺服电动机
		伺服驱动器故障	更换伺服驱动器
		整流器件损坏	建议更换伺服驱动器

4. 伺服单元过热报警（表 7.14）

表 7.14　伺服单元过热报警

	过热的具体表现	过热原因	处理措施
过热报警	过热的继电器动作	机床切削条件苛刻	重新考虑切削参数,改善切削条件
		机床摩擦力矩过大	改善机床润滑条件
	热控开关动作	伺服电动机内部短路或绝缘不良	加绝缘层或更换伺服电动机
		电动机制动器不良	更换制动器
		电动机永久磁钢去磁或脱落	更换电动机
	电动机过热	驱动器参数增益不当	重新设置相应参数
		驱动器与电动机配合不当	重新考虑配合条件
		电动机轴承故障	更换轴承
		驱动器故障	更换驱动器

◎ **思考题**

交流 β 系列伺服单元,单轴,型号为:A06B-6093-HXXX,I/O LINK 形式控制,控制刀库、刀塔或机械手,有 LED 显示报警号。被烧坏的原因分析。

任务 4　FANUC 0i C 伺服模块(SVM)驱动装置的功能接口、连接方法和典型故障处理

◎ **任务提出**

通过对 FANUC 交流 α 系列伺服单元、交流 βi 系列伺服单元的端子功能的学习、认识了解各端子的功能。了解端子接口的功能及各部件之间的连接要求。从前面的学习可知,FANUC 0i C 进给伺服驱动的进给伺服放大器为 αi 系列,进给伺服电动机使用 αis 系列,最多可接 4 个进给轴电动机。本任务要求通过实践操作掌握 FANUC 0i C 伺服模块(SVM)驱动装置伺服功能连接和典型故障处理。

◎ **任务目标**

掌握 FANUC 0i C/ 0i Mate C 伺服驱动系统与各功能模块之间的硬件连接要求和方法。能够正确实施:

1. FANUC 0i C 伺服模块(SVM)端子功能及连接;
2. FANUC 0i C 伺服模块(SVM)典型故障处理。

◎ 相关知识

一、α 系列伺服模块的端子功能

α 系列伺服模块的实体图和结构图分别如图 7.32、7.33 所示。

图 7.32　α 系列伺服模块实体图

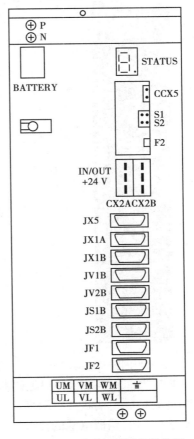

图 7.33　α 系列伺服模块结构图

P,N:DC Link 端子盒。

BATTERY:绝对脉冲编码器电池。

STATUS:为伺服模块状态指示窗口。

CX5X:绝对编码器电池电源连接线。

S1/S2:接口型设定开关。

F2:24V 电源保险。

CX2A/CX2B:24 V 电源 I/O 连接器。

JX5:信号检测板连接器。

JX1A:模块之间接口输入连接器。

JX1B:模块之间接口输出连接器。

JV1B/JV2B:A 型接口伺服信号连接器。

JS1B/JS2B:B 型接口伺服信号连接器。

JF1/JF2：B 型接口伺服电机编码器连接器。

二、αi 系列伺服模块的端子功能

αi 系列伺服模块实体图和结构图分别如图 7.34、7.35 所示。

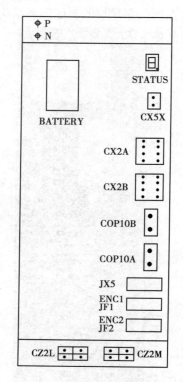

图 7.34　αi 系列伺服模块实体图　　　　　　图 7.35　αi 系列伺服模块结构图

BATTERY：为伺服电动机绝对编码器的电池盒（DC 6 V）。

STATUS：为伺服模块状态指示窗口。

CX5X：为绝对编码器电池的接口。

CX2A：为 DC 24 V 电源、* ESP 急停信号、XMIF 报警信息输入接口，与前一个模块的 CX2B 相连。

CX2B：为 DC 24 V 电源、* ESP 急停信号、XMIF 报警信息输出接口，与后一个模块的 CX2A 相连。

C0P10A：伺服高速串行总线（HSSB）输出接口。与下一个伺服单元的 C0P10B 连接（光缆）。

C0P10B：伺服高速串行总线（HSSB）输入接口。与 CNC 系统的 C0P10A 连接（光缆）。

JX5：为伺服检测板信号接口。

JF1，JF2：为伺服电动机编码器信号接口。

CZ2L，CZ2M：为伺服电动机动力线连接插口。

◎ **任务实施**

基本任务 1 αi 系列伺服模块的连接

下面以 FANUC 0i MC 系统为例(数控铣床),说明伺服模块的具体连接,如图 7.36 所示。从 αi 伺服模块的硬件连接可以看出,通过光缆的连接取代了电缆的连接,不仅保证了信号传输速度,而且保证了传输的可靠性,减少了故障率。各模块之间的信息传递是通过 CXA2A/CXA2B 的串行数据来传递,而不是通过信号电缆 JX1A/JX1B(BCD 代码形式)来传递,从而进一步减少了连接电缆。

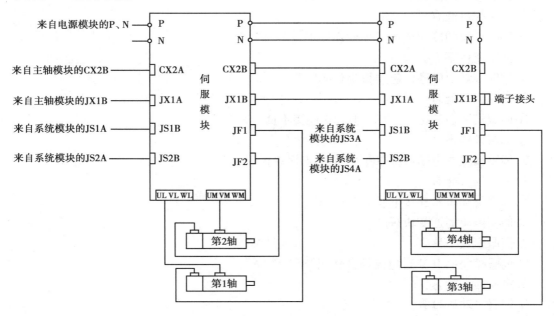

图 7.36 FANUC 0i MC 系统的 αi 系列伺服模块连接图(4 轴)

基本任务 2 FANUC 0i C 伺服模块(SVM)典型故障处理

1.内部风扇停止报警代码"1"

故障原因可能有:

①内部风扇故障或风扇连接不良。

②伺服模块不良。

2.控制电路电压低报警代码"2"

故障原因可能有:

①电源模块提供的 DC 24 V 电压低。

②伺服模块的 CX2A/CX2B 连接不良。

③伺服模块不良。

3.主电路 DC 300 V 电压低报警代码"5"

故障原因可能有:

①电源模块提供的 DC 300 V 电压低。

②伺服模块内的熔断器熔断。

③伺服模块不良。

4. 伺服模块过热报警代码"6"

故障原因可能有：

①伺服电动机过载。

②电箱内部温度过高(如电箱风扇损坏或通风不良)。

③伺服模块不良。

5. 伺服模块的冷却风扇停止报警代码"F"

故障原因可能有：

①伺服模块的冷却风扇损坏或连接不良。

②伺服模块不良。

6. 伺服模块之间通信错误报警代码"P"

故障原因可能有：

①伺服模块通信接口 CX2A/CX2B 连接不良。

②伺服模块不良。

7. 伺服模块主电路(DC 300 V)过电流报警代码"8"

故障原因可能有：

①伺服电动机及连接电缆短路故障。

②伺服模块的逆变块短路。

③伺服模块不良。

8. 伺服模块的 IPM 过电流报警代码"8""9""A"。

故障原因可能有：

①伺服电动机过载。

②周围温度过高。

③伺服模块不良。

9. 伺服电动机过电流报警代码"b"(第 1 轴)、"c"(第 2 轴)、"d"(第 3 轴)

故障原因可能有：

①伺服电动机过载或匝间短路。

②伺服参数设定不良。

③伺服模块不良。

基本任务 3　FANUC 0i C 驱动系统的组成及与 CNC 的连接(图 7.37)

◎ **思考题**

1. 伺服单元和伺服模块有什么不同?

2. 交流 α 系列 SVM 伺服单元,DC LINK 低电压(LED 显示 2 ALM),试分析故障原因和解决办法。

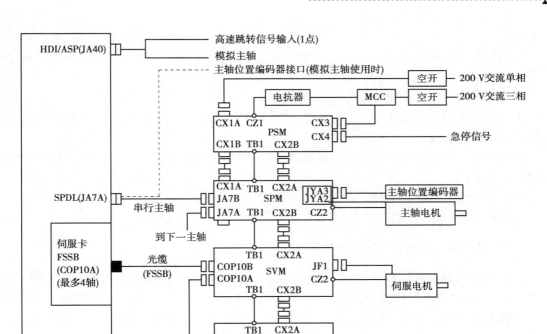

图 7.37　FANUC 0i C 驱动系统的组成及与 CNC 的连接示意图

任务 5　FANUC 0i MC 伺服系统参数的设定、伺服调整与典型故障处理

◎ **任务提出**

在操作与维护数控机床时,伺服系统的参数设定是很重要的一步。掌握伺服系统参数的设定、伺服调整及其典型故障诊断处理是机床操作与维护的重要知识。

◎ **任务目标**

1.学习伺服参数设定方法;

2.学习伺服参数初始化方法;

3.学习伺服调整方法;

4.掌握伺服设定与调整的典型故障处理。

◎ **相关知识**

一、伺服参数设定的准备工作

①CNC 单元的类型及相应软件(功能),如系统是 FANUC 0i MC 还是 FANUC 16/18/21/

0i 系统。

②伺服电动机的类型及规格,如进给伺服电动机是 α 系列、αi 系列、β 系列还是 βis 系列。

③电动机内装的脉冲编码器类型,如编码器是增量编码器还是绝对编码器。

④系统是否适用分离型位置检测装置,如是否采用独立型旋转编码器或光栅尺作为伺服系统的位置检测装置。

⑤电动机一转机床工作台移动的距离,如机床丝杠的螺距是多少,进给电动机与丝杠的传动比是多少。

⑥机床的检测单位(例如 0.001 mm),检测装置的分辨率。

⑦CNC 的指令单位(例如 0.001 mm)。

二、FANUC 0i MC 系统伺服参数设定

首先进入伺服参数的设定画面,对于 FANUC 0i MC 系统具体操作:按系统功能键"system",然后按下系统扩展软键,再按下系统软键"SV-PRM"即可进入,设定画面如图 7.38 所示。在图 7.38 所示的伺服设定画面中,把光标移动到需要设定的参数项,可直接输入相应数据。

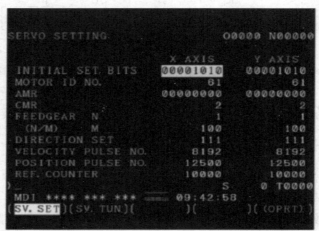

图 7.38　伺服设定画面

1. 设定伺服电动机 ID 号(MOTOR ID NO)

选择所使用的电机的 ID 号,按照电动机类型号和规格号列于表 7.15 中。

2. AMR:设定电枢倍增比,FANUC 0i 系统参数为 2001,设定为 00000000,与电动机类型无关。

3. 设定伺服系统的 CMR 指令倍乘比

FANUC 0i 系统参数为 1820,设定各轴最小指令增量与检测单位的指令倍乘比。参数设定值:指令倍乘比为 1/2 ~ 1/27 时,设定值 = 1/指令倍乘比 + 100,有效数据范围:102 ~ 107;指令倍乘比为 1 ~ 48 时,设定值 = 2 × 指令倍乘比,有效数据范围:2 ~ 96。

4. 设定伺服系统的柔性进给齿轮比 N/M

FANUC 0i 系统参数为 2084、2085。对不同丝杠的螺距或机床运动有减速齿轮时,为了使

位置反馈脉冲数与指令脉冲数相同而设定进给齿轮比,由于是通过系统参数可以修改,所以又叫柔性进给齿轮比。

半闭环控制伺服系统: N/M =(伺服电动机一转所需的位置反馈脉冲数/100 万)的约分数;

全闭环控制伺服系统: N/M =(伺服电动机一转所需的位置反馈脉冲数/电动机一转分离型检测装置位置反馈的脉冲数)的约分数。

表 7.15　FANUC 系统常用的伺服电动机的 ID 代码

ID 代码	伺服电动机	ID 代码	伺服电动机
7	αC3/2000	176	αC8/200Oi
8	αC6/2000	191	αC12/200Oi
9	αC12/2000	196	αC22/200Oi
10	αC22/1500	201	αC30/150Oi
15	α3/2000	177	α8/300Oi
16	α6/2000	193	α12/300Oi
17	α6/3000	197	α22/300Oi
18	α12/2000	203	α30/300Oi
19	α12/3000	207	α40/300Oi
20	α22/2000	36	β2/3000
22	α22/3000	33	β3/3000
28	α30/1200	34	β6/2000
30	α40/2000		

【例】　某数控车床的 X 轴伺服电动机与进给丝杠直连,丝杠的螺距为 6 mm 伺服电动机为 α6/2000。则 N/M =6000/1000000 =1/200。

【例】　某数控铣床 X、Y 轴伺服电动机与进给丝杠采用 1:2 齿轮比连接,进给丝杠的螺距为 10 mm,伺服电动机为 αC12 /2000。则 N/M =10000 ×0.5/1000000 =1/200。

5. 设定电动机移动方向

FANUC 0i 系统参数为 2022,111 为正方向(从脉冲编码器端看为顺时针方向旋转);－111为负方向(从脉冲编码器端看为逆时针方向旋转)。

6. 设定速度脉冲数

FANUC 0i 系统参数为 2023,串行编码器设定为 8192。

7. 设定位置脉冲数

FANUC 0i 系统参数为 2024,半闭环控制系统中,设定为 12500,全闭环系统中,按电动机一转来自分离型检测装置的位置脉冲数设定。

8. 设定参考计数器

FANUC 0i 系统参数为 1821,参考计数器用于在栅格方式下返回参考点的控制。必须按电动机一转所需的位置脉冲数或按该数能被整数整除的数来设定。

三、伺服参数初始化

伺服参数初始化就是将系统的参数按设定条件恢复到系统出厂时的标准设定。当数控系统的伺服驱动更换,或因为更换电池等原因,使伺服参数出现错误时,必须对伺服系统进行初始化处理与重新调整。

1. 伺服初始化参数设定

①分离型检测装置是否有效的系统参数。

②绝对位置检测是否使用参数。

2. 伺服参数初始化操作

①在紧急停止状态,接通电源。

②显示伺服参数的设定画面。

系统功能键 SYSTEM—系统扩展软件—系统软件[SV-PRM]。

③使用光标,翻页键,将伺服初始化设定参数 2000#1 的 1 设定为 0,然后系统断电再重新上电,从而完成数字伺服参数的初始化操作。当伺服初始化结束后,初始化定位#1 自动变为 1。

初始化设定为如下:

#7	#6	#5	#4	#3	#2	#1	#0
				PRMCAL		DGPRM	PLC01

#0(PLC01):设定为 0 时,检测单位为 1 μm,FANUC 0i MATE TC 系统使用参数 2023(速度脉冲数)、2024(位置脉冲数)。设定为 1 时,检测单位为 0.1 μm,相应的系统参数为把上面系统参数的值乘 10 倍。

#1(DGPRM):设定为 0 时,系统进行数字伺服参数初始化的设定,当伺服参数初始化后,该值自动变为 1。

#3(PRMCAL):进行伺服初始化设定时,该值自动变为 1。根据编码器的脉冲数自动计算下列参数:2043,2044,2047,2053,2054,2056,2057,2059,2074,2076。

四、数控系统的伺服调整

图 7.39 为伺服调整画面(通过按 SV. TUN 系统操作软件显示),在该画面中可以进行伺服参数的调整和报警的诊断。这方面的调整对机床的性能更为重要,必需根据以下步骤仔细调整。

①设定时,首先将功能位(2003)的位 3(PI) 设定 1(冲床为 0),回路增益(1825)设定为 3000(在机床不产生振动的情况下,可以设定为 5000),比例、积分增益不要改,速度增益从 200 增加,每增加 100 后,用 JOG 方式分别以慢速和最快速移动坐标,看是否振动。或观察伺服波形(TCMD),检查是否平滑。调整原则是:尽量提高设定值,但是调整的最终结果,都要保证在手动快速,手动慢速,进给等各种情况都不能有振动。

注意:速度增益 = [1 + 负载惯量比(参数 2021)/256] × 100。负载惯量比表示电机的惯量和负载的惯量比,直接和机床的机械特性相关,一定要调整。

②伺服波形显示:参数 3112#0 = 1(调整完后,一定要还原为 0),关机再开。采样时间设定 5000,如果调整 X 轴,设定数据为 51,检查实际速度,如图 7.40 所示画面设定。

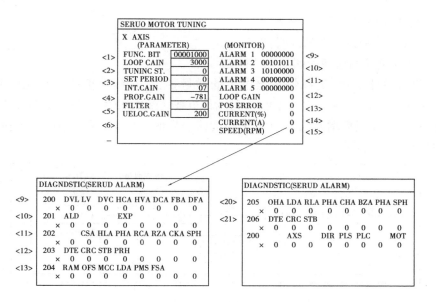

图 7.39 伺服调整画面

如果在启动时,波形不光滑,则表示伺服增益不够,需要再提高。如果在中间的直线上有波动,则可能由于高增益引起的振动,这可通过设定参数 2066 = − 10(增加伺服电流环 250 μm)来改变,如果还有振动,可调整画面中的滤波器值(参数 2067) = 2000 左右,再按上述步骤调整。

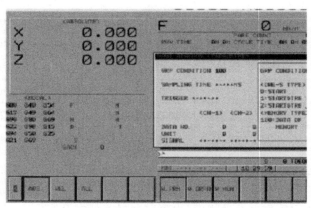

图 7.40 伺服波形设定画面

③N 脉冲抑制:当在调整时,由于提高了速度增益,而引起了机床在停止时也出现了小范围的振荡(低频),从伺服调整画面的位置误差可看到,在没有给指令(停止时),误差在 0 左右变化。使用单脉冲抑制功能可以将此振荡消除,按以下步骤调整:

a)参数 2003#4 = 1,如果振荡在 0 ~ 1 范围变化,设定此参数即可。

b)参数 2099,按以下公式计算:

$$设定值 = \frac{4\,000\,000}{电动机\,1\,转的位置反馈脉冲数}$$

注:400 相当于检测单位 1 脉冲;

标准设定 400 左右;

"0"与 400 相同。

④有关 250 μm 加速反馈的说明：

250 μm 加速反馈的原理如图 7.41 所示。

电机与机床弹性连接,负载惯量比电机的惯量要大,在调整负载惯量比的时候(大于512),会产生 50 ~ 150 Hz 的振动,此时,不要减小负载惯量比的值,可设定此参数进行改善。

此功能把加速度反馈增益乘以电机速度反馈信号的微分值,通过补偿转矩指令 TCMD,来达到抑制速度环的振荡。

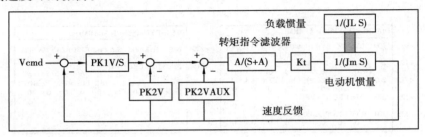

图 7.41　250 μm 加速反馈

参数 2066 = − 10 到 − 20,一般设 − 10。

参数 2067(Tcmd)一般设 2000 左右,具体如表 7.16 所示。

表 7.16　参数 2067(Tcmd)设定表

截止频道	60	65	70	75	80	85	90
设定	2810	2723	2638	2557	2478	2401	2327
截止频道	95	100	110	120	130	140	150
设定	2255	2158	2052	1927	1810	1700	1596
截止频道	160	170	180	190	200	220	240
设定	1499	1408	1322	1241	1166	1028	907
截止频道	260	280	300				
设定	800	705	622				

可通过 SERVO GUID 测出振动频率,也可以通过降低或升高设定值来观察伺服波形。对于低频率振动,此方法有效,对于高频率的机械共振(200 Hz 以上),可使用 HRV 滤波器来抑制(使用[伺服调整引导]软件自动测量)。

◎ **任务实施**

基本任务1　**防止过冲的伺服调整**

在手轮进给或其他微小进给时,发生过冲(指令 1 脉冲,走 2 个脉冲,再回来 1 个脉冲),可按如下步骤调整。

单脉冲进给动作原理,如图 7.42 所示。

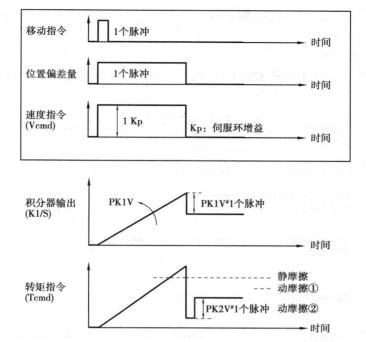

图 7.42　单脉冲进给动作原理

①在积分增益 PK1V 稳定的范围内尽可能取大值。

②从给出 1 个脉冲进给的指令到机床移动的响应将提高。

③根据机床的静摩擦和动摩擦值,确定机床是否发生过冲。

④机床的动摩擦大于电动机的保持转矩时,不发生过冲。

⑤使用不完全积分 PK3V 调整 1 个脉冲进给移动结束时的电机保持转矩,如图 7.43 所示。

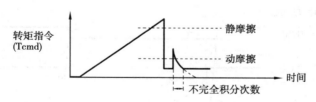

图 7.43　不完全积分 PK3V 调整 1 个脉冲进给移动结束时的电机保持转矩

⑥参数:2003#6 = 1,2045 = 32300 左右,2077 = 50 左右。

注:如果因为电机保持转矩大,用上述参数设定还不能克服过冲,可增加 2077 的设定值(以 10 为倍数)。如果在停止时不稳定,是由于保持转矩太低,可减小 2077(以 10 为倍数)。

基本任务2　**防止累计进给(爬行)的调整**(图 7.44)

①在手轮进给或其他的微小量进给时,发出指令 1 脉冲不走,两个脉冲一起走或更多个脉冲一起走,和上述情况相反,使用 VCMD 偏移功能来提高单脉冲进给功能。

②主要是由于机械摩擦太大,如果没有必要,一般可不调整此功能,调整不当会产生过冲。

③动作过程原理如下:

参数:2003#7 = 1,2045 接近 32767(32700),用手脉 X1 挡移动,用千分表测量位置变化,进行调整。

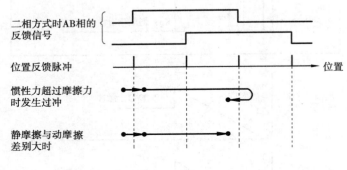

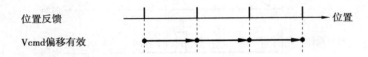

图 7.44 防止累计进给(爬行)的调整原理图

基本任务 3 重力轴防落调整

①一般重力轴的电机都带有制动器,在按急停时或伺服报警时,由于制动器的动作时间而产生的轴的跌落,可通过参数调整来避免。

②参数调整:2005#6 = 1,2083 设定延时时间(ms),一般设定 200 左右,具体要看机械重力的多少。如果是该轴放大器是 2 或 3 轴放大器,每个轴都要设定。

③原理如图 7.45 所示。

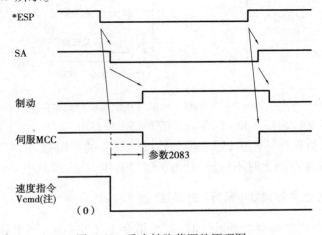

图 7.45 重力轴防落调整原理图

基本任务4　全闭环伺服参数调整

1. 基本连接（图 7.46）

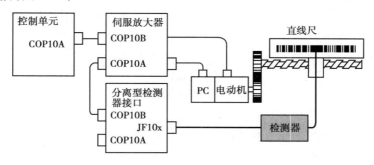

图 7.46　全闭环伺服系统连接图

2. 基本设定

分离型接口板 M1 可接 4 个轴的位置反馈,分别为 JF101-JF104,在 FSSB 的设定画面上相应的轴上设定此号码,比如,如果 Y,A 分别接 JF101,JF102,如图 7.47 所示。

```
AXIS SETTING

AXIS   NAME    AMP    M1    M2    IDSP    Cs    TNDM
  1      X     A2-L    0     0     0      0      0
  2      Y     A1-L    1     0     0      0      0
  3      Z     A3-M    0     0     0      0      0
  4      A     A3-L    2     0     0      0      0


>

MDI **** *** ***                13:11:56

[AMP]  [AXIS]  [MAINTE]  [    ]  [(OPRT)]
```

图 7.47　FSSB 设定画面

注意:此参数设定结束后,不需要进行初始化或自动设定操作。

3. 伺服参数修改

参数:1815#1 = 1。

在伺服参数设定画面上,修改以下参数:

①柔性齿轮比,按如下设定:

$$\frac{\text{相对于一定移动距离的所需的位置脉冲数}}{\text{相对于一定移动距离的来自分离式检测器的位置脉冲数}}\text{的约分数}$$

设定值和光栅的最小分辨率有关系,如果最小分辨率是 0.1,则设定值为 1:10。

举例说明:

例:直线尺 A、B 相 1 脉冲　　　　　　　　　:1/1000 mm

　　电动机 1 转的移动量　　　　　　　　　:12 mm/r

检测单位   :1/1000 mm

$$\frac{N}{M} = \frac{12/0.001}{12/0.001} = \frac{1}{1}$$

例:直线尺 A、B 相 1 脉冲   :5/10000 mm(0.5 μm 检测)

电动机 1 转的移动量   :12 mm/r

检测单位   :1/1000 mm

$$\frac{N}{M} = \frac{12/0.001}{12/0.0005} = \frac{1}{1}$$

②位置脉冲数,按如下方法设定:

位置脉冲数 = 电动机 1 转由直线尺输入的脉冲数 × 4

例:直线尺 A、B 相 1 脉冲   :1/1000 mm

电动机 1 转的移动量   :1 m/r

检测单位   :1/1000 mm

位置脉冲数 = 12/0.001 = 12000

例:直线尺 A、B 相 1 脉冲   :1/10000 mm(0.5 μm 检测)

电动机 1 转的移动量   :12 mm/r

检测单位   :1/1000 mm

位置脉冲数 = 12/0.0005 = 24000

注:如果设定数大于 32767,用参数 2185 做乘数。

③参考计数器容量,按如下方法设定:

直线尺的参考标记只有 1 个时,可以为任意值。

设定值 = 30000(任意)

直线尺的参考标记有 2 个以上时,设定为标记间隔的整数分之一的值

设定值 = 10000,20000,25000

基本任务 5   全闭环振动抑制的参数调整

1.参数设定

图 7.48 流程图左边为全闭环的设定步骤,要注意的是 CMR,N/M,位置脉冲数,如果设定错误,有时候轴可以走,并且移动的距离也正确,但会加大振动,例如:

丝杠 12 mm,光栅尺为串行 LC491F,实际分辨率为 0.01 μm,则设定如下:

     CMR = 2

     AMR = 0000000

     N/M = 指令单位/输出脉冲 = 1 μm/(1/0.01 μm) = 1:100

注意:当设定了以上的 N/M,系统可能会出现 417 报警,这时,可以查找诊断 352 内容,为 10016(参数的内部数值失控检测溢出),可通过设定参数 2200#0 = 1 来屏蔽此报警。

     位置脉冲 Ns = 丝杠螺距/光栅分辨率 = 12000/0.01 = 30000 × 40

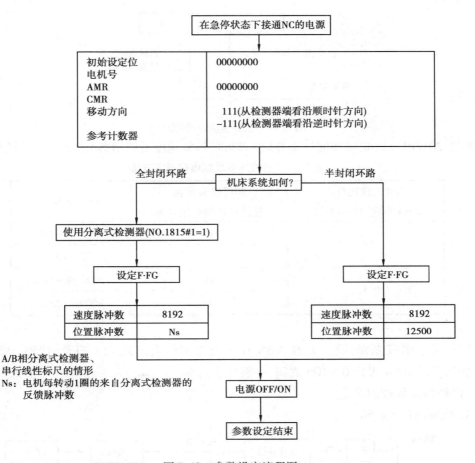

图 7.48　参数设定流程图

参数 2024 = 30000,参数 2185 = 40(位置反馈脉冲数如果大于 32767 时,则设定值 = $A \times B$,A:参数 2024,B:参数 2185)。

2. 有关增益参数设定

伺服增益先设定为 100(参数 2021 = 0),位置增益设定为 3000(参数 1825 = 3000),等其他参数设定完成后,再适当增加速度增益的设定。

注意:

①全闭环控制时,不要使用[SERVO GUIDE]中的导航器进行调整,最好也不要进行频率响应测量,以免由于振动太大而损坏机床。

②不要设定增益快速/切削切换功能,即参数 2202#1 和 2107 不要设定。

③不要设定停止时增益可变功能,即参数 2016#3 和 2119 不要设定。

④可以使用 HRV2 功能。

3. 机械速度反馈参数设定

原理如图 7.49 所示。

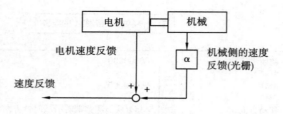

图 7.49　机械速度反馈原理图

参数:2012#1 = 1(机械速度反馈有效),2088(机械速度反馈增益)按表 7.17 设定。

表 7.17　机械速度反馈增益设定方法

柔性齿轮比设定 (2084/2085 1977/1978)	2017#7 设定值 (速度环比例高速处理)	设定值范围
1/1	0	− 30 到 − 100
	1	30 ~ 100
非 1/1	0	− 3000 到 − 10000
	1	3000 ~ 10000

注意:对于串行光栅,设定参数 2088 如果超过 100 会出现 417 报警,诊断 352 内容为 883,这时,参数 2088 设定 0 ~ 100 之间,一般设定为 50。

4. 振动抑制参数的设定

(1)原理图(图 7.50)

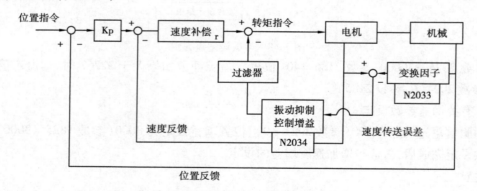

图 7.50　振动抑制参数的设定原理图

(2)参数 2033(变换因子)的设定

A/B 相光栅尺:设定值 = 电机每转反馈回来的脉冲数(FFG 之前)/8。

例:5 mm 丝杠,0.5 μm/P 光栅。FFG = 1/2

N2033 = 10000/8 = 1250

串行光栅尺:设定值 = 电机每转反馈回来的脉冲数(FFG 之后)/8。

例:5 mm 丝杠,0.5 μm/P 光栅。FFG = 1/2

N2033 = 5000/8 = 625

参数 2034(振动抑制控制的增益)的设定:先设定 500,再通过移动该轴观察振动,每次增加 100。如果设定后,振动反而加大,可设定为负数(-500)。

(3)双位置反馈参数的设定

该功能在 18I/16I 系统上是选择功能,一般不要设定,如果机械实在太差,通过以上两个功能都不能消除振动,可以使用该功能。但调试出来的结果不是很理想。可以看到,在速度比较高的情况下,轴定位后会回退一段距离,或者左右晃动几下。

原理如图 7.51 所示。

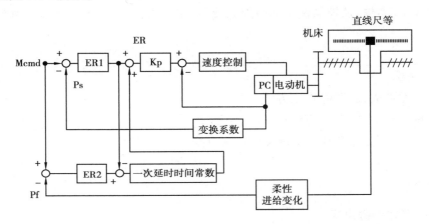

图 7.51 双位置反馈参数的设定原理

ER1:半闭环的误差计数器

ER2:全闭环的误差计数器

一阶延时时间常数 $=1/(1+t)$ 时的实际误差

$t=0$ 时(停止时)

ER = ER1 + (ER2 - ER1) = ER2 (全闭环的误差)

$t=$ 无穷大时(加减速中)

ER = ER1(半闭环的误差)

这样,移动中就可用半闭环控制,停止时就可用全闭环控制。

使用此功能,在移动中就可获得如同半闭环一样的高控制性能,而在停止时可使用反馈检测元件的高精度定位。

参数 2078/2079 的设定:等于相当于半闭环控制时的柔性齿轮比 N/M。

参数 2080 的设定:10~300 设定值越大,越接近半闭环控制。当在轴移动时,由于电机侧的位置反馈和机械侧的位置反馈不一致,等该轴到达指令位置后,再精确检测机械侧的位置,所以就会出现来回晃动的情况。

◎ 思考题

1.怎样设定 FANUC 伺服系统的柔性进给齿轮比 N/M?

2.对旋转轴,机械有一 1/10 的减速齿轮和设定为 1/1000 度的检测单位,则电机每转一转工作台旋转 360/10 度的移动量,试对其进行设定。

任务6　FANUC 伺服总线(FSSB)的设定和常见故障分析

◎ **任务提出**

FSSB 是 Fanuc Servo Bus(FANUC 伺服总线)是缩写,它能够将 1 台主控器(CNC 装置)和多台从控器用光缆连接起来,在 CNC 与伺服放大器间用高速串行总线(串行数据)进行通信。主控器侧是 CNC 本体,从控器侧是伺服放大器(主轴放大器除外)及分离型位置检测器用的接口装置。

◎ **任务目标**

1. 掌握伺服放大器 FSSB 设定方法;
2. 掌握伺服轴 FSSB 设定方法;
3. 掌握 FSSB 设定过程中常见故障的诊断方法。

◎ **相关知识**

一、FSSB 基本参数设定

①参数 1023 设定为 1,2,3 等。对应光缆接口 X,Y,Z 等。

②参数 1902 的位 0 = 0,伺服 FSSB 参数自动设定。

③运用参数设定帮助功能进行设定操作,按[SYSTEM]功能键会循环出现参数、诊断、参数设定支援 3 个画面,图 7.52 即为参数设定支援画面。运用光标来选择 FSSB(AMP)和 FSSB(轴)进行相应设定。

二、伺服放大器 FSSB 设定

1. 设定步骤

①通过图 7.52 所示进入伺服放大器 FSSB 设定画面,指定各放大器连接的被控轴的轴号(1,2,3 等)。在 CUR 下面会显示放大器的电流(如 40A),如果没有或显示--,则检查伺服放大器的电源是否正常或光缆的连接是否正确。

②按[SETING]软键(若显示报警信息,请重新设定)。

显示如图 7.53 所示。

注意:先按[AMP](放大器),再按[OPRT],选择[SETTING]。

③如果正常设定,会出现 000 报警,关机再开机。

2. 伺服放大器设定画面中显示的各项内容的意义

NO:表示某通道下第几从属装置,如 2 表示第 2 从属装置。

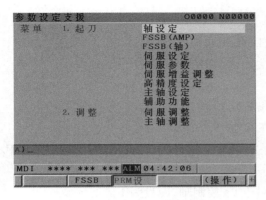

图 7.52　参数设定支援画面　　　　图 7.53　伺服放大器 FSSB 设定画面

AMP:表示从属装置所接的放大器及第几轴,如 A1-M 表示第 2 从属装置接到第 1 放大器的第 2 轴上。

SERIES:表示放大器的系列。

UNIT:表示放大器是伺服单元还是伺服模块,如 SVM 表示伺服模块。

CUR:表示该从属装置驱动放大器控制的轴的最大电流。

AXIS:表示从属装置的连接顺序号。

NAME:表示从属装置的轴名。

三、伺服轴 FSSB 设定

1. 设定步骤

①通过图 7.54 所示进入伺服轴 FSSB 设定画面,在轴设定画面上,指定关于轴的信息,如分离型检测器接口单元的连接器号。

②按[SETING]键(若显示警告信息,重复上述步骤)。此时,应关闭电源,然后开机,如果没有出现 5138 报警,则设定完成。显示如图 7.54 所示。

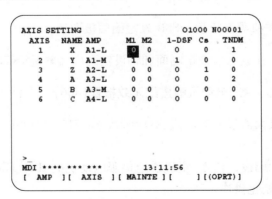

图 7.54　伺服轴 FSSB 设定画面

③按下[AXIS](轴)

上述的 M1,M2 表示全闭环的接口所连接的插座对应的轴,比如:M1 的 JF101 连接 X 轴位置反馈,则在上面的 X 行的 M1 处设定为 1。如果是半闭环控制,则不用设定。

2. 伺服轴设定画面中显示的各项内容的意义

AXIS：被控轴的编号，表明 NC 控制轴的安装位置。

NAME：被控轴的名称。

AMP：各轴所连放大器的形式。

M1：分离型检测器接口单元 1 的连接器号（在参数 1931 中设定）。

M2：分离型检测器接口单元 2 的连接器号（在参数 1932 中设定）。

1-DSP：参数 1904 第 0 位（1DSP）的设定值。如果某个轴设为 1，表示使用专门的 DSP。通常 1 个 DSP 控制 2 个轴。

CS：Cs 轮廓控制轴（在参数 1933 中设定）。对于 Cs 控制轴，应设为 1。

TNDM：参数 1934 的指定值，0i 和 0i Mate 不用。

◎ 任务实施

基本任务 1　不能自动设定 FSSB

检查参数 1902。若参数 1902 = 00000000，则设定 1905 = 00000000，并将 1910 到 1919 均设为 0。

①当参数 1815#1 = 1 时，检查参数 1910 到 1919 是否设为 16（靠近 CNC 的第 1 个分离型检测器接口单元）或 48（远离 CNC 的第 2 个分离型检测器接口单元）。

②检查传输是否打开（绿色 LED 亮）。如果传输没有打开，检查放大器的电源以及光缆连接。

基本任务 2　在 FSSB 画面的轴设定上，M1 和 M2 的连接器号码不能设定

查看 FSSB 画面，分离型检测器接口单元的 ID 是否读取正确。如果位置模块 ID 读取不正确，检查分离型检测器接口单元的连接。

基本任务 3　电源关机再开机后，FSSB 设定画面被取消

在设定需求的值后，在放大器设定画面和轴设定画面按软键[SETTING]。

基本任务 4　发生放大器/电动机的搭配无效报警（466）

检查 ID 画面上的放大器最大电流值，对应参数 No. 2165 的设定。再次检查放大器/电动机的搭配。

①伺服电动机 ID 代码设定错误，正确设定伺服电动机的 ID 代码并进行初始化。

②进行伺服参数初始化操作。

③按实际连接重新进行 FSSB 初始化操作。

④伺服放大器故障。

⑤系统轴板故障。

基本任务 5　发生 P/S 报警(5138)

FSSB 画面的自动设定没有正常完成。

①确认 FSSB 放大器设定画面和轴设定画面无误。

②在两个画面(放大器和轴设定画面)上按软键[SETTING]。

③系统断电并重新上电。

基本任务 6　FSSB 放大器数目小报警(5136)

系统检测实际放大器与设定不符。

①检查系统参数 1010 和实际轴数是否一致。

②放大器控制电路电源故障。

③放大器连接信息光缆不良。

④按实际连接情况重新进行 FSSB 初始化。

⑤伺服放大器本身故障。

⑥系统轴板故障。

FSSB 报警及故障原因如表 7.18 所示。

表 7.18　FSSB 报警及故障原因

报警号	报警名称	报警原因
5134	FSSB:OPEN READY TIME OUT	在初始化期间,FSSB 未打开就绪
5135	FSSB:ERROR MODE FSSB	进入了错误方式
5136	FSSB:NUMBER OF AMPS IS SMALL	与被轴数相比,FSSB 的放大器数不足
5137	FSSB:CONFIGRATUION ERROR	FSSB 检查出配置错误,从属轴的地址转换值(ATR)的设定(参数#1910—#1919 和#1970—#1779)与实际连到 FSSB 的从属轴的形式不相符
5138	FSSB:AXI SETTING NOT COMPLETE	在自动设定方式,轴的设定未完成
5139	FSSB:ERROR	伺服初始化未正常完成。可能的原因是:光缆坏或放大器与模块之间的连接错误
5140	FSSB:OPEN TIME OUT	当 CNC 已经允许 FSSB 打开时,FSSB 未打开
5197	FSSB:ID DATA NOT READ	因为临时指定故障,不能读入放大器的初始 ID 信息
5311	FSSB:ILLEGAL CONNECTION	与 FSSB 有关的连接非法。出现下列情况时显示该报警: ①两轴控制时,相邻的伺服轴号(参数#1023)一个是奇数,另一个是偶数,分别赋予了不同 FSSB 系统相连的放大器。 ②系统未满足执行 HRV 控制的要求,或使了两个位置模块,这两个位置模块分别连到了电流控制周期的不同的 FSSB 系统上

◎ **思考题**

1. FSSB 自动设定过程中,轴的设定未完成,故障原因和解决方法?
2. 伺服放大器发生故障,会导致其他哪些相关故障发生?

任务 7　FANUC 0i MC 进给伺服系统检测装置故障诊断与维修

　　进给伺服系统检测装置按类型不同分为绝对编码器和相对编码器;按连接形式不同分为伺服电动机内装编码器的检测装置和分离型的检测装置。

　　FANUC 数控系统既可以用于半闭环工作,又可以用于全闭环工作,半闭环位置检测为伺服电机尾部的光电编码器,通过伺服电动机内装编码器实现进给伺服的位置和速度反馈控制。全闭环位置检测来自机床上直线光栅尺等直线位移检测器件。

◎ **任务提出**

　　在操作与维护数控机床进给伺服系统检测装置时,认识检测装置的接口,学会相关的硬件连接是很重要的一步。

◎ **任务目标**

1. 数控机床进给伺服系统对检测装置的要求;
2. 分离型检测装置接口认识;
3. 学习伺服电动机内装编码器报警及维修技术;
4. 掌握分离型检测装置(光栅尺)的拆装与调试;
5. 掌握 FANUC 0i MC 封闭光栅尺的方法;
6. 学习分离型检测装置(光栅尺)的维修技术;
7. FANUC 0i MC 进给伺服系统检测装置典型故障分析。

◎ **任务分析**

　　为了实现分离型检测装置(光栅尺)的拆装与调试,我们还需要了解:

1. 直线型光栅尺的结构;
2. 光栅尺的维护。

◎ **相关知识**

一、数控机床进给伺服系统对检测装置的要求

1. 数控机床对检测元件的要求

　　检测元件是检测装置的重要部件,其主要作用是检测位移和速度,发送反馈信号。位移检测系统能够测量的最小位移量称为分辨率。分辨率不仅取决于检测元件本身,也取决于测量电路。

　　数控机床对检测元件的主要要求是:

①寿命长,可靠性高,抗干扰能力强。

②满足精度和速度要求。

③使用维护方便,适合机床运行环境。

④成本低。

⑤便于与计算机连接。

2. 数控机床对位置检测装置的要求

位置检测装置是数控机床伺服系统的重要组成部分。它的作用是检测位移和速度,发送反馈信号,构成闭环或半闭环控制。数控机床的加工精度主要由检测系统的精度决定。不同类型的数控机床,对位置检测元件,检测系统的精度要求和被测部件的最高移动速度各不相同。现在检测元件与系统的最高水平是:被测部件的最高移动速度高至 240 m/min 时,其检测位移的分辨率(能检测的最小位移量)可达 1 μm,如 24 m/min 时可达 0.1 μm。最高分辨率可达到 0.01 μm。

数控机床对位置检测装置有如下要求:

①受温度、湿度的影响小,工作可靠,能长期保持精度,抗干扰能力强。

②在机床执行部件移动范围内,能满足精度和速度的要求。

③使用维护方便,适应机床工作环境。

④成本低。

二、FANUC 0i MC 分离型检测装置接口

1. FANUC 0i MC 分离型检测装置接口图(图 7.55)

当使用分离型编码器或直线尺时,需要如图 7.55 所示的分离型检测器接口单元。分离型检测器接口单元应该通过光缆连接到 CNC 控制单元上,作为伺服接口(FSSB)的单元之一。虽然在图 7.55 中分离型检测器接口单元作为 FSSB 的最终级连接,但它也可作为第一级连接到 CNC 控制单元。或者,它可以安装在两个伺服放大器模块之间。

2. FANUC 0i MC 分离型检测器接口单元规格(表 7.19)

接口单元能提供 0.35 A(5 V)给每个分离型检测器。

表 7.19　FANUC 0i MC 分离型检测器接口单元规格

项　目	规　格
电源容量	电压 24VDC ± 10% 电流 0.9 A(仅基本单元) 1.5 A(基本单元 + 扩展单元)
订货信息	A02B-02336-C205(基本)
安装发法	使用螺钉或 DIN 导轨安装接口单元

3. FANUC 0i MC 分离型检测器电源的连接(图 7.56)

由外部 24 V 电源给分离型检测器接口单元供电。

输入到 CP11A 的 24 V 能从 CP11B 输出。CP11B 的连接与 CP11A 的连接相同。这时,CP11A 的容量应等于分离型检测器接口单元与 CP11B 后面所连接单元的容量总和。

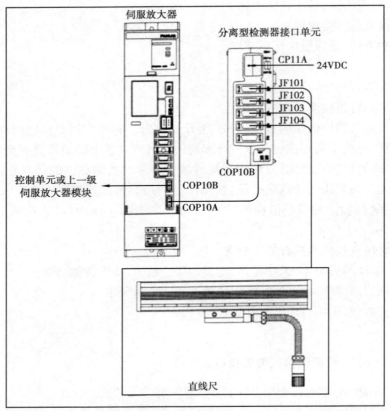

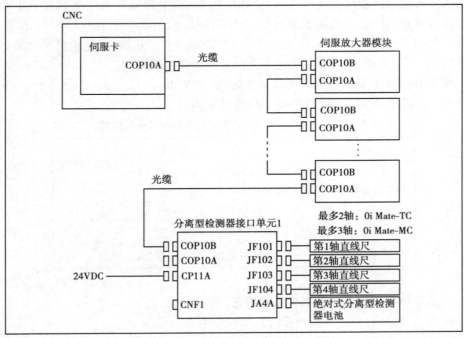

图 7.55　FANUC 0i MC 分离型检测装置接口图

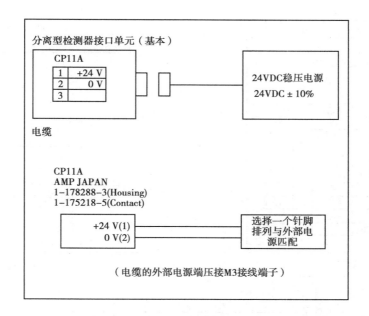

图 7.56   FANUC 0i MC 分离型检测器电源的连接

4. FANUC 0i MC 分离型检测器直线尺接口 (并行接口) (如图 7.57)

三、伺服电动机内装编码器报警及维修技术

通过伺服电动机内装编码器实现进给伺服的位置和速度反馈控制,属于半闭控制。

四、分离型检测装置 (光栅尺) 的相关知识

1. 光栅基础知识

光栅利用光的透射、衍射原理,通过光敏元件测量莫尔条纹移动的数量来测量机床工作台的位移量。一般用于机床数控系统的闭环控制。光栅主要由标尺光栅和光栅读数头两部分组成。通常,标尺光栅固定在机床运动部件上 (如工作台或丝杠上) ,光栅读数头产生相对移动。

透射光栅的工作原理透射光栅测量系统原理,它由光源、透镜、标尺光栅、指示光栅、光敏元件和信号处理电路组成。透射光栅的工作原理透射光栅测量系统原理如图 7.58 所示,它由光源、透镜、标尺光栅、指示光栅、光敏元件和信号处理电路组成。信号处理电路又包括放大、整形和鉴向倍频等。通常情况下,标尺光栅与工作台装在一起随工作台移动外,光源、透镜、指示光栅、光敏元件和信号处理电路均装在一个壳体内,做成一个单独部件固定在机床上,这个部件称为光栅读数头,其作用是将光信号转换成所需的电脉冲信号。光栅读数是利用莫尔条纹的形成原理进行的。图 7.59 是莫尔条纹形成原理图。将指示光栅和标尺光栅叠合在一起,中间保持 0.01 ~ 0.1 mm 的间隙,并且指示光栅和标尺光栅的线纹相互交叉保持一个很小的夹角 θ ,如图所示。当光源照射光栅时,在 a—a 线上,两块光栅的线纹彼此重合,形成一条横向透光亮带:在 b—b 线上,两块光栅的线纹彼此错开,形成一条不透光的暗带。这些横向明暗相间出现的亮带和暗带就是莫尔条纹。直线光栅尺外观如图 7.60 所示。

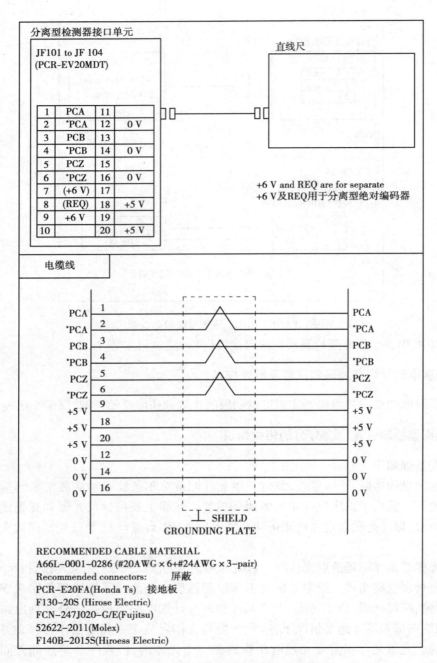

图 7.57　FANUC 0i MC 分离型检测器直线尺接口(并行接口)

　　两块光栅每相对移动一个栅距,则光栅某一固定点的光强按明—暗—明规律变化一个周期,即莫尔条纹移动一个莫尔条纹的间距。因此,光电元件只要读出移动的莫尔条纹数目,就可以知道光栅移动了多少栅距,也就知道了运动部件的准确位移量。

　　2. 光栅尺

　　在数控机床中,为了实现位置控制,必须有位置检测装置用于检测机床运动部件的位移。数控机床常用的位置检测装置有光栅尺、编码器等。光栅尺是一种高精度的直线位移检测装置,通过光电转换,对莫尔条纹进行计数,得到移动部件的位移及方向等信号。FANUC 0i MC系统把光栅尺信号反馈到系统的位置模块,通过伺服总线完成与系统轴板的数据交换。

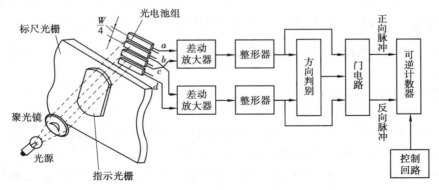

图 7.58　透射光栅测量系统工作原理示意图

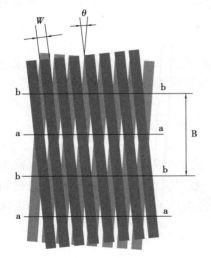

图 7.59　莫尔条纹

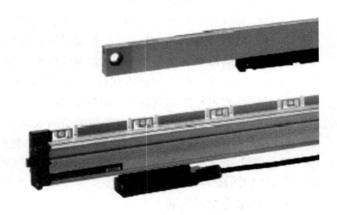

图 7.60　直线光栅尺

3.光栅尺常见故障及处理方法

(1)由于维护不当或光栅尺密封不良引起的光栅尺脏

采用 3 m 以上的光栅尺时,从光栅尺盒抽出主光栅进行清洗;采用 3 m 以下的光栅尺时,将读数头卸下,把整个光栅盒(带主光栅)进行清洗。如果光栅尺密封破损则需要更换光栅尺。

(2)读数头不良

清洗读数头上指示光栅并检查读数头电路板,更换读数头。

(3)读数头连接电缆不良及读数头电源电压(DC 5 V)电压低

检查连接电缆是否有断路或接触不良,位置模块供电电路故障。

(4)系统位置模块或系统轴板不良(FANUC 0i MC 系统)

检查后更换损坏部件。

(5)系统主板不良

更换系统主板。

◎ **任务实施**

基本任务 1　FANUC 0i MC 进给伺服系统检测装置典型故障及处理

当机床出现如下故障现象时,首先要考虑到是否是由检测器件的故障引起的,并正确分析查找故障部位。

1.机械振荡(加/减速时)

引发此类故障的常见原因有:

①脉冲编码器出现故障,此时应重点检查速度检测单元上的反馈线端子上的电压是否在某几点电压下降,如有下降表明脉冲编码器不良,更换编码器。

②脉冲编码器十字联轴节可能损坏,导致轴转速与检测到的速度不同步,更换联轴节。

③测速发电机出现故障,修复,更换测速发电机。维修实践中,测速发电机电刷磨损、卡阻故障较多。应拆开测速发电机,小心将电刷拆下,在细砂纸上打磨几下,同时清扫换向器的污垢,再重新装好。

2.机械运动异常快速(飞车)

检修此类故障,应在检查位置控制单元和速度控制单元工作情况的同时,还应重点检查:

①脉冲编码器接线是否错误,检查编码器接线是否为正反馈,A 相和 B 相是否接反。

②脉冲编码器联轴节是否损坏,如损坏更换联轴节。

③检查测速发电机端子是否接反和励磁信号线是否接错。

3.主轴不能定向移动或定向移动不到位

检修此类故障,应在检查定向控制电路的设置调整,检查定向板,主轴控制印刷电路板调整的同时,应检查位置检测器(编码器)是否不良,此时一般要测编码器的输出波形,通过判断输出波形是否正常来判断编码器的好坏(维修人员应注意在设备正常时测录编码器的正常输出波形,以便故障时查对)。

4.坐标轴进给时振动

检修时应在检查电动机线圈是否短路,机械进给丝杠同电机的连接是否良好,检查整个伺服系统是否稳定的情况下,检查脉冲编码是否良好、联轴节连接是否平稳可靠、测速发电机是否可靠。

5.出现 NC 错误报警

NC 报警中因程序错误,操作错误引起的报警。如 FAUNUC 6ME 系统的 NC 报警090.091。出现 NC 报警,有可能是主电路故障和进给速度太低引起。同时,还有可能是:

①脉冲编码器不良。

②脉冲编码器电源电压太低(此时调整电源电压的 15 V,使主电路板的 + 5 V 端子上的电压值在 4.95 ~ 5.10 V 内)。

③没有输入脉冲编码器的一转信号而不能正常执行参考点返回。

6.出现伺服系统报警

伺服系统故障时常出现如下的报警号:如 FAUNUC 6ME 系统的伺服报警:416,426,436,446,456。此时要注意检查:

①轴脉冲编码器反馈信号断线,短路和信号丢失,用示波器测 A 相、B 相一转信号,看其

是否正常。

②编码器内部故障,造成信号无法正确接收,检查其受到污染、太脏、变形等。

基本任务2 分离型检测装置(光栅尺)的拆装与调试

1. 光栅尺的基本结构

光栅有长光栅和圆光栅两种,长光栅用于检测直线位移量;圆光栅用于检测转角位移量。FANUC 0i MC 系统数控机床采用长光栅来检测直线位移量。

光栅位置检测装置由光源、标尺光栅(长光栅)、指示光栅(短光栅)和光电元件等组成,如图 7.61 所示。光栅是在一块长条形的光学玻璃上均匀地刻上线条。线条之间的距离称为栅距。栅距决定精度,一般是每毫米 50,100,200 条线。长光栅 G1 装在机床的移动部件上;短光栅装在机床的固定部件上。两块光栅互相平行并保持一定的间隙(如 0.05 mm 或 0.1 mm 等),且两块光栅的栅距相同。

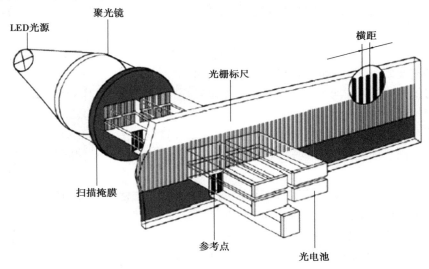

图 7.61 光栅组成

2. 光栅尺测量原理(图 7.62)

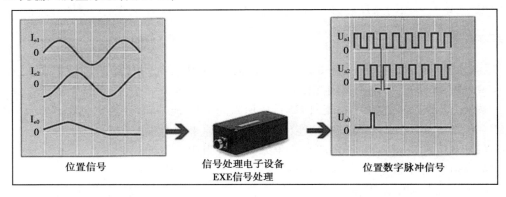

图 7.62 光栅尺测量原理

3.光栅尺的拆装

用于数控机床的直线光栅尺采用封闭结构,铝制外壳保护光栅尺、扫描单元和轨道免受灰尘、切削和切削液的影响,自动向下的弹性密条保持外壳的密封。图7.63为光栅尺的安装图。

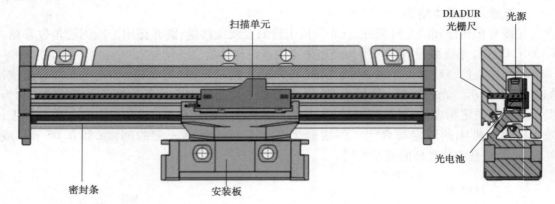

图7.63 光栅尺安装图

安装光栅尺时,密封条朝下或远离溅水的方向。

安装封闭式光栅尺非常简单,只需在多点位置处将光栅尺与机床导轨对正。也可以用限位面或者限位销对正光栅尺。

安装辅助件以将光栅尺和扫描单元间的间隙以及横向公差调整正确。如安装空间有限,必须在安装光栅尺前先安装辅助件,精确地调定光栅尺和扫描单元的间隙,还必须确保符合横向公差要求。

除了采用两个 M8 的螺栓将直线光栅尺固定在平面上的标准安装方法外,还可以采用安装板安装(如果测量长度超过 1 240 mm,必须使用安装板安装)。

用安装板安装时,安装板可以作为机床的一部分安装在机床上,最后安装时只需将光栅尺夹紧即可。因此,可以很容易地更换光栅尺,便于维修。

4.光栅尺的维护

防污:避免受到冷却液的污染,从而造成信号丢失,影响位置控制精度。

防振:光栅尺拆装时要用静力,不能用硬物敲击,以免引起光学元件的损坏。

基本任务3 封闭光栅尺

实际中进行故障诊断或应急处理时,经常通过封闭光栅尺的方法进行处理。下面以 FANUC 0i MC 系统为例,说明封闭光栅尺的方法及具体步骤。

①系统返回参考点的减速功能(1425):由原来的 100 mm/min 改为 200 mm/min。

②系统是否使用反向间隙加速功能(2003#5):由原来的 1 改为 0。

③系统双位置反馈功能(2019#7):由原来的 1 改为 0。

④系统由全闭控制变成半闭控制(1815#1):由原来的 1 改为 0。

⑤按半闭控制设定伺服参数:包括进给齿轮比 N/M、位置脉冲数、参考计数器容量。

⑥振荡抑制系数(2033):设定为 0。

⑦系统下电并重新上电。

实际封光栅尺时的注意事项：

①机床的参考点位置发生了变化,加工工件坐标系变化,尤其是有自动换刀、自动对刀器时要重新调整。

②机床的精度下降后,加工工件的工艺要求是否满足。

③重新进行机床反向间隙的测量和系统参数的补偿。

④在封光栅尺前对系统数据进行系列备份,以便对光栅尺的恢复。

基本任务 4　**某立式加工中心,数控系统采用 FANUC 0i MC 系统,伺服电机为 αi12/3000,外加直线光栅构成全闭环,在使用过程中产生 Z 轴 445# 报警,系统停止工作。**

1. 故障报警过程

当数控系统设计和调试为全闭环位置控制方式,数控系统除实时检测编码器是否有断线报警外,还实时对半闭环检测的位置数据与分离式直线位置检测反馈的脉冲数进行偏差计算,若超过参数 NO. 2064 设置值,就会产生 445# 报警。

2. 故障产生原因

根据直线位置检测反馈工作过程,故障原因可能由于直线位置检测器件断线或插座没有插好产生的;直线位置反馈装置的电源电压偏低或没有;位置反馈检测器件本身故障;光栅适配器等,闭环位置检测器件是通过光栅适配器进入伺服位置控制回路。

◎ 思考题

1. 伺服电动机内装编码器,绝对式和增量式的区别?

2. 某数控机床采用光栅尺作为位置反馈装置,有时加工中出现伺服位置反馈断线报警,如何进行故障的诊断与排除?

任务 8　FANUC 0i MC 进给伺服系统典型故障诊断

进给伺服系统出现故障时,通常有 3 种表现形式:一是在 CRT 或操作面板上显示报警内容或报警信息;二是进给伺服驱动单元上用报警灯或数码管显示驱动单元的故障;三是运动不正常,但无任何报警。

◎ 任务提出

由于进给伺服系统出现故障时,通常有 3 种表现形式,因此可根据 3 种不同的故障表现形式对故障进行分析处理。其中常见的故障有伺服轴跟踪误差过大报警、系统发生 410 号报警(伺服停止误差过大)、系统发生"401"报警(伺服不能就绪报警)、机床运行中回转台交流伺服电机突然不启动,是突发性、无报警故障。

◎ 任务目标

1. 学习进给伺服系统的常见报警与处理方法;

2. 学习伺服轴跟踪误差过大报警处理方法;

3. 系统发生 410 号报警(伺服停止误差过大)处理方法;

4. 系统发生"401"报警(伺服不能就绪报警)处理方法;

5. 机床运行中回转台交流伺服电机突然不启动,突发性、无报警故障的处理方法。

◎ **任务分析**

1. 相关检测元件的基本工作原理和使用方法;

2. 检测元件的设定方法;

3. 相关元器件的更换方法。

◎ **相关知识**

一、进给伺服的常见故障

1. 超程

有软件超程、硬件超程和急停保护 3 种。

2. 过载

当进给运动的负载过大、频繁正反向运动,以及进给传动润滑状态和过载检测电路不良时,都会引起过载报警。

3. 窜动

在进给时出现窜动现象:测速信号不稳定;速度控制信号不稳定或受到干扰;接线端子接触不良;反响间隙或伺服系统增益过大所致。

4. 爬行

发生在启动加速段或低速进给时,一般是由于进给传动链的润滑状态不良、伺服系统增益过低以及外加负载过大等因素所致。

5. 振动

分析机床振动周期是否与进给速度有关。

6. 伺服电机不转

数控系统至进给单元除了速度控制信号外,还有使能控制信号,使能信号是进给动作的前提。

7. 位置误差

当伺服运动超过允许的误差范围时,数控系统就会产生位置误差过大报警,包括跟随误差、轮廓误差和定位误差等。主要原因:系统设定的允差范围过小;伺服系统增益设置不当;位置检测装置有污染;进给传动链累积误差过大;主轴箱垂直运动时平衡装置不稳。

二、伺服系统的常见报警

1. 进给伺服系统出错报警故障

这类故障的起因,大多是速度控制单元方面的故障引起的,或是主控制印制线路板与位置控制或伺服信号有关部分的故障。

2. 检测元件或检测信号方面引起的故障

例如:某数控机床显示"主轴编码器断线",引起的原因有:

①电动机动力线断线。如果伺服电源刚接通,尚未接到任何指令时,就发生这种报警,则

由于断线而造成故障可能性最大。

②伺服单元印制线路板设定错误,如将检测元件脉冲编码器设定成了测速发电动机等。

③没有速度反馈电压或时有时无,只能根据测量的速度反馈信号来判断,这类故障除检测元件本身存在故障外,多数是由于连接不良或接通不良引起的。

④由于光电隔离板或中间的某些电路板上劣质元器件所引起的。当有时开机运行相当长一段时间后,出现"主轴编码器断线",这时重新开机,可能会自动消除故障。

3. 参数被破坏

表 7.20　参数被破坏报警

报警内容	报警发生状况	可能原因	处理措施
参数破坏	在接通控制电源时发生	正在设定参数时电源断开	进行用户参数初始化后重新输入参数
		正在写入参数时电源断开	
		超出参数的写入次数	更换伺服驱动器(重新评估参数写入法)
		伺服驱动器 EEPROM 以及外围电路故障	更换伺服驱动器
参数设定异常	在接通控制电源时发生	装入设定不适当的参数	执行用户参数初始化处理

4. 主电路检测部分异常

表 7.21　主电路检测部分异常报警

报警内容	报警发生状况	可能原因	处理措施
主电路检测部分异常	在接通控制电源时或者运行过程中发生	控制电源不稳定	将电源恢复正常
		伺服驱动器故障	更换伺服驱动器

5. 超速

表 7.22　超速报警

报警内容	报警发生状况	可能原因	处理措施
超速	接通控制电源时发生	电路板故障	更换伺服驱动器
		电动机编码器故障	更换编码器
	电动机运转过程中发生	速度标定设定不合适	重设速度设定
		速度指令过大	使速度指令减到规定范围内
		电动机编码器信号线故障	重新布线
		电动机编码器故障	更换编码器
	电动机启动时发生	超跳过大	重设伺服调整使启动特性曲线变缓
		负载惯量过大	伺服在惯量减到规定范围内

6. 限位动作

表 7.23 限位动作报警

报警发生状况	可能原因	处理措施
限位开关动作	限位开关有动作（即控制轴实际已经超程）	参照机床使用说明书进行超程解除
	限位开关电路开路	依次检查限位电路,处理电路开路故障

7. 过热报警故障

表 7.24 过热报警

	过热的具体表现	过热原因	处理措施
过热报警	过热的继电器动作	机床切削条件较苛刻	重新考虑切削参数,改善切削条件
		机床摩擦力矩过大	改善机床润滑条件
	热控开关动作	伺服电动机电枢内部短路或绝缘不良	加绝缘层或更换伺服电动机
		电动机制动器不良	更换制动器
		电动机永久磁钢去磁或脱落	更换电动机
	电动机过热	驱动器参数增益不当	重新设置相应参数
		驱动器与电动机配合不当	重新考虑配合条件
		电动机轴承故障	更换轴承
		驱动器故障	更换驱动器

8. 电动机过载

表 7.25 伺服驱动系统过载报警

报警内容	报警发生状况	可能原因	处理措施
过载（一般有连续最大负载和瞬间最大负载）	在接通控制电源时发生	伺服单元故障	更换伺服单元
	在伺服 ON 时发生	电动机配线异常（配线不良或连接不良）	修正电动机配线
		编码器配线异常（配线不良或连接不良）	修正编码器配线
		编码器有故障（反馈脉冲与转角不成比例变化,而有跳跃）	更换编码器
		伺服单元故障	更换伺服单元

续表

报警内容	报警发生状况	可能原因	处理措施
过载(一般有连续最大负载和瞬间最大负载)	在输入指令时伺服电动机不旋转的情况下发生	电动机配线异常(配线不良或连接不良)	修正电动机配线
		编码器配线异常(配线不良或连接不良)	修正编码器
		启动扭矩超过最大扭矩或者负载有冲击现象;电动机振动或抖动	重新考虑负载条件、运行条件或者电动机容量
		伺服单元故障	更换伺服单元
	在通常运行时发生	有效扭矩超过额定扭矩或者起动扭矩大幅度超过额定扭矩	重新考虑负载条件、运行条件或者电动机容量
		伺服单元存储盘温度过高	将工作温度下调
		伺服单元故障	更换伺服单元

9. 伺服单元过电流报警

表 7.26　伺服单元过电流报警

警报内容	警报发生状况		可能原因	处理措施
过电流(功率晶体管(IG-BT)产生过电流)或者散热片过热	在接通控制电源时发生		伺服驱动器的电路板与热开关接触不良	更换伺服电动器
			伺服驱动器电路板故障	
	在接通主电路电源时发生或者在电动机运行过程中产生过电流	接线错误	U,V,W 与地线连接错误	检查配线,正确连接
			地线缠在其他端子上	
			电动机主电路用电缆的 U,V,W 与地线之间短路	修正或更换电动机主电路用电缆
			电动机主电路用电缆的 U,V,W 之间短路	
			再生电阻配电错误	检查配线,正确连接
			伺服驱动器的 U,V,W 与地线之间短路	更换伺服驱动器
			伺服驱动器故障(电流反馈电路、功率晶体管或者电路板故障)	
			伺服驱动器的 U,V,W 与地线之间短路	更换伺服单元
			伺服驱动器的 U,V,W 之间短路	
		其他原因	因负载转动惯性大并且高速旋转,动态制动器停止,制动电路故障	更换伺服驱动器(减少负载或者降低使用转速)
			位置速度指令发生剧烈变化	重新评估指令值
			负载是否过大,是否超出再生处理能力等	重新考虑负载条件、运行条件

续表

警报内容	警报发生状况		可能原因	处理措施
过电流（功率晶体管（IGBT）产生过电流）或者散热片过热	在接通主电路电源时发生或者在电动机运行过程中产生过电流	其他原因	伺服驱动器的安装方法（方向、与其他部分的间隔）不合适	将伺服驱动器的环境温度下降到 55 ℃以下
			伺服驱动器的风扇停止转动	更换伺服驱动器
			伺服驱动器故障	
			驱动器的 IGBT 损坏	最好是更换伺服启动器
			电动机与驱动器不匹配	重新选配

10. 伺服单元过电压报警

表 7.27　伺服单元过电压报警

报警内容	报警发生状况	可能原因	处理措施
过电压（伺服驱动器内部的主电路直流电压超过其最大值限）在接通主电路电源时检测	在接通控制电源时发生	伺服驱动器电路板故障	更换伺服驱动器
	在接通主电源时发生	AC 电源电压过大	将 AC 电源电压调节到正常范围
		伺服驱动器故障	更换伺服驱动器
	在通常运行时发生	检查 AC 电源电压（是否有过大的变化）	
		使用转速高,负载转动惯量过大（再生能力不足）	检查并调整负载条件、运行条件
		内部或外接的再生放电电路故障（包括接线断开或破损等）	最好是更换伺服驱动器
		伺服驱动器故障	更换伺服驱动器
	在伺服电动机减速时发生	使用转速高,负载转动惯量过大	检查并重调整负载条件,运行条件
		加减速时间过小,在降速过程中引起过电压	调整加减速时间常数

11. 伺服单元欠电压报警

表 7.28　伺服单元欠电压报警

报警内容	报警发生状况	可能原因	处理措施
电压不足（伺服驱动器内部的主电路直流电压低于其最小值限）在接通主电路电源时检测	在接通控制电源时发生	伺服驱动器电路板故障	更换伺服驱动器
		电源容量太小	更换容量大的驱动电源
	在接通主电路电源时发生	AC 电源电压过低	将 AC 电源电压调节到正常范围
		伺服驱动器的保险丝熔断	更换保险丝
		冲击电流限帛电阻断线（电源电压是否异常，冲击电流限制电阻是否过载）	更换伺服驱动器（确认电源电压，减少主电路 ON/OFF 的频度）
		伺服 ON 信号提前有效	检查外部使能电路是否短路
		伺服驱动器故障	更换伺服驱动器
	在通常运行时发生	AC 电源电压低（是否有过大的压降）	将 AC 电源电压调节到正常范围
		发生瞬时停电	通过警报复位重新开始运行
		电动机主电路用电缆短路	修正或更换电动机主电路用电缆
		伺服电动机短路	更换伺服电动机
		伺服驱动器故障	更换伺服驱动器
		整流器件损坏	建议更换伺服驱动器

12. 位置偏差过大

表 7.29　位置偏差过大报警

报警内容	报警发生状况	可能原因	处理措施
位置偏差过大	在接通控制电源时发生	位置片擦汗参数设得过小	重新设定正确参数
		伺服单元电路板故障	更换伺服单元
	在高速旋转时发生	伺服电动机的 U，V，W 的配线不正常，编码器配线不正常	修正电动机配线
			修正编码器配线
		伺服电动机电路板故障	更换伺服单元
	动作正常，但在长指令时发生	伺服单元的增益调整不良	上调速度环增益、位置环增益
		位置指令脉冲的频率过高	缓慢降低位置指令频率
			加入平滑功能
			重新评估电子齿轮比
		负载条件（扭矩、转动惯量）与电动机规格不符	重新评估负载或者电动机容量

13. 再生故障表

表 7.30　再生故障排除报警

报警内容		报警发生状况	可能原因	处理措施
再生故障	再生异常	在接通控制电源时发生	伺服单元电路板故障	更换伺服单元
		在接通主电路电源时发生	6 kW 以上未接再生电阻	连接再生电阻
			检查再生电阻是否配线不良	修正外接再生电阻的配线
			伺服单元故障（再生晶体管,电压检测部分故障）	更换伺服单元
		在通常运行时发生	检查再生电阻是否配线不良,是否脱落	修正外接再生电阻的配线
			再生电阻断线,再生能量是否过大	更换再生电阻或者伺服单元（考虑负载、运行条件）
			伺服单元故障（再生晶体管,电压检测部分故障）	更换伺服单元
	再生过载	在接通控制电源时发生	伺服单元电路板故障	更换伺服单元
		在接通主电路电源时发生	电源电压超过 270 V	校正电压
		在通常运行时发生（再生电阻温度上升幅度大）	再生能量过大（如放电电阻开路或阻值太大）	更换再生电阻或者伺服单元（考虑负载、运行条件）
			处于连续再生状态	
		在通常运行时发生（再生电阻温度上升幅度小）	参数设定的容量小于外接再生电阻的容量（减速时间太短）	校正用户参数的设定值
			伺服单元故障	更换伺服单元
		在伺服电动机减速时发生	再生能力过大	更换再生电阻或者伺服单元（考虑负载、运行条件）

14. 编码器出错

表 7.31　编码器出错报警

报警内容	报警发生状况	可能原因	处理措施
编码器出错	编码器电池出错	电池连接不良,未连接	正确连接电池
		电池电压低于规定值	更换电池,重新启动
		伺服单元故障	更换伺服单元
	编码器故障	无 A 和 B 相脉冲	建议更换脉冲编码器
		引线电缆短路或损坏而引起通信错误	
	客观条件	接地、屏蔽不良	处理好接线

15. 漂移补偿量过大的报警

表 7.32　漂移补偿量过大报警

报警内容	可能原因		处理措施
漂移补偿量过大	连接不良	动力线连接不良,未连接	正确连接动力线
		检测元件之间的连接不良	正确连接反馈元件连接线
	数控系统的相关参数设置错误	CNC 系统中有关漂移量补偿的参数设定错误引起	重新设置参数
	硬件故障	速度控制单元的位置控制部分	更换此电路板或更换伺服单元

三、伺服报警号

表 7.33　伺服报警号

Alarm No.	SVM LED	SPM LED	PSM LED	Description Reimarks
147				Invalid parameter 无效的参数
421				Excessive semi-full error 执行半闭环错误
430				Servomotor overheat 伺服电机过热
431			03	Converter:main circuit overload 主回路过载
432			06	Converter:control undervoltage/open phase 逆变器控制电压欠电压或换相
433			04	Converter:DC link undervoltage 逆变器直流环欠电压
434	2			Inverter:control power supply undervoltage 驱动器控制电压欠电压
435	5			Converter:DC link undervoltage 驱动器直流环欠电压
436				Soft thermal(OVC)软过热(过电流)
437			01	Converter:input circuit overcurrent 逆变器输入回路过电流
438	8 9 A b C d E			Inverter:current alarm (L axis)　　　　　　　　　　(M axis)　　　　　　　　　　(M axis)　　　　　　　　　　(L and M axes)　　　　　　　　　　(M and N axes)　　　　　　　　　　(L and N axes)　　　　　　　　　　(L,M. and N axes)　驱动器电流警报

续表

Alarm No.	SVM LED	SPM LED	PSM LED	Description Reimarks
439			07	Converter:DC link overvoltage 逆变器直流环过电压
440			08	Converter excessive deviation power 逆变器电压异常
441				Current offset error（电流偏差错误）
442			05	Converter:DC link charging/inverter DB 逆变器直流环放电异常
443			02	Converter:cooling fan stopped 驱动器风扇停止
444	1			Inverter:intemal cooling fan stopped 驱动器冷却风扇停止
445				Soft disconnection alarm 软短线报警
446				Hard disconnection alarm 硬断线报警
447				Hard disconnection alarm(separate) 硬断线报警（光栅）
448				Feed back mismatch alarm 反馈不同步报警
449	8 9 A b C d E			Inverter:IPM alarm（L axis） 驱动器初始化报警（Maxis） （N axis） （L and M axes） （M and N axes） （L and N axes） （L,M,and N axes）
453				Soft disconnection alarm（or pulse coder） a 系列脉冲编码器软短线报警

四、伺服诊断画面的使用

伺服驱动系统所配套的位置检测编码器状态、驱动器工作状态等信息可以通过 CNC 的 FSSB 总线从驱动器传送到 CNC 中,在 CNC 上可以通过诊断数据检查驱动系统的工作状态,这些状态大部分以二进制位信号的形式在 CNC 诊断页面显示,它们是 CNC 发生伺服驱动报警时的故障判别依据。

◎ 任务实施

基本任务 1　伺服轴跟踪误差过大报警及排除

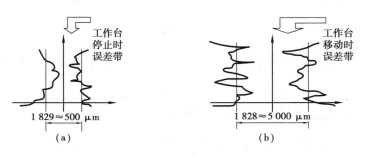

图 7.64　1829 和 1828 的参数限定值

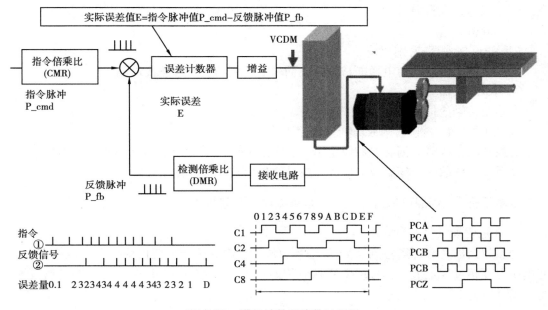

图 7.65　误差计数器读数过程图

系统检测伺服移动误差的原理是：当系统发出移动指令时，系统的位置误差计数器（FANUC OC/OD 系统的诊断号为 800 ~ 803；FANUC16/16i/18/18i/21/21i/0i 系统的诊断号为 300）中的误差值超过了系统参数（FANUC OC/OD 系统为 504 ~ 507，FANUC16/16i/18/18i/21/21i/0i 系统为 1 828）所设定的数值时，系统发生移动误差过大报警，如图 7.66 所示。

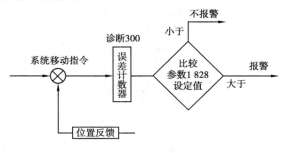

图 7.66　系统信号原理

故障分析：

（1）如果给出移动指令而机床不移动，则故障原因可能：

①机械传动卡死。

②如果故障发生在垂直轴控制时,则故障为伺服电动机的电磁制动回路。

③伺服电动机及动力线有断相故障或伺服电动机的动力线连接错误。

④伺服放大器本身故障。

(2)如果给出移动指令且机床移动后报警,则故障原因:

①系统软件故障。伺服参数设定不当或伺服软件不良。

②硬件故障。机械传动间隙过大或导轨润滑不良;伺服电动机编码器及系统有故障。伺服放大器不良。

基本任务2　系统发生410号报警(伺服停止误差过大)

当系统发出停止移动指令或静止时,系统的位置误差计数器偏差值超过了系统参数(FANUC OC/OD)系统为593~596;FANUC 16/18/21/0i系统为1829)所设定的数值时,系统发出停止误差过大报警。

故障分析:

(1)如果是垂直轴,则故障原因可能:

①伺服电动机及动力电缆断相故障或伺服电动机的动力线连接错误。

②伺服放大器。

③系统该轴的伺服控制板。

(2)如果不是垂直轴,则故障产生的原因可能:

①系统软件故障。伺服参数设定不当(停止误差检测标准参数)或伺服软件不良。

②系统硬件故障。伺服放大器故障或系统伺服控制板不良。

基本任务3　伺服电机过载或过热报警故障诊断与排除

1.检测原理

伺服放大器具有过热检测信号,该信号由放大器内的智能逆变模块发出。但放大器的逆变模块温度超过规定值时,通过PWM指令传递到CNC系统,CNC系统发出400#过热报警,如图7.67所示。

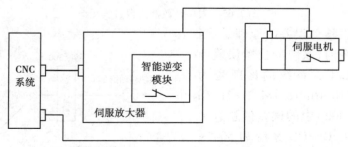

图7.67　伺服电机过载检测原理

伺服电动机的过热信号是由伺服电动机定子绕组的热偶开关检测的,当伺服电动机的温度超过规定值时,电动机的热偶开关(动断触点)动作,通过伺服电动机的串行编码器(数字伺服)传递给CNC系统,FANUC 0i C系统的CNC系统发出430#伺服电动机过热报警,431#伺服报警为伺服放大器过热报警。

2. 诊断方法

系统发生 400 号报警（伺服过热）故障检查：

打开伺服单元调整画面，观察通过画面的报警 1 和报警 2 作进一步判断。

如果画面上报警 1 的#7 位为"1"，则为伺服过载报警。

如果画面上报警 2 的#7 位为"1"，则为伺服电机过热报警；#7 位为 "0"，则为伺服放大器过热报警。

故障分析：

（1）可能产生电动机过热原因

①机械传动故障引起的电动机过载。

②切削条件引起的电动机过载。

③电动机本身不良（电动机定子绕组的热敏电阻不良）。

④系统伺服参数整定不良。

（2）可能产生伺服放大器过热原因

①伺服放大器的风扇故障。

②如果为伺服单元化（SVU），还可能是 TH1 和 TH2 的接口或外接的热保护元件故障。

③伺服放大器本身故障，硬件故障（智能逆变模块不良），伺服软件不良。

基本任务4 **系统发生"401"报警（伺服不能就绪报警）**

故障分析：

控制单元与伺服系统之间传输的信号原理，如图 7.68 所示。

在系统运行中如果各伺服放大器的准备信号（VRDY）没有接通，或者信号关断，则发生 401 号报警。有时因发生了其他伺服报警，也会导致此报警发生。在这种情况下，应该首先解除其他报警。

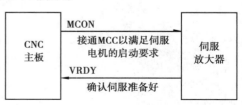

图 7.68 系统信号原理

可能产生 VRDY 信号没有接通故障的原因：

①伺服放大器外围的强电电路故障。

②伺服放大器单元故障。

③CNC 侧的轴控制卡故障。

故障检查：

采用信号短接的方法来判别故障的部位，把伺服模块 JV1B（JV2B）的 8 和 10 短接后系统上电，如果伺服放大器为"0"则故障在轴板或系统主板；如果伺服放大器为"1"则故障在伺服放大器本身。

如果确认是系统轴控制卡（轴板）故障或系统伺服模块故障，则应更换系统轴板或对该板进行检修。

基本任务5 **机床运行中回转台交流伺服电机突然不启动，是突发性、无报警故障**

故障分析：故障发生在进给驱动范围，应该是伺服系统发生故障，由控制原理对伺服调节过程分析，初步分析不是位置环故障（如果是位置环故障，PLC 可以报警）。PLC 报警不包括速度环的故障,不该利用调用 PLC 状态参数信息表。估计故障点应在速度环,是速度环的硬件故障。为验证、发现故障点,检查速度环节的硬件:

①驱动电缆是否断线或接触不良。

②是否过载保护装置的误动作。

③机械负荷太大。

④速度调节器故障,是否功率驱动中大功率管击穿。

⑤电机故障,是否永磁体脱落或退磁。

用简单排他法分析:外观检查无异常,过载保护装置没动作,正常;故障发生后处于制动状态,制动未释放、无传动故障。

故障检查:对速度控制单元进行测试,检查可能发生故障的部位。采用信号强制输入法,检查速度调节器是否发出速度指令。操作过程:断电;首先查电缆,接点是否完好;然后断开速度调节器两端,标准 + 24 V 模拟速度信号强制输入,测试其输出是否正常,若发现没有输出,断定故障点是速度调节器,本例中正是此问题。

故障处理:更换速度调节器,故障排除。

◎ 思考题

1.伺服驱动器不上电,故障原因可能有哪些? 如何排除?

2.伺服电动机上电不转,编码器不反馈,故障原因可能有哪些? 如何排除?

项目 8　数控机床 PLC 故障诊断与分析

知识目标

1. 学习 PLC 的概念和在数控机床控制系统中的作用,明确 FANUC 0i 系统中的 PMC 信息交换;

2. 能正确识读懂数控机床 PMC 梯形图;

3. 学习如何运用数控机床中 CNC、PLC 和 MT(机床本体)之间接口地址的信息状态(通"1"、断"0")来判断数控机床的工作状态是否正常,并对常见故障加以排除。

技能目标

1. 能够识记 PLC 的概念和在数控机床控制系统中的作用,明确 FANUC 0i 系统中的 PMC 信息交换;

2. 培养 PLC 梯形图识读和综合逻辑分析能力;

3. 初步掌握运用数控机床中 CNC、PLC 和 MT 之间接口地址的信息状态判断数控机床的工作状态是否正常,并对出现故障予以排除的基本技能。

任务 1　认识 FANUC 0i 系统中的 PMC

◎ 任务提出

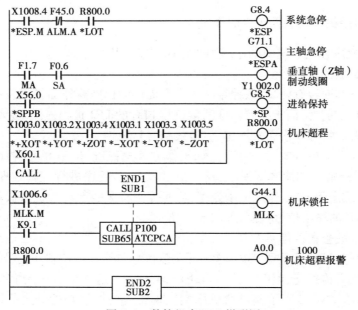

图 8.1　数控机床 PLC 梯形图

对于如图 8.1 所示数控机床 PLC 梯形图(详见附录),要求能够查找和检测数控机床输入/输出开关量地址信号和功能指令信号,明确 CNC、PLC、MT 之间的逻辑控制关系,利用这些开关量信号的状态判断数控机床故障的发生部位,最终明确 PLC 弱电控制机床强电逻辑顺序的动作过程。

◎ 任务目标

1. 能够识记 PLC 的概念和在数控机床控制系统中的作用,明确 FANUC 0i 系统中的 PMC 信息交换;

2. 掌握 PMC 梯形图程序结构、熟悉 FANUC PMC 编程语言及编程指令,能够识读数控机床 PMC 梯形图;

3. 认识 PMC 基本画面、学会 PMC 各种显示画面的操作。

◎ 相关知识

数控机床除了对各坐标轴的位置进行连续控制外,还要对诸如主轴正转和反转、换刀及机械手控制、工件夹紧松开、工作台交换、冷却和润滑等辅助动作进行顺序控制。在现代数控机床中,这些功能的实现是靠可编程逻辑控制器(Programmable Logic Controller,PLC)来完成的。PLC 是由早期的继电器逻辑控制线路和装置发展起来的,今天 PLC 以其控制功能强、使用方便、性价比高、抗干扰能力强的诸多优点,作为很多自动化设备的通用控制器,在工业现场得到广泛应用。

在数控机床控制系统中,CNC 和 PLC 分工合作完成对数控机床的控制,PLC 主要实现 M、S、T 指令的处理以及数控机床辅助电气控制部分的控制,通过对程序的周期扫描来进行数控机床辅助电气部分的逻辑顺序控制,也称为可编程机床控制器 PMC(programmable machine tool controller)。

一、PMC 在数控机床控制系统中的作用

PMC 在数控机床控制系统中的作用主要体现在以下几个方面:

1. 机床操作面板的控制

数控机床的操作面板有两种:数控系统生产商提供的标准操作面板以及机床制造商自制单位操作面板。对于前者,面板上有标准的接口与 PLC 的 I/O 板相连接,接线简单;后者则可以按照机床操作者的特殊要求布置按键,但接线相对复杂。

机床操作面板上的各按键、开关信号,如工作方式选择键、倍率开关、辅助动作按键等的信号都是直接进入 PMC,如图 8.2 所示,这些信号由 PMC 程序进行逻辑处理后,给机床输出相应的控制信号,或送给 CNC 作进一步处理,从而控制机床的运动。机床操作面板上各种指示灯信号则由 PMC 的输出信号控制,如图 8.3 所示。

2. 机床外部开关量输入信号控制

将机床侧的开关量信号送到 PMC,这些开关量信号包括各类控制开关,如形成开关、接近开关、液位开关、压力传感器、温度开关等,如图 8.4 所示。这些信号送入 PMC 后,由 PMC 进行逻辑运算后,送给 CNC 或直接输出给机床侧实现相应的控制功能。这些输入元件的故障率较高,故障形式有应闭合而未闭合、断开或接触不良等。

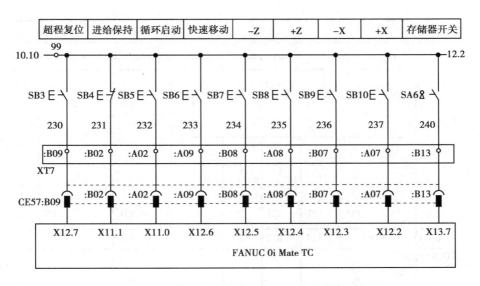

图 8.2　数控机床操作面板上的按键信号

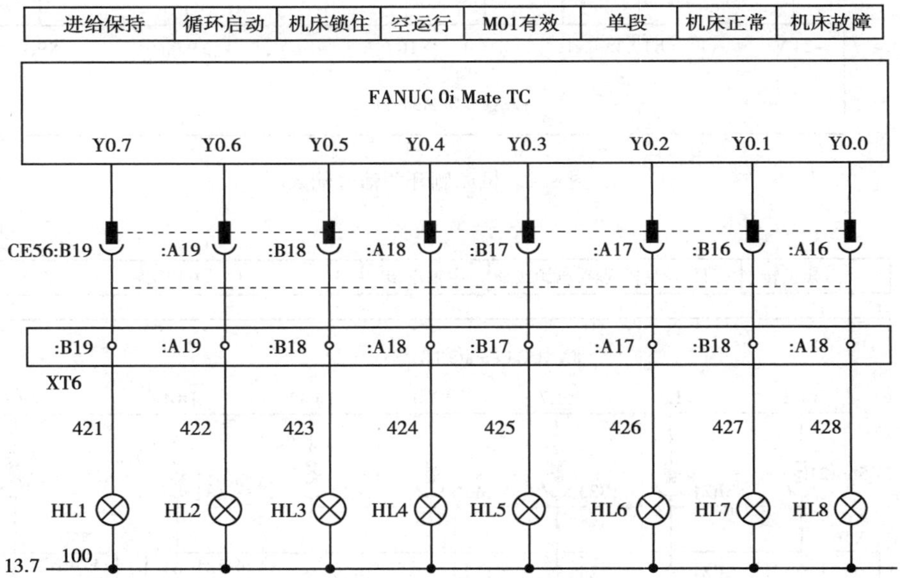

图 8.3　数控机床操作面板上的指示灯信号

3. 输出信号控制

PMC 输出的信号经外围强电控制电路中的继电器、接触器、液压或气动电磁阀等输出给控制对象,如图 8.5 所示,用于控制机床侧的辅助动作。如刀库的正转与反转、机械手换刀、工作台回转、冷却泵、润滑泵的开启与关闭等。

4. 控制伺服和变频使能

控制主轴和伺服进给驱动装置的使能信号,以满足伺服驱动的条件,通过驱动装置,驱动主轴电动机、伺服进给电动机和刀架电动机等。

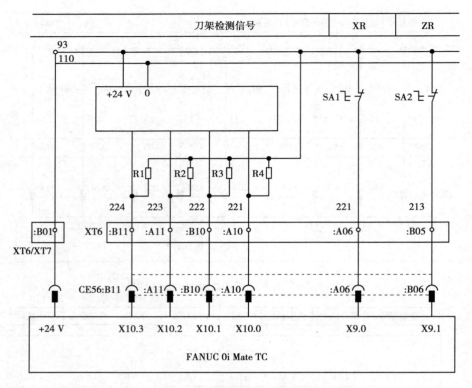

图 8.4 机床侧开关信号输入

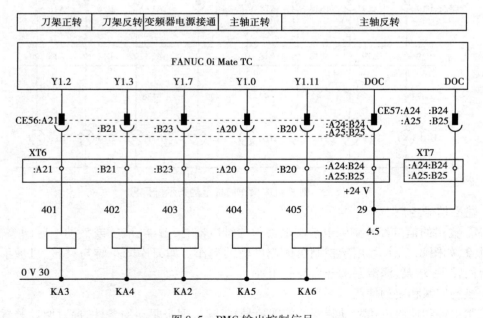

图 8.5 PMC 输出控制信号

二、FANUC 0i 系统中的 PMC 信息交换

在数控机床的控制过程中,PMC 与 CNC 及机床之间进行着丰富的信息交换,这些信息对于数控机床控制功能的实现起着重要作用,信息交换主要包括以下几方面:

1. 机床侧至 PMC

机床侧的开关量信号通过 I/O 单元接口输入到 PMC 中,除极少数信号外,绝大多数信号的含义及所配置的输入地址,可由 PMC 程序编制者或使用者自行定义。数控机床生产厂家可以方便地根据机床的功能和配置进行地址分配,信号地址以字母 X 开头。

2. PMC 至机床

PMC 的控制信号通过 PMC 的输出接口送到机床侧,所有输出信号的含义和输出地址也是可由 PMC 程序编制者或使用者自行定义,信号地址以字母 Y 开头。

3. CNC 至 PMC

CNC 送至 PMC 的信息可由 CNC 直接送入 PMC 的寄存器中,所有 CNC 送至 PMC 的信号含义和地址(开关量地址或寄存器地址)均由 CNC 厂家确定,PMC 编程者只可使用不可改变和增删。如数控指令的 M,S,T 功能,通过 CNC 译码后直接送入 PMC 相应的寄存器中。信号地址以字母 F 开头。

4. PMC 至 CNC

PMC 送至 CNC 的信息也是将开关量信号传送到寄存器,所用地址是"G",此地址也是CNC 厂家确定,PMC 编程者只可使用,不可删改。例如,FANUC 0i 数控系统中,在操作面板上由按钮发出要求机床单段运行的信号"MSBK",该信号先由 MT 送到 PMC,再由 PMC 送到CNC,其地址为"F004 # 3"。在[PMCDGN]→[STATUS]界面下,地址"F004 # 3"的状态如果是"1",则指令信号已进入 CNC;如果是"0",则指令信号没到达 CNC,可能面板与 CNC 之间有故障。

除了上述的 X,Y,F,G 地址外,FANUC PMC 中的信号类型还有 R,A,C,K 等,FAUNC 0i数控系统 PMC 内部资源如表 8.1 所示。

表 8.1　FANUC PMC 中的信号类型

字　符	含　义	地址范围		
		PMC-SA1	PMC-SA3	PMC-SB7
X	机床侧给 PMC 的输入信号 (MT→PMC)	X0 ~ X127 X1000 ~ X1011		X0 ~ X127 X200 ~ X327 X1000 ~ X1127
Y	PMC 输出给机床的信号 (PMC→MT)	Y0 ~ Y127 Y1000 ~ Y1008		Y0 ~ Y127 Y200 ~ Y237 Y1000 ~ Y1127
G	PMC 给 CNC 的输入信号 (PMC→CNC)	G0 ~ G255 G1000 ~ G1255		G0 ~ G767 G1000 ~ G1767 G2000 ~ G2767 G3000 ~ G3767

续表

字 符	含 义	地址范围		
		PMC-SA1	PMC-SA3	PMC-SB7
F	CNC 给 PMC 的信号（CNC→PMC）	F0 ~ F255 F1000 ~ F1255		F0 ~ F767 F1000 ~ F1767 F2000 ~ F2767 F3000 ~ F3767
R	内部继电器	R0 ~ R1999 R9000 ~ R9099	R0 ~ R1999 R9000 ~ R9117	R0 ~ R7999 R9000 ~ R9499
C	计数器 CTR	C0 ~ C79		C0 ~ C399 C5000 ~ C5199
T	定时器 TMR	T0 ~ T79		T0 ~ T499 T9000 ~ T9499
K	保持型继电器	K0 ~ K19		K0 ~ K99 K900 ~ K919
A	信息请求信号	A0 ~ A24		A0 ~ A249
D	数据表	D0 ~ D1589		D0 ~ D9999
L	标号	---	L1 ~ L9999	
P	子程序号	---	P1 ~ P512	P1 ~ P2000

三、PMC 语言及编程

1. PMC 的梯形图程序

数控机床中采用 PMC 实现开关量的控制。PMC 的控制过程是有用户程序规定的,PMC 用户程序的表达方式有两种:即梯形图和语句表。编制用户程序可采用梯形图编程,也可采用语句表编程。PMC 图形编辑器支持这两种编程方式。

（1）梯形图程序

梯形图又称 LADDER 图,梯形图程序采用类似继电器触点、线圈的符号,如图 8.6 所示。梯形图左右两条竖直线称为母线,梯形图是母线和夹在母线之间的节点(或称触点)、线圈(或称继电器线圈)、功能块(功能指令)等构成的一个或多个"网络"。每个梯形图由一行或数行构成。梯形图两边的母线没有电源,当控制节点全部接通时,并没有电流在梯形图中流过,在分析梯形图工作状态时沿用了继电逻辑电路的分析方法,故流过梯形图的"电流"是一种虚拟的电流。梯形图只描述了电路工作的顺序和逻辑关系。

FANUC 0i 数控系统 PMC 编辑

梯形图中触点代表逻辑"输入"条件,如行程开关、面板按钮等。线圈通常代表逻辑"输出"结果,用来控制外部的指示灯、交流接触器、中间继电器和内部的输出条件等。如果输出为"1"状态,则表示梯形图中对应软继电器的线圈"通电";如果该存储单元为"0"状态,其常开触点断开,常闭触点接通,表示线路"不通"。

梯形图中的继电器线圈和触头都被赋予了一个地址。梯形图程序执行过程是从梯形图的开头从上到下,由左至右,到结尾后再返回程序头继续循环执行,如此周期性地往复扫描CNC、MT 接口地址信息,顺序执行。

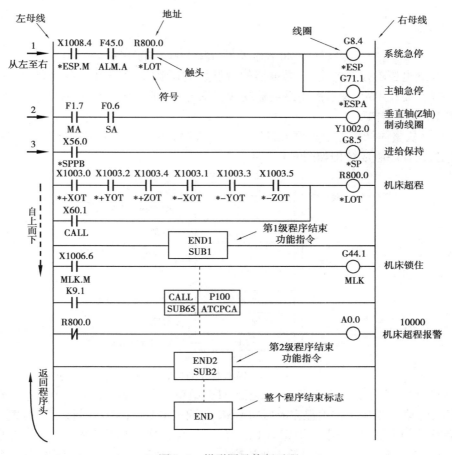

图 8.6 梯形图及执行过程

(2)梯形图程序和继电器的区别

梯形图使用与继电器逻辑电路相似的控制逻辑,一般可以按照继电器控制电路的逻辑原理进行分析,这样为电气工程人员识读梯形图提供了方便;但梯形图与传统的继电器控制电路有一定区别。

首先,梯形图两边的母线没有电源,当控制节点全部接通时,并没有电流在梯形图中流过,在分析梯形图工作状态时沿用了继电逻辑电路的分析方法,故流过梯形图的"电流"是一种虚拟的电流。梯形图只描述了电路工作的顺序和逻辑关系。

其次,梯形图的工作顺序与继电逻辑电路不同。梯形图是顺序程序,触头动作有先后;而在一般的继电逻辑控制电路中,各继电器在时间上完全可以同时动作,如图 8.7 所示,在继电逻辑控制电路中图 8.7(a)与图 8.7(b)的动作是相同的,即接通触头 A 后,线圈 B 和 C 通电,C 线圈接通后 B 断开。作为梯形图,在图 8.7(a)中 PMC 梯形图程序的作用和继电逻辑控制电路一样,即接通触头 A 后,线圈 B 和 C 通电,经过一个扫描周期后 B 线圈断电;而在图8.7(b)中,按照梯形图的顺序,接通触头 A 后,C 线圈接通,但 B 线圈并不接通。

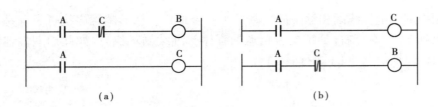

图 8.7　PMC 程序与继电逻辑控制电路的区别

最后,在继电逻辑控制电路中,继电器的触点数是有限的,因此在控制线路设计时应认真考虑触电分配,而在 PMC 梯形图中继电器的触点认为有无限,不受数量限制。

(3)PMC 程序结构

PMC 程序从整体结构上分为第 1 级和第 2 级程序,还有子程序,但子程序必须在第 2 级程序中指定,其程序组成结构如图 8.8 所示。

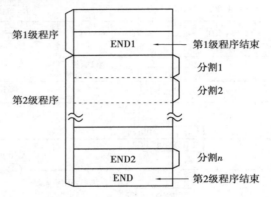

图 8.8　PMC 程序的构成

执行时先执行程序头的第 1 级程序,至 END1 结束;再执行第 2 级程序。第 1 级程序每 8 ms执行 1 次,第二级程序在编程完成后向 CNC 的调试 RAM 中传送时被自动分割成 n 等分(依据其程序长短),每 8 ms 中扫描完第 1 级程序后,再依次扫描第 2 级程序,所以整个 PMC 程序的执行周期为 $8 \times n$ ms。如果第 1 级程序较长,将导致每 8 ms 中能扫描的第 2 级程序过少,这样一来第 2 级程序的分割数目 n 就会增多,从而使整个 PMC 程序执行周期延长。因此编写第 1 级程序时,应使其尽可能短,通常将与安全有关的急停处理和超程处理安排在第 1 级程序中。PMC 执行周期如图 8.9 所示。

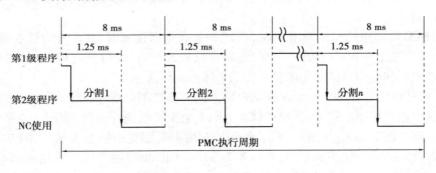

图 8.9　PMC 执行周期

（4）PMC 梯形图符号

PMC 梯形图程序的基本要素是符号,所用符号如表 8.2 所示。

表 8.2　梯形图编程符号

符　号	含　义
―┤├―　A型触头 ―┤╱├―　B型触头	表示 PMC 内部继电器触点,来自机床和来自 CNC 的输入,都使用该信号 A:常开触头　　B:常闭触头 屏显微细实线,表示触头当前处于断开状态
━┤├━ ━┤╱├━	屏显微粗实线,表示触头当前处于闭合状态
―○―	表示其触点是 PMC 内部使用的继电器线圈
━○━	表示其触点是输出到 CNC 的继电器线圈
━◎━	表示其触点是输出到机床的继电器线圈
―□―	表示 PMC 内部的定时器线圈
―┃┃┃―	表示 PMC 的功能指令,各功能指令不同,符号的形式会有不同

注:细实线表示 PMC 内部符号;粗实线表示与 CNC 有关的符号;双实线表示 MT 侧符号。

2. PMC 编程指令

编写 PMC 程序时通常有两种方法:一是使用助记符语言(RD、RD. NOT、WRT、AND、OR 等 PMC 基本指令)写成语句表来编程;二是梯形图符号编程。使用梯形图符号编程不需要理解 PMC 指令就可以直接进行程序编制,易于理解,方便快捷,其基本指令运算过程如表 8.3 所示。

表 8.3　常见 PMC 功能指令

编号	功能指令	符　号	处理内容
1	END1	SUB1 END1	第一级程序结束
2	END2	SUB2 END2	第二级程序结束
3	TMR	ACT　SUB3　0000 　　TMR　（定时器号）	可变定时器,其设定的时间在屏幕的定时器画面中显示和设定 ACT = 启动信号

续表

编号	功能指令	符 号	处理内容
4	TMRB	ACT — SUB24 0000（定时器号） TMRB 0000（设定时间）	固定定时器,设定时间在编程时确定,不能通过定时器画面修改
5	DEC	ACT — SUB4 0000（译码地址） DEC 0000（译码指令）	译码,将从译码地址读取的 BCD 码与译码指令中的给定值对比,一致输出"1",不输出"0"。主要用于 M 或 T 功能译码
6	DECB	BYT — SUB4 0000（数据格式指定） DEC 0000（代码数据地址） 0000（译码指定数） 0000（结果输出地址）	二进制译码,可对1,2 或 4 个字节的二进制代码数据译码。指定的 8 位连续数据之一与代码数据相同,则对应的输出数据位为1
7	CTR	CNO — SUB5 0000 UPDOWN — CTR （计数器值） RST — ACT —	计数器,可作预置型、环形、加/减计数器,并可选择1 或 0 作为初始值 CNO = 初始值选择 UPDOWN = 加减计数选择 RST = 复位
8	ROT	RNO — SUB6 0000（转台定位地址） BYT — ROT 0000（当前位置地址） DIR — 0000（目标位置地址） POS — 0000（计算结果输出地址） INC — ACT —	旋转控制,用于回转控制,如刀架、旋转工作台等 RNO = 转台的起始位置号 1 或 0 BYT = 位置数据的位数 DIR = 是否执行旋转方向短路径选择 POS = 选择操作条件 INC = 选择位置数或步数
9	ROTB	RNO — SUB26 0000（数据格式指定） DIR — ROTB 0000（转台定位地址） POS — 0000（当前位置地址） INC — 0000（目标位置地址） ACT — 0000（计算结果输出地址）	二进制旋转控制,其处理的数据为二进制格式,除此之外,ROTB 的编写与 ROT 相同,数据格式指定 =1 字节、2 字节或 4 字节
10	COD	BYT — SUB7 0000（数据表容量） RST — COD 0000（输入数据地址） ACT — 0000（输出数据地址）	代码转换,将 BCD 代码转换为 2 位或 4 位 BCD 数字

续表

编号	功能指令	符　号	处理内容
11	CODB	RST — SUB27 CODB　0000（数据格式指定）0000（数据表容量）ACT — 0000（输入数据地址）0000（输出数据地址）	二进制代码转换,其处理的数据为二进制格式,CODB 与 COD 的功能基本一致
12	MOVE	ATC — SUB8 MOVE　0000（高4位逻辑乘数）0000（低4位逻辑乘数）0000（输入数据地址）0000（输出地址）	逻辑乘数数据传送,将逻辑乘数与输入数据进行逻辑乘,结果输出到指定地址。也可以输入地址 8 位信号中排除不要的位数
13	COM	ACT — SUB9 COM　0000（线圈数）	公共线控制,控制直到公共结束指令（COME）范围内的线圈工作
14	COME	SUB29 COME	公共线控制结束,指令公共线控制指令 COM 的控制范围。必须与 COM 合用
15	JMP	ACT — SUB10 JMP　0000（线圈数）	跳转,用于梯形图程序的转移。当执行时,跳至跳转结束指令（JMPE）而不执行与 JPM 指令之间的梯形图
16	JMPE	SUB30 JMPE	＋＋跳转结束,用于表示（JMP）跳转指令区域指定时的区域终点,必须与 JMP 合用
17	PARI	O.E — SUB11 PARI　0000（校验数据地址）RST — ACT —	奇偶校验,对数据进行奇偶校验,检验到异常时输出报警 $O.E = 0$ 时,偶数校验;$O.E = 1$ 时,奇数校验
18	DCNV	BYT — SUB14 DCNV　0000（数据输入地址）CNV — 0000（结果输出地址）RST — ACT —	数据转换,将二进制码转换为 BCD 码或将 BCD 码转换为二进制码。$CNV = 0$ 时,二进制码转为 BCD 码;$CNV = 1$ 时,BCD 码转换为二进制码
19	DCNVB	SIN — SUB13 DCNVB　0000（数据格式指令）CNV — 0000（结果输入地址）RST — 0000（结果输出地址）ACT —	扩展数据转换,将二进制转换为 BCD 码或将 BCD 码转换为二进制码,$SIN = 0$ 时,输入数据为正;$SIN = 1$ 时,输入数据为负

续表

编号	功能指令	符　号	处理内容
34	DIVB	RST ACT — SUB39 DIVB — 0000（数据格式指定） 0000（被除数地址） 0000（除数常数或地址） 0000（结果输出地址）	二进制除法运算,用于1、2和4字节二进制除法运算,运算信息可设定在运算结果寄存器（R9000）中 若除数为0,输出置1
35	NUME	BYT ACT — SUB23 DISPB — 0000（常数） 0000（常数输出）	常数定义,用于指定常数
36	NUMEB	ACT — SUB40 NUMEB — 0000（数据格式指定） 0000（常数地址） 0000（常数输出地址）	定义二进制常数,用于定义1、2和4字节二进制常数。将常数转换为二进制数据,存放在常数输出地址
37	DISPB	ACT — SUB23 DISPB — 0000（总的信息数）	扩展信息显示,用于在屏幕上显示外部信息,如报警信息、操作提示等
38	IFDU	ACT — SUB57 IFDU — 0000（上升沿号）	上升沿检测,在输入信号上升沿扫描周期中将输出信号设置为1
39	DIFD	ACT — SUB58 DIFD — 0000（下降沿号）	下降沿检测,在输入信号下降沿的扫描周期中将输出信号设置为1
40	EOR	ACT — SUB59 EOR — 0000（数据格式指定） 0000（地址1） 0000（地址1或地址3） 0000（地址3）	异或,将地址1中的内容与常数（或地址2）中的内容相异或将结果存到地址3中
41	AND	ACT — SUB60 AND — 0000（数据格式指定） 0000（地址1） 0000（常数或地址2） 0000（地址3）	逻辑或,将地址1中的内容与常数（或地址2）中的内容相与,将结果存到地址3中
42	OR	ACT — SUB61 OR — 0000（数据格式指定） 0000（地址1） 0000（常数或地址2） 0000（地址3）	逻辑或,将地址1中的内容与常数（或地址2）中的内容相或,将结果存到地址3中
43	NOT	ACT — SUB62 NOT — 0000（数据格式指定） 0000（地址1） 0000（地址2）	逻辑非,将地址1中内容的第1位取反,将结果存到地址2中

编号	功能指令	符 号	处理内容
44	SP	ACT —— SUB71 SP / 0000（子程序号） ——	子程序,用于生成1个子程序
45	SPE	SUB72 SPE	子程序结果,与功能指令 SP 一起使用。当此功能指令被执行,返回到调用子程序的功能指令
46	END	SUB64 END	梯形图程序结束,表明梯形图程序的结束。此指令放在梯形图程序的最后

PMC 的基本指令只能实现简单的逻辑关系控制,但有些功能,如 M 指令读取、定时(刀架换刀延时或液压系统动作延时)、计数(加工零件计数)、最短路径选择(使刀库沿最短路径旋转)、比较、检索、转移、代码转换、数据四则运算、信息显示等很难靠基本指令完成,PMC 的功能指令刚好可以弥补基本指令的不足,可以实现数控机床信息处理和动作控制的特殊要求,常用的 PMC 功能指令如表 8.3 所示。

四、系统 PMC 画面功能及具体操作

FANUC 数控系统可通过屏幕对 PMC 实施操作,进行 PMC 梯形图的动态显示,监控与诊断 PMC 的各种输入/输出信号状态;可对定时器、计数器、保持型继电器、数据表等寄存器进行设定和显示;还能够对梯形图进行编辑等,由此来判断和查找数控机床故障位置。

在 MDI 方式下按系统功能键 SYSTEM ,再按(PMC)软键,则在屏幕上显示 PMC 基本菜单画面,如图 8.10 所示。

注意:要显示下面 5 个软件,需要按一下扩展键 ▷ 。

1.动态显示梯形图程序(PMCLAD)

PMC 提供直观梯形图显示,在 PMC 基本界面(见图 8.10)中按[PMCLAD]软键,即可显示如图 8.11 所示的梯形图显示。梯形图执行时,如系统采用单色显示器,信号接通逻辑"1"状态用高亮度线条显示,信号断开为暗线显示;如系统采用彩色液晶显示器,信号接通为白色线显示,信号断开为绿色线显示。以此确认系统动作的控制状态,可有效地发现故障原因。

用光标移动键和翻页键可以变更显示位置。

软键[TOP]为返回梯形图开头的操作软键;

软键[BOTTOM]为返回梯形图末尾的操作软键;

软键[SRCH]为搜索梯形图中信号触头的操作软键,如要搜索信号 F7.3 时,输入 F7.3,再按下[SRCH]软键,系统就会把信号 F7.3 当前梯形图显示出来;

软键[W-SRCH]为搜索梯形图中信号线圈的操作软键,如要搜索信号 R6.0 的线圈时,输入 R6.0,再按下[W-SRCH]软键,系统就会把 R6.0 信号线圈所在的当前梯形图显示出来;

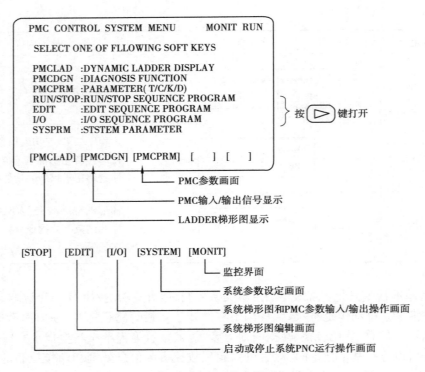

图 8.10 PMC 基本界面

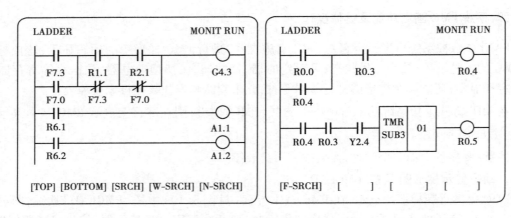

图 8.11 梯形图显示界面

软键［N-SRCH］为搜索梯形图的行号的操作软键；

软键［F-SRCH］（需要按系统扩展键）为搜索梯形图中功能指令的操作软键，输入"功能指令号"或键入"功能指令名"，然后按［F-SRCH］。如搜索梯形图中可变定时器 01，输入可变定时器的功能指令号 3，然后按下［F-SRCH］，系统就会把定时器 01 所在的梯形图显示当前画面。

2. 系统梯形图的诊断界面（PMCDGN）

在 PMC 基本界面中按［PMCDGN］软键，即可显示出系统梯形图的诊断界面，如图 8.12所示。

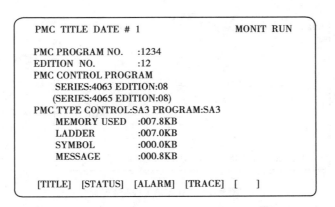

图 8.12　PMCDGN 界面

在界面中可以分别显示：TITLE（标题）界面、STATUS（状态）界面、ALARM（报警）界面、TRACE（跟踪）界面、M.SRCH（存储器显示）和 ANALY（分析）等界面。

（1）TITLE（标题）界面

系统内已经有梯形图程序时，应首先显示在内存中的标题数据，即 TITLE（标题）界面，标题界面可有几页，用页面键可以翻页查阅。

（2）STAUS（状态）界面

STATUS（状态）界面用于显示输入/输出的信号、内部继电器等的开、关状态。程序中所有的使用地址（X,Y,F,G,R,A,C,K,D,T）的内容可在 CRT 屏幕上显示。这对于查找数控机床故障点非常重要，根据此可判断故障出现在 CNC 侧还是在 MT 侧等。操作步骤如下：

①在图 8.12 诊断界面上按下［STATUS］软键，CRT 屏幕显示如图 8.13 所示。

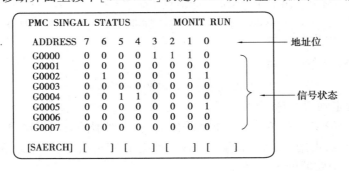

图 8.13　STATUS（状态）界面

②键入要显示的地址后按下［SEARCH］键或翻页键来显示另一地址。

（3）ALARM（报警）界面的显示

ALARM（报警）界面用于显示 PMC 中发生的报警。如果 PMC 发生报警，按下［ALARM］软键，可以显示报警信息，如图 8.14 所示。

"ALM"在屏幕右下角闪烁。如果发生了一个致命错误，则顺序程序不能启动。对于界面上所显示的报警号的详细意义，可查找机床说明书中提供的"报警信息列表"。

（4）TRACE（跟踪）界面

用于系统 PMC 信号的跟踪画面显示。

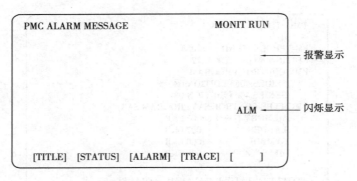

图 8.14　ALARM(报警)界面

3. PMC 参数画面(PMCDGN)

在 PMC 基本界面上按软键[PMCPRM],能够显示 PMC 的参数界面,如图 8.15 所示,可以分别打开 TIMER(定时器)、COUNTR(计数)、DATA(数据表)、KEEPRL (保持型继电器)等界面。按光标键,把光标移到希望修改的地址号码上,输入数值,按功能键"INPUT",数据被输入。

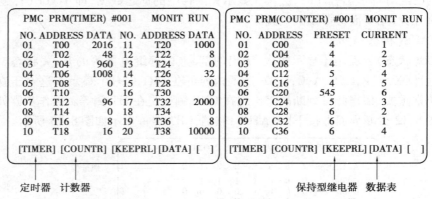

图 8.15　参数界面(PMCPRM 界面)

(1)定时器设定画面(TIMER)

该画面显示 PMC 控制中可变定时器的设定时间,定时器的时间设定单位为 ms(十进制形式显示),每个定时器占用系统内部两个字节。系统在 MDI 状态下,并且参数保护 PWE = 1,就可直接对定时器设定时间进行修改。

(2)计数器画面(COUNTER)

该画面显示 PMC 控制中计数器号、计数器的存储地址(每个计数器占用系统内部 4 个字节)、计数器的预置值和计数器的当前数值(计数器的数值具有断电保护功能)。系统在 MDI 状态下,并且参数保护 PWE = 1,就可直接对计数器的预置值进行设定或进行修改。具体画面如图 8.15 所示。

(3)保持型继电器画面

FANUC 0i A 系统的保持型继电器地址位 K0—K19,其中 K16—K19 为系统专用继电器,不能作为他用;FANUC 0i B/0i C 系统(PMC 为 SB7)的保持型继电器地址位 K0—K99(用户使用)和 K900—K919(系统专用),具体画面如图 8.16 所示。

```
PMC PRM (KEEP RELAY)                          MONIT  RUN

NO.    ADDRESS    DATA      NO.    ADDRESS    DATA
01     K00        00000000  11     K10        00000000
02     K01        00000000  12     K11        00000000
02     K02        00000000  13     K12        00000000
04     K03        00000000  14     K13        00000000
05     K04        00000000  15     K14        00000000
06     K05        00000000  16     K15        00000000
07     K06        00000000  17     K16        00000000
08     K07        00000000  18     K17        00000000
09     K08        00000000  19     K18        00000000
10     K09        00000000  20     K19        00000000

 [TIMER]  [COUNTR]  [KEEPRL]  [DATA]  [    ]
```

图 8.16　系统 PMC 保持型继电器画面

◎ 任务实施

基本任务　PMC 基本操作与调试

(1)根据图 8.17 所示流程,查阅 PMC 各模块的数据和信号,熟悉操作过程和步骤。

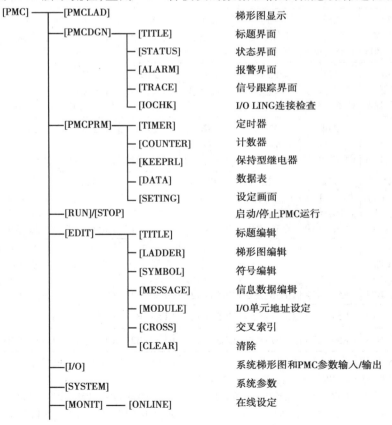

[PMC]	[PMCLAD]		梯形图显示
	[PMCDGN]	[TITLE]	标题界面
		[STATUS]	状态界面
		[ALARM]	报警界面
		[TRACE]	信号跟踪界面
		[IOCHK]	I/O LING连接检查
	[PMCPRM]	[TIMER]	定时器
		[COUNTER]	计数器
		[KEEPRL]	保持型继电器
		[DATA]	数据表
		[SETING]	设定画面
	[RUN]/[STOP]		启动/停止PMC运行
	[EDIT]	[TITLE]	标题编辑
		[LADDER]	梯形图编辑
		[SYMBOL]	符号编辑
		[MESSAGE]	信息数据编辑
		[MODULE]	I/O单元地址设定
		[CROSS]	交叉索引
		[CLEAR]	清除
	[I/O]		系统梯形图和PMC参数输入/输出
	[SYSTEM]		系统参数
	[MONIT]	[ONLINE]	在线设定

图 8.17　PMC 操作流程图

(2)操作 PMC 界面进入开关量显示状态,依据表 8.4 给出的 FANUC 0i Mate 系统输入输出地址速查表,对照机床电气原理图(参见附录),检查 PLC 输入/输出点的连接和逻辑关系是否正确。手动检查机床超程限位开关、减速开关等开关量是否有效,报警显示是否正确。

表 8.4　FANUC 0i Mate 系统输入输出地址速查表

	7	6	5	4	3	2	1	0
X8	152 X - 限位 车床 CE56:B05	153 Z + 限位 车床 CE56:A05	154 X - 限位 车床 CE56:B04	258 急停 CE56:A04	Z - 限位 CE56:B03	203 超程 铣床 CE56:A03	202 空气开关 报警 CE56:B02	201 变频器报警 CE56:A02
X9 铣床	CE56:B09	CE56:A09	CE56:B08	CE56:A08	CE56:B07	213 Z 轴返回 参考点 CE56:A07	212 Y 轴返回 参考点 CE56:B06	211 X 轴返回 参考点 CE56:A06
X9 车床	CE56:B09	CE56:A09	CE56:B08	CE56:A08	CE56:B07	213 Z 轴返回 参考点 CE56:A07	CE56:B06	211 X 轴返回 参考点 CE56:A06
X10	238 - Y 点动 CE56:B13	239 + Y 点动 CE56:A13	CE56:B12	CE56:A12	224 T4 CE56:B11	223 T3 CE56:A11	222 T2 CE56:B10	221 T1 CE56:A10
X11	257 手轮 Z CE57:B05	256 手轮 X CE57:A05	250 机床锁住 CE57:B04	251 空运行 CE57:A04	252 M01 有效 CE57:B03	255 单段运行 CE57:A03	231 进给保持 CE57:B02	232 循环启动 CE57:A02
X12	230 超程复位 CE57:B09	233 快速移动 CE57:A09	234 - Z 点动 CE57:B08	235 + Z 点动 CE57:A08	236 - X 点动 CE57:B07	237 + X 点动 CE57:A07	253 ROV2/MP2 CE57:B06	254 ROV1/MP1 CE57:A06
X13	240 KEY 开关 CE57:B13	274 MD4 CE57:A13	275 MD2 CE57:B12	276 MD1 CE57:A12	270 * OV8 CE57:B11	271 * OV4 CE57:11	272 * OV2 CE57:B10	273 * OV1 CE57:A10
Y0	421 进给保持 指示灯 CE56:B19	422 循环启动 指示灯 CE56:A19	423 机床锁住 指示灯 CE56:B18	424 空运行灯 CE56:A18	425 M01 有效 指示灯 CE56:B17	426 单段灯 CE56:A17	427 系统正常 指示灯 CE56:B16	428 系统故障 指示灯 CE56:A16
Y1	403 变频器 电源接通 CE56:B23	CE56:A23	CE56:B22	CE56:A22	402 刀架反转 CE56:B21	401 刀架正转 CE56:A21	405 主轴反转 CE56:B20	406 主轴正转 CE56:A20
Y2	CE57:B19	CE57:A19	CE57:B18	CE57:A18	CE57:B17	CE57:A17	CE57:B16	CE57:A16
Y3	CE57:B23	CE57:A23	CE57:B22	CE57:A22	CE57:B21	CE57:A21	CE57:B20	CE57:A20

注:①X8.3 ~ X8.7、X9.0 ~ X9.2、X10.0 ~ X10.3、X11.1、X11.5 为常闭状态,其他为常开状态;

②ROV1/MP1、ROV2/MP2 表示手轮/快速进给倍率;

③ * OV1、* OV2、* OV4、* OV8 表示点动进给倍率 0 ~ 150%:0 = 0000,10% = 1000,20% = 0100,…,150% = 1111;

④MD1、MD2、MD4 为工作方式选择开关:存储器 = 110、自动 = 100、MDI = 000、手轮 = 001、GOG = 101、返回参考点 = 111。

◎ 思考题

1. 举例说明 PMC 在数控机床中的控制功能。

2. 解释 PMC 地址含义:X,Y,F,G,T,C,R,K。

3. PMC 控制与继电逻辑控制相比有什么优点?

4. 查阅 FANUC 0i C 系统相关 PMC 程序,对照检查表 8.5,表 8.6 中给出的相关 I/O 信号的地址是否一致,并明辨其含义。

表 8.5   PMC 与机床之间有关急停、运行准备的 I/O 信号

输入信号	输入 X 地址	输出信号	输出 Y 地址
X + 硬件超程输入信号	X8.1	Z 轴抱闸	Y6.2
Y + 硬件超程输入信号	X8.2		
Z + 硬件超程输入信号	X8.3		
X − 硬件超程输入信号	X8.5		
Y − 硬件超程输入信号	X8.6		
Z − 硬件超程输入信号	X8.7		

表 8.6   PMC 与 NC 之间有关急停、运行准备的 I/O 信号

位 地址	#7	#6	#5	#4	#3	#2	#1	#0
X0008				* ESP				
G0008				* ESP				
G0114					* + L4	* + L3	* + L2	* + L1
G116					* − L4	* − L3	* − L2	* − L1
F0000		SA						
F0001	MA							

任务 2   通过 PMC 进行故障诊断

◎ 任务提出

大家都知道,在实际操作中,如果在 JOG 手动进给时,经常会出现某轴超程故障,此刻 CNC 系统屏幕上会显示超程报警,同时机床点动功能失效。解决这一故障现象的方法是:按下控制面板上的"超程解除"功能键,与此同时按点动键,让机床沿反向移动退出超程区域,然后停止手动进给,松开超程解除按键,则报警消除。那么,这么做的依据是什么?

由前已知,PLC 是 CNC 与数控机床之间信号传递与处理的中间环节,机床侧的开关、按键、传感器等输入信号首先送给 PLC 处理;CNC 对机床侧的控制信号也要经过 PLC 传递给机

床侧的继电器、接触器、电磁阀、指示灯等电器元件;PLC 还要把指令执行的结果及机床的状态反馈给 CNC。如果这些信号中的任何一个没有到位,任何一个执行元件没有按照要求动作,机床都会出现故障,而机床侧的输入/输出元件是数控机床上故障率较高的部位,在数控机床的故障中,和 PLC 相关的故障占有较高比例,显而易见,掌握这部分故障的分析方法很必要。

然而和 PLC 相关的故障主要有哪些表现形式呢? 又如何通过 PLC 进行故障的分析查找呢?

◎ **任务目标**
1. 熟练掌握 PMC 梯形图程序显示、PMC 诊断画面、PMC 参数画面等操作技能;
2. 明确 PLC 故障表现形式,学习 PLC 故障诊断的基本方法,依据报警号、动作顺序、控制对象工作原理、PLC 的 I/O 状态等来诊断故障。

◎ **相关知识**
数控机床出现 PLC 方面的故障时,一般有 3 种表现形式:
①有明确报警信息,通过报警信息可直接找到故障的原因;
②有故障显示,但不反映故障的真正原因;
③没有报警信息和故障提示。

对于后两种情况,可以利用数控系统的自诊断功能,根据 PLC 的梯形图和输入/输出状态信息来分析和判断故障的原因,这是解决数控机床外围故障的基本方法。

一、根据系统报警分析查找 PMC 故障

在 MDI 方式下按系统功能键(SYSTEM),显示如图 8.18 所示界面,在该画面中按下[DGNOS]软键,显示如图 8.19 所示的系统诊断功能画面。不同的诊断号代表不同的含义。

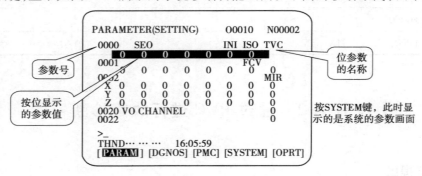

图 8.18　系统参数画面

实例体会:一数控机床在自动运行状态中,每当执行 M8(切削液喷淋)这一辅助功能指令时,加工程序就不再往下执行了。但此时管道是有切削液喷出,系统无任何报警提示。

分析与检查过程如下:

①在 MDI 方式下按系统功能键(SYSTEM),再按下[DGNOS],调出系统诊断功能界面,发现

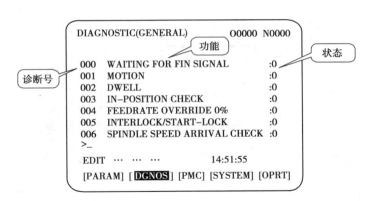

图 8.19　系统的诊断功能界面

诊断号 000 为"1",即系统正在执行辅助功能,切削液喷淋这一辅助功能未执行完毕,可见在系统中未能确认切削液是否已喷出,而事实上切削液已喷出。

②查阅电气控制原理图,发现在切削液管道上安装有流量开关,用以确认切削液是否喷出。在 PMC 程序的信号状态监控界面中检查该流量开关的输入点 X2.2,检查发现该点的状态为"0"(有喷淋时正常应为"1"),于是故障原因可以确定为在有切削液正常喷出的情况下流量开关未能正常动作所致。

③更换新的流量开关后重新运行程序,故障排除。

二、观察 PLC 的 I/O 状态,判断相应开关量是否已输入、输出以此判断故障

在 MDI 方式下按系统功能键 (SYSTEM) ,再按[PMC]软键,则在屏幕上显示 PMC 基本菜单画面(见图 8.10)。

在 PMC 基本菜单画面中按[PMCLAD]软键,即可显示出梯形图(见图 8.11)。梯形图执行时,如系统采用单色显示器,信号接通逻辑"1"状态用高亮度线条显示,信号断开为暗线显示;如系统采用彩色液晶显示器,信号接通为白色线显示,信号断开为绿色线显示。通过此画面,可以实时监控 PMC 与 CNC、机床之间各个信号的状态。

在 PMC 基本界面中按[PMCDGN]软键,即可进入系统梯形图的诊断界面(见图 8.12),再按下[STAUS]软键,显示图 8.13 所示的 PMC 信号状态,可以直观观察梯形图相应开关量的通断,若逻辑为"1"或通,表示 MT,CNC 侧连接没有问题,若不通,则检查外部电路。对于M,S,T指令,可以在从 MDI 方式下写一段程序验证,在执行的过程中观察相应的地址位。

实例体会:某台数控车床通电后进行 Z 轴返回参考点操作,返回参考点速度很慢,且无论怎么执行,每次都出现急停报警。

分析与检查过程如下:

①经过仔细观察,发现 Z 轴在返回参考点过程中速度不仅较低而且一直不变,观察减速挡块,压到减速开关,但是速度没有变化。

②调出 PMC 诊断画面,在诊断画面中观察到 Z 轴减速信号 X9.1 一直为"0",进一步检查,确认减速开关动作正常,确认 X9.1 信号线接线正常,再检查接至减速开关的 24 V 电源,结果 24 V 电源没有,故信号 X9.1 总是"0"。

③FANUC 数控机床回参考点的正确过程如图 8.20 所示。

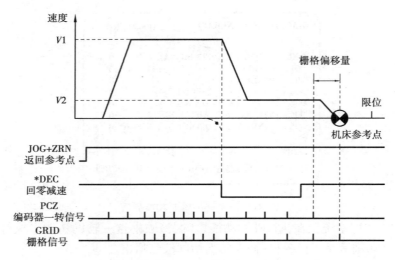

图 8.20　数控机床返回参考点控制

出现故障时,由于 X9.1 信号一直为"0",相当于减速开关被撞块压下的状态,所以 Z 轴在返回参考点过程中以低速运行,表现为速度很慢。而 CNC 一直在等候减速开关信号 X9.1 变为"1",因为只有它变成"1"后系统开始找编码器一转信号,并在接收到一转信号后移动一个栅格偏移量准确停在机床的参考点上,但由于 24 V 电源端子断开,X9.1 无法变成"1",所以机床一直移动,直至超程,产生急停报警。

三、观察 PMC 动态梯形图,结合系统的工作原理,查找故障点

根据 PMC 的梯形图来分析和诊断故障是解决数控机床外围故障的基本方法。如果采用这种方法,首先应该清楚机床的工作原理、动作顺序和连锁关系,然后根据梯形图查看相关的输入/输出及标志位的状态,以确定故障原因。

实例体会:配备 FANUC 0i MC 的卧式加工中心,采用机械手换刀。某次换刀过程中,机械手已伸出,但手臂一直不转,无法完成换刀过程。

分析与检查过程如下:

①换刀机械手动作过程如下:两端机械手爪夹紧(主轴刀具及刀库换刀位刀具夹紧)——主轴及刀库刀具松开——主轴孔吹气——机械手臂伸出(将主轴刀具及刀库刀具卸出)——手臂旋转 180°——手臂缩回(将刀具装入主轴及刀库)——主轴及刀库刀具夹紧——机械手松开——关断主轴孔吹气,换刀过程结束。

②在 MDI 方式下按系统功能键 SYSTEM,再按[PMC]软键调出 PMC 基本菜单,在 PMC 基本菜单画面中按[PMCLAD]软键打开 PMCLAD 界面,通过监控梯形图程序检查机械手不旋转的原因,有关的 PMC 程序如图 8.21 所示。

③检查此程序运行情况,发现 Y5.6 和 Y5.7 都为"0"。从控制条件看,机械手臂已伸出即 R23.4 为"0",同时 X6.5 为"0",X6.6 为"1",R21.7 为"0",而只有当 R21.7 为"1"时 Y5.6 才会为"1",此时机械手臂才会旋转。

④继续向上查阅 R21.7 为"1"的控制条件,R0.6 为"1",R21.2 为"1",R21.6 为"1",只要 R34.3 为"1",R21.7 就会为"1"。

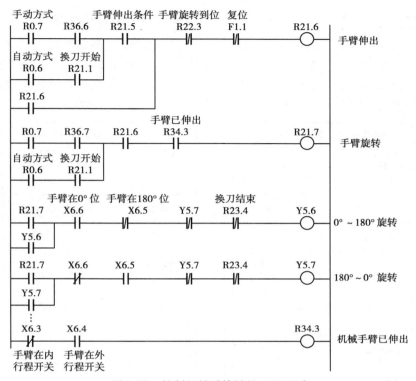

图 8.21 控制机械手旋转的 PMC 程序

⑤在检查 R34.3,发现 X6.3 和 X6.4 均为"0",而在机械手臂伸出的状况下,手臂在外行程开关信号 X6.4 的状态应该为"1"。

⑥在机床上检查这个行程开关,发现安装固定螺钉松动,开关位置有些变化,遂将开关位置调整好并重新固定,再试可正确完成换刀过程。

注意:检查开关前应将工作方式转换为手动方式后再检查开关,这样在调整开关位置时机械手臂及手爪均保持原来的位置和状态。

◎ 任务实施

基本任务 利用 PMC 进行故障诊断

以相关知识中介绍的 RS-FANUC 0i C/0i Mate C 数控机床综合实训系统为平台,利用系统中 I/O 上的拨码开关模拟刀架刀位检测、超程等故障,并观察各故障对机床运行的影响,然后进行排除,在实际操作中体验利用 PMC 进行故障诊断的方法。具体内容如下:

1.手动点动运行

①机床通电,解除急停按钮,完成返回参考点操作。

②将机床工作方式设定为 JOG 方式,分别按下 - X, + X 方向键,观察刀架运动,确认运行正确,然后再次返回参考点。

③将 - X 点动运行拨码开关断开,此时再按下 - X,观察刀架运动情况(没有点动)。

④依据上一任务中给出 FANUC 0i Mate 系统输入/输出地址速查表,检查 - X 点动控制的 PLC 输入信号及地址,可知为 X12.3。

⑤按 ⌜SYSTEM⌝ ——→[PMC] ——→[PMCLAD]打开 PMC 梯形图,通过键盘键入 X12.3,然后按软键[SEARCH]检索 X12.3 信号,显示画面如图 8.22(a)所示。图中地址 X12.3 显示为触点没导通。由于 – X 点动键已按下,梯形图触点却没导通,说明信号原因是信号不同。

⑥将 – X 点动运行拨码开关接通,再次按下 – X 键,则刀架作 – X 方向运动,故障消除。同时观察梯形图,此时梯形图如图 8.22(b)所示, – X 点动控制信号接通。

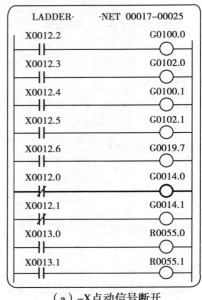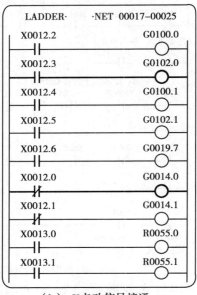

(a) –X点动信号断开 (b) –X点动信号接通

图 8.22　–X 点动信号检测

2.超程及超程复位

超程故障现象:在实际操作中,如果在 JOG 手动进给时,不慎造成某轴超程故障,此刻CNC 系统屏幕上会显示超程报警,同时机床点动功能失效。

①将机床工作方式设定为 JOG 方式,分别 – X, + X, – Z, + Z 方向键,观察刀架运动,确认运行正确。

②利用拨码开关断开,随机将 – X, + X, – Z, + Z 限位信号断开,此时 CNC 屏幕上会出现超程报警信息,如"411 伺服报警:Z 轴超程"。

③依据上一任务中给出 FANUC 0i Mate 系统输入/输出地址速查表,检查 +Z, – Z 限位控制的 PLC 输入信号及地址,可知为 X8.6 和 X8.3。

④按 ⌜SYSTEM⌝ ——→[PMC] ——→[PMCLAD]打开 PMC 梯形图,观察超程时梯形图如图 8.23(a)所示。梯形图中 X8.3 为细实线,表示该触点为断开状态,致使线圈 G8.4 失电,从而使机床点动功能失效。

⑤按下控制面板上的"超程解除"功能键,此时梯形图如图 8.23(b)所示。图中超程解除信号 X12.7 为粗实线(即触点导通),该触点提供一条支路使线圈 G8.4 得电,使机床点动功能恢复。故与此同时按点动键,让机床沿反向移动退出超程区域,然后停止手动进给,松开超程解除按键,则报警消除。没有超程时的梯形图如图 8.23(c)所示。

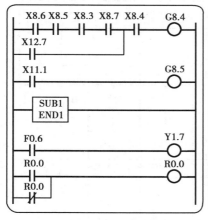

(a)-Z超程时的梯形图

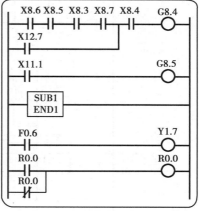

(b)按下超程解除时的梯形图

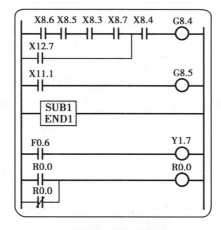

(c)没有超程时的梯形图

图 8.23   超程及超程解除控制

3. 自动换刀故障检查

故障现象:四刀位数控车床处于 MDI 方式,当键入指令 T02 时,刀台一直转动不停,找不到刀具,不能完成换刀操作。

故障诊断处理思路及步骤:

①查阅四工位刀架电气控制原理图,详见附录 FANUC 0i Mate TC 实训系统电气原理图之 3/18、5/18 及 14/18 页,经分析检查确认刀架正转控制正常,即数控系统已发出换刀信号,刀架正转继电器得电,进而使刀架正转接触器得电,刀架电机正转,通过减速机构及升降机构将上刀体上升至一定位置,但刀台一直转动不停,未能转到所选刀位停止,故考虑问题产生于刀架检测信号。

②车床设置为 MDI 方式,键入换刀指令,但改换其他号刀具,换刀操作完成。

③继续查阅电气原理图中刀架检测控制信号,控制原理如图 8.24 所示。由图中可看出 2 号刀的刀位信号为 X10.1。

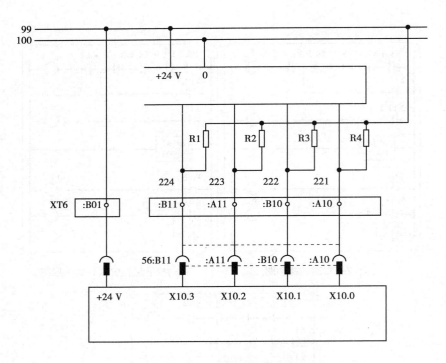

图8.24 刀架检测信号

④打开 PMC 梯形图,在梯形图上检索 2 号刀信号地址,发现梯形图中 X10.1 为细实线,表明 X10.1 地址没有导通,即没有接收到 2 号刀位信号,进一步检查确认 XT6 处信号线接线不良所致。

◎ 思考题

1.当机床出现超程限位报警时,采取怎样的步骤进行消除?

2.FANUC PMC 提供了哪些可利用的故障诊断功能?

3.怎样利用 PMC 排查数控机床故障,举例说明。

4.当你在 MDI 方式用程序寻找某一刀号时,刀架一直旋转不停找不到刀具,一般是由于什么原因引起的?

项目 9　数控机床机械结构故障诊断与维修

知识目标

1. 能够掌握数控机床常见机械故障的类型；
2. 了解数控机床典型部件的机械结构；
3. 了解数控机床的液压传动系统；
4. 掌握数控机床机械故障的诊断方法。

技能目标

1. 能够对数控机床的常见机械故障进行诊断；
2. 能够找到数控机床机械故障的原因，并排除。

任务 1　数控机床主轴部件的故障诊断与维修

数控机床加工工件时，时常出现切削振动大、主轴箱噪声大、主轴发热等现象。切削振动过大，直接影响到所加工零件的尺寸精度与表面粗糙度；而主轴箱噪声大会产生噪声污染，影响操作工人的身体健康；主轴发热会使得切削加工区域温度升高，改变刀具与工件的机械性能，降低所加工零件的尺寸精度与表面粗糙度。引起这些故障的原因均是因为主轴部件的安装误差或工作时的损耗造成的。要解决这一类故障，必须熟悉数控机床的主传动系统及主轴部件，找到故障产生的部位。

子任务 1　数控铣床开机后主轴不转

◎ **任务提出**

在生产加工中，某台数控铣床开机后主轴不转，不能工作。试分析原因，排除故障。

数控机床 X、Y 轴相互间的垂直度检测　　数控机床的主轴轴向跳动检测

◎ **任务目标**

1. 掌握不同类型数控机床主传动系统的结构特点；
2. 掌握不同类型数控机床的主轴部件。

◎ **相关知识**

主传动系统将动力传递给主轴，保证系统具有切削所需要的转矩和速度。由于数控机床具有更高的切削性能要求，因而要求数控机床的主轴部件具有更高的回转精度，更好的结构刚度和抗振性能。

一、数控铣床主传动系统的变速方式

数控铣床主传动系统,是指将主轴电动机的原动力通过该传动系统变成可供切削加工用的切削力矩和切削速度。为了适应各种不同材料的加工及各种不同的加工方法,要求数控铣床的主传动系统要有较宽的转速范围及相应的输出转矩。此外,由于主轴部件直接装夹刀具来对工件进行切削,因而对加工质量(包括加工粗糙度)及刀具寿命有很大的影响,所以对主传动系统的要求是很高的。为了能高效率地加工出高精度、低粗糙度的工件,必须要有一个具有良好性能的主传动系统和一个具有高精度、高刚度、振动小、热变形及噪声均能满足需要的主轴部件。

数控铣床的主传动系统一般采用直流或交流主轴电动机,通过带传动和主轴箱的变速齿轮带动主轴旋转。由于这种电动机调速范围广,又可无级调速,使得主轴箱的结构大为简化。主轴电动机在额定转速时输出全部功率和最大转矩,随着转速的变化功率和转矩将发生变化。在调压范围内(从额定转速调到最低转速)为恒转矩,功率随转速成正比例下降;在调速范围内(从额定转速调到最高转速)为恒功率,转速转矩随转速升高成正比例减小。这种变化规律是符合正常加工要求的,即低速切削所需转矩大,高速切削消耗功率大。同时也可以看出电动机的有效转速范围并不一定能完全满足主轴的工作需要,所以主轴箱一般仍需要设置几挡变速(2~4挡)。机械变挡一般采用液压缸推动滑移齿轮实现,这种方法结构简单,性能可靠,一次变速只需1 s。有些小型的或者调速范围不需太大的数控铣床,也常采用由电动机直接带动主轴或用带传动使主轴旋转。

为了满足主传动系统的高精度、高刚度和低噪声的要求,主轴箱的传动齿轮都要经过高速滑移齿轮(一般都用花键传动),采用内径定心。侧面定心的花键对降低噪声更为有利,因为这种定心方式传动间隙小,接触面大,但加工需要专门的刀具和花键磨床。带传动容易产生振动,在传动带长度不一致的情况下更为严重。因此,在选择传送带时,应尽可能缩短带的长度。如因结构限制,带长度无法缩短时,可增设压紧轮,将带张紧,以减少振动。

数控铣床的主传动系统要求具有较宽的转速范围及相应的输出转矩。由于主轴部件直接装夹刀具对工件进行加工,因此对加工质量及刀具寿命有很大的影响,所以对主传动系统的要求很高。为了满足加工需要,必须要有一个良好性能的主传动系统和一个具有高精度、高刚度、振动小、热变形小及噪声均能满足要求的主轴部件。数控铣床一般采用直流或交流主轴电动机,通过带传动和主轴箱的变速齿轮带动主轴旋转。为了适应不同的加工要求,目前主传动系统大致可分为3种。

1. 二级以上变速的主传动系统

图9.1(a)所示是使用滑移齿轮实现二级变速的主传动系统,滑移齿轮的移位大都采用液压缸和拨叉或直接由液压缸带动齿轮来实现。因数控铣床使用可调无级变速交流、直流电动机,所以经齿轮变速后,实现分段无级变速,调速范围增加。其优点是能够满足各种切削运动的转矩输出,且具有大范围调节速度的能力。但由于结构复杂,需要增加润滑及温度控制装置,成本较高,此外制造和维修也比较困难。图9.1(a)所示是一种典型的二级齿轮变速主轴结构。这种配置方式大、中型数控机床采用较多。它通过少数几对齿轮降速,使之成为分段无级变速,确保低速时的转矩,以满足主轴输出转矩特性的要求。但有一小部分数控机床也采用这种传动方式,以获得强力切削时所需要的转矩。滑移齿轮的位移大都采用液压拨叉或直接由液压缸带动齿轮来实现。

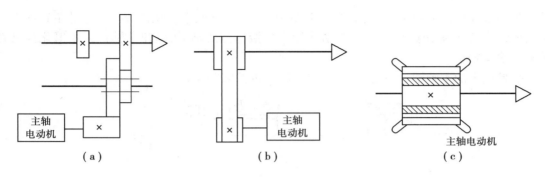

图9.1 数控铣床主轴传动系统分类

2.一级变速器的主传动系统

如图9.1(b)所示,其优点是结构简单,安装调试方便,且在一定条件下满足转速与转矩的输出要求。但系统的调速范围与电动机一样,受电动机调速范围的约束。这种传动方式可以避免齿轮传动时引起的振动与噪声,适用于低转矩特性要求的主轴。

这种变速方式主要应用在小型数控机床上,可以避免齿轮传动时引起的振动和噪声,但它只能适用于低转矩特性要求的主轴。同步带传动是一种综合了带、链传动优点的新型传动。带的工作面及带轮外圆上均制成齿形,通过带轮与轮齿相嵌合,作无滑动的啮合传动。带内采用了承载后无弹性伸长的材料作强力层,以保持带的节距不变,使主、从动带轮可作无相对滑动的同步传动,与一般带传动相比,同步传动具有如下优点:无滑动,传动比准确;传动效率高,可达98%以上;传动平稳,噪声小;使用范围较广;速度可达50 m/s,速比可达10左右,传递功率由几瓦至数千瓦;维修保养方便,不需要润滑。

3.调速电动机直接驱动的主传动系统

如图9.1(c)所示,其优点是结构紧凑,占用空间少,转换频率高。但是主轴转速的变化及转矩的输出和电动机的输出特性完全一致,因而使用受到限制。

将调速电动机与主轴合成一块(电动机转子轴即为机床主轴),这是近年来新出现的一种结构。这种变速方式大大简化了主轴箱体与主轴的结构,有效地提高了主轴部件的刚度,但主轴输出转矩小,电动机发热对主轴精度影响较大。从直流主轴电动机的速度与转矩关系中可以看出,在低于额定转速时为恒转矩输出,高于额定转矩时为恒功率输出,使用这种电动机可实现纯电气定向,而且主轴的控制功能可以很容易与数控系统相连接并实现修调输入、速度和负载测量输出等。

二、数控铣床主轴部件的支撑

主轴支撑分径向和推力(轴向)支撑。角接触轴承兼起径向和推力支撑的作用。推力支撑应位于前支撑内,因为数控机床的坐标原点常设定在主轴前端。为了减少热膨胀造成的坐标原点位移,应尽量缩短坐标原点至推力支撑之间的距离。主轴上的切削力是通过支撑装置而传递给机床基础件的,主轴部件支撑装置的作用是在刀具或工件作回转运动时承受切削力,同时保证主轴运动精度,为了保证加工精度,必须保证其旋转精度和相应的承载能力,即有足够的轴向和径向刚度。

主轴轴承,主要应根据精度、刚度和转速来选择。为了提高精度和刚度,主轴轴承的间隙应该是可调的。线接触的滚子轴承比点接触的球轴承刚度高,但在一定温升下允许的转速较低。根据数控机床的规格、精度采用不同的主轴轴承。一般中小规格数控机床的主轴部件多采用成组高精度滚动轴承,重型数控机床则采用液体静压轴承,高速主轴常采用氮化硅材料的陶瓷滚动轴承。

数控机床的主轴轴承主要有 3 种配置形式,如图 9.2 所示。

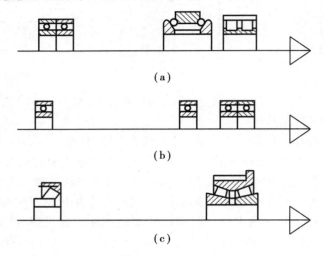

图 9.2　数控机床主轴轴承配置形式

图 9.2(a)所示为前后支撑采用不同轴承的配置形式,即前支撑采用双列短圆柱滚子轴承和 60°角接触双列向心推力球轴承。这种配置形式能使主轴获得较大的径向和轴向刚度,满足机床强力切削的要求,所以目前各类数控机床的主轴普遍采用这种配置形式。

图 9.2(b)所示为采用高精度双列向心推力球轴承的配置形式,前轴承采用高精度双列向心推力球轴承,后支撑采用单列角接触球轴承。向心推力球轴承高速时性能良好,主轴最高转速可达 4 000 r/min,但是它的承载能力小,因而适用于高速、轻载和精密的数控机床主轴。

图 9.2(c)所示为前后轴承分别采用双列和单列圆锥滚子轴承的配置形式,这种轴承径向和轴向刚度高,能承受重载荷,尤其能承受较大的动载荷,安装和调试性能好,但这种轴承配置形式限制了主轴的最高转速和精度,故适用于中等精度、低速、重载的数控机床主轴。

三、主轴部件的日常保养

主轴部件是数控机床机械部分中的重要组成部件,主要由主轴、轴承、主轴准停装置、自动装夹和切屑清除装置组成。

数控机床主轴部件的润滑、冷却与密封是机床使用和维护过程中值得重视的几个问题:

①良好的润滑效果,可以降低轴承的工作温度和延长使用寿命;为此,在操作使用中要注意:低速时,采用油脂、油液循环润滑;高速时,采用油雾、油气润滑方式。但是,在采用油脂润滑时,主轴轴承的封入量通常为轴承空间容积的 10%,切忌随意填满,因为油脂过多,会加剧主轴发热。对于油液循环润滑,在操作使用中要做到每天检查主轴润滑恒温油箱,看油量是否充足,如果油量不够,则应及时添加润滑油;同时要注意检查润滑油温度范围是否合适。

为了保证数控机床主轴有良好的润滑,减少摩擦发热,同时又能把主轴组件的热量带走,通常采用循环式润滑系统,用液压泵强力供油润滑,使用油温控制器控制油箱油液温度。高档数控机床主轴轴承采用了高级油脂封存方式润滑,每加一次油脂可以使用 7 ~ 10 年。新型的润滑冷却方式不单要减少轴承温升,还要减少轴承内外圈的温差,以保证主轴热变形小。

常见主轴润滑方式有两种,油气润滑方式近似于油雾润滑方式,但油雾润滑方式是连续供给油雾,而油气润滑则是定时定量地把油雾送进轴承空隙中,这样既实现了油雾润滑,又避免了油雾太多而污染周围空气。喷注润滑方式是用较大流量的恒温油(每个轴承 3 ~ 4 L/min)喷注到主轴轴承,以达到润滑、冷却的目的。这里较大流量喷注的油必须靠排油泵强制排油,而不是自然回流。同时,还要采用专用的大容量高精度恒温油箱,油温变动控制在 ±0.5 ℃。

②主轴部件的冷却主要是以减少轴承发热,有效控制热源为主。

③主轴部件的密封则不仅要防止灰尘、屑末和切削液进入主轴部件,还要防止润滑油的泄漏。主轴部件的密封有接触式和非接触式密封。对于采用油毡圈和耐油橡胶密封圈的接触式密封,要注意检查其老化和破损;对于非接触式密封,为了防止泄漏,重要的是保证回油能够尽快排掉,要保证回流孔的通畅。

◎ **任务实施**

基本任务　数控铣床开机后主轴不转

参考设备说明书,发现该数控铣床采用三相交流变频电动机驱动,由 V 带传动、调速,主轴由滚动轴承支撑。主轴不转的原因一般有电动机损坏、传动键损坏、V 带松动、制动器损坏、轴承损坏等,需对以上部件进行逐一诊断排查。按照传动的先后顺序,从电动机开始进行检查。具体实施过程是:打开机床主轴箱,在断电状态下,检查电动机各项参数正常;检查传动键,发现并没有损坏;拆下传动轴观察轴承,发现轴承缺乏润滑油而损坏,将其拆下更换,用手盘转动主轴正常。故故障原因是支撑主轴的轴承损坏导致主轴不转。

◎ **任务扩展**

故障现象:在生产加工中,某台数控车床开机后主轴不转,不能工作。试分析原因,排除故障。

故障分析:数控车床的主传动系统一般采用交流主轴电动机,通过带传动或主轴箱内 2 ~ 4 级齿轮变速传动主轴。由于这种电动机调速范围宽而且又可无级调速,因此大大地简化了主轴箱结构。主轴电动机在额定转速时可输出全部功率和最大转矩,随着转速的变化,功率和转矩将发生变化;也有的主轴由交流调速电动机通过两级塔轮直接带动,并由电气系统无级调速。由于主传动链中没有齿轮,故噪声很小。

图 9.3 所示为 CK7815 型数控车床的主轴箱展开图。电动机通过带轮 1,2 和三联 V 带带动主轴。

传动主轴的带形式主要有同步齿形带、多楔带(即多联 V 带)。采用同步齿形带传动时,齿形带兼有带传动、齿轮传动及链传动的优点,无相对滑动,无需特别张紧,传动效率高;平均传动比准确,传动精度较高;有良好的减振性能,无噪声,无需润滑,传动平稳;带的强度高、厚度小、质量小、故可用于高速传动。采用多楔带传动时,多楔带综合了 V 带和平带的优点,是一次成形

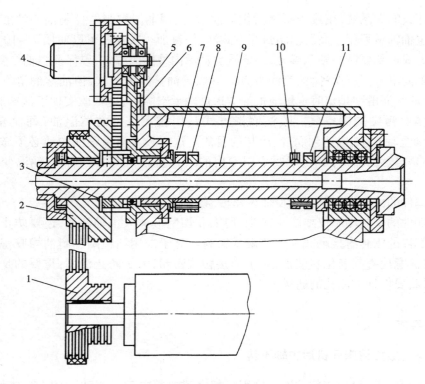

图 9.3　CK7815 型数控车床主轴箱

1、2—带轮;3、7、11—螺母;4—脉冲发生器;5—螺钉;6—支架;8、10—锁紧螺母;9—主轴

的,不会因长度不一致而受力不均,承载能力也比多根 V 带高,最高线速度可达 40 m/min。

故障维修:打开机床主轴箱,在断电状态下,检查电动机运行良好;检查传动键,发现机床主轴与 V 带带轮间的传动键松动,重新安装好,主轴正常运行,故障排除。

子任务 2　加工中心刀具无法夹紧或松开

◎ **任务提出**

加工中心区别于普通数控机床的最显著的特点就是多工序集中加工,主传动系统所具备的自动换刀功能正是实现这一目的的执行机构。在加工中心的加工过程中有时会出现刀具无法夹紧或松开的故障,此时,加工过程被迫中止,影响加工效率。为解决这一类故障的发生,需要掌握主轴准停装置与刀具自动夹紧机构的机械结构及特点,运用故障诊断方法逐级检查,排除故障。

◎ **任务目标**

1. 掌握加工中心主轴准停装置的机械特点;

2. 掌握加工中心刀具自动夹紧机构;

3. 能够判断换刀故障的发生部位。

◎ 相关知识

一、加工中心的主轴部件

图 9.4 为 JCS-018A 主轴箱结构简图。如图所示,1 为主轴,主轴的前支承 4 配置了 3 个高精度的角接触球轴承,用以承受径向载荷和轴向载荷,前两个轴承大口朝下,后面 1 个轴承大口朝上。前支承按预加载荷计算的预紧量由螺母 5 来调整。后支承 6 为一对小口相对配置的角接触球轴承,他们只承受径向载荷,因此轴承外圈不需要定位。该主轴选择的轴承类型和配置形式,满足主轴高转速和承受较大轴向载荷的要求。主轴受热变形向后伸长,不影响加工精度。

二、刀具的自动夹紧机构

加工中心具有更高的加工效率、更宽的使用范围和更高的加工精度,它的主轴系统要满足更高的要求。加工中心主轴系统必须具有更大的调速范围并实现无级变速,而且具有较高的精度与刚度,传动平稳,噪声低,才能满足其加工工艺的需要,获得更高的生产率、加工精度和表面质量。加工中心在工作时,会使主轴产生振动,影响加工精度和表面质量,为此,主轴组件要有较高的固有频率,保持合适的配合间隙并进行循环润滑等,即具有良好的抗振性和热稳定性;为保证加工过程连续实施,加工中心主轴系统与其他主轴系统相比,必须具有自动换刀功能。

如图 9.4 所示,主轴内部和后端安装的是刀具自动夹紧机构,主要由拉杆 7、拉杆端部的 4 个钢球 3、碟形弹簧 8、活塞 10、液压缸 11 等组成。机床执行换刀指令,机械手从主轴拔刀时,主轴需松开道具。这时液压缸上腔通压力油,活塞推动拉杆向下移动,使蝶形弹簧压缩,钢球进入主轴锥孔上端的槽内,刀柄尾部的拉钉 2 被松开,机械手拔刀。之后,压缩空气进入活塞和拉杆的中孔,吹净主轴锥孔,为装入新刀具做好准备。当机械手将下一把刀具插入主

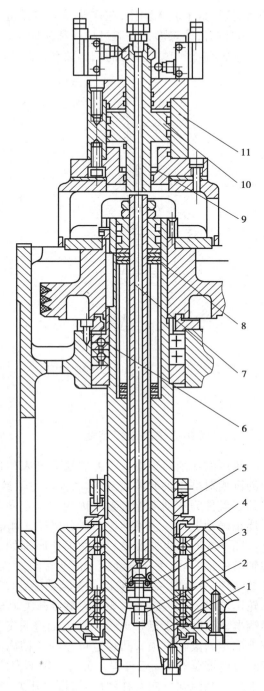

图 9.4　JCS-018A 主轴箱结构简图

1—主轴;2—拉钉;3—钢球;4、6—角接触球轴承;

5—预紧螺母;7—拉杆;8—碟形弹簧;

9—圆柱螺旋弹簧;10—活塞;11—液压缸

轴后,液压缸上腔无油压,在蝶形弹簧和弹簧9的恢复力作用下,使拉杆、钢球和活塞退回到图示的位置,即蝶形弹簧通过拉杆和钢球拉紧刀柄尾部的拉钉,使刀具被夹紧。

主轴前端钢球与拉钉的结构关系如图9.5所示。

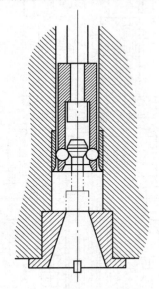

图9.5 加工中心主轴与刀柄连接图

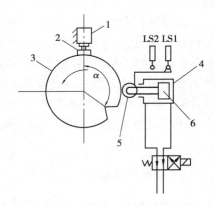

图9.6 机械式主轴准停装置
1—无触点开关;2—感应块;3—凸轮定位盘;
4—定位液压缸;5—定向滚轮;6—定位活塞

三、加工中心主轴准停装置

机床的切削转矩由主轴上的端面键来传递,每次机械手自动装取刀具时,必须保证刀柄上的键槽对准主轴的端面键,这就要求主轴具有准确定位的功能。为满足主轴这一功能而设计的装置称为主轴准停装置或称为主轴定向装置。主轴准停的另一原因是便于在镗完内孔后能正确地退刀。主轴准停装置分机械式和电气式两种。

图9.6所示机械准停装置的工作原理如下:准停前主轴必须是处于停止状态,当接收到主轴准停指令后,主轴电动机以低速转动,主轴箱内齿轮换挡使主轴以低速旋转,时间继电器开始动作,并延时4至6 s,保证主轴转稳后接通无触点开关1的电源,当主轴转到图示位置即凸轮定位盘3上的感应块2与无触点开关1相接触后发出信号,使主轴电动机停转。另一延时继电器延时0.2至0.4 s后,压力油进入定位液压缸下腔,使定向活塞向左移动,当定向活塞上的定向滚轮5顶入凸轮定位盘的凹槽内时,行程开关LS2发出信号,主轴准停完成。若延时继电器延时1 s后行程开关LS2仍不发信号,说明准停没完成,需使定向活塞6后退,重新准停。当活塞杆向右移到位时,行程开关LS1发出滚轮5退出凸轮定位盘凹槽的信号,此时主轴可启动工作。

机械准停装置比较准确可靠,但结构较复杂。现代的数控铣床一般都采用电气式主轴准停装置,只要数控系统发出指令信号主轴就可以准确地定向。如常用磁力传感器检测定向的电气式主轴准停装置,其工作原理如图9.7所示,在主轴上安装有一个永久磁铁4与主轴一起旋转,在距离永久磁铁4旋转轨迹外1~2 mm处固定有一个磁传感器5,当铣床主轴需要停车换刀时,数控装置发出主轴停转的指令,主轴电动机 3 立即降速,使主轴以很低的转速回转,当永久磁铁 4 对准磁传感器 5 时,磁传感器发出准停信号,此信号经放大后,由定向电路使电动机准确地停止在规定的周向位置上。这种准停装置机械结构简单,发磁体与磁感传感器间没有接触摩擦,准停的定位精度可达 ±1°,能满足一般换刀要求。而且定向时间短,可靠性较高。

四、加工中心自动换刀装置的液压传动系统

液压系统传动功率大、效率高、运行安全可靠,一般在要求力或力矩较大的情况下采用液压传动。在加工中心上主要实现链式刀库的刀链驱动、上下移动的主轴箱的配重、刀具的安装和主轴高低速的转换等辅助动作的完成。图 9.8 为 VP1050 加工中心的液压系统工作原理图。整个液压系统采用变量叶片泵为系统提供压力油,并在泵后设置止回阀 2 用于减小系统断电或其他故障造成的液压泵压力突然降低而对系统的影响,避免机械部

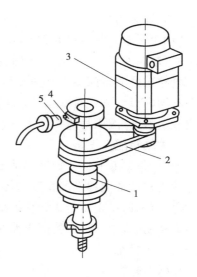

图 9.7　电气式主轴准停装置
1—主轴;2—同步感应器;
3—主轴电动机;4—永久磁铁;
5—磁传感器

件的冲击损坏。压力开关 TK1 用以检测液压系统的状态,如压力达到预定值,则发出液压系统压力正常的信号,该信号作为 CNC 系统开启后 PLC 高级报警程序自检的首要检测对象。如 YK1 无信号,PLC 自检发出报警信号,整个数控系统的动作将全部停止。

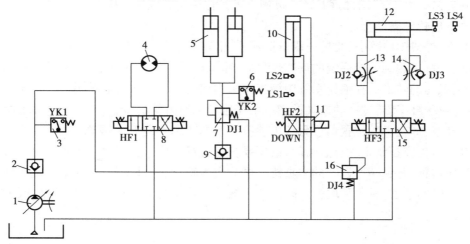

图 9.8　VP1050 加工中心的液压系统工作原理图
LS1、LS2、LS3、LS4—行程开关;1—液压泵;2、9—止回阀;3、6—压力开关;
4—液压马达;5—配重液压缸;7、16—减压阀;8、11、15—换向阀;
10—松刀缸;12—变速液压缸;13、14—单向节流阀

VP1050 加工中心的液压系统包括刀链驱动支路、主轴箱配重支路、松刀缸支路及高低速转换支路。

1. 刀链驱动支路

VP1050 加工中心配备 24 刀位的链式刀库,为节省换刀时间,选刀采用就近原则。在换刀时,由双向液压马达 4 拖动刀链使所选刀位移动到机械手抓刀位置。液压马达的转向控制由双电控三位电磁阀 HF1 完成,具体转向由 CNC 进行运算后,发信号给 PLC 控制 HF1,用 HF1 不同的得电方式对液压马达 4 进行不同转向的控制。刀链不需驱动时,HF1 失电,处于中位截止状态,液压马达 4 停止。刀链到位信号由感应开关发出。

2. 主轴箱配重支路

VP1050 加工中心 Z 轴进给是由主轴箱做上下移动实现的,为消除主轴箱自重对 Z 轴伺服电动机驱动 Z 向移动的精度和控制的影响,机床采用两个液压缸进行配重。主轴箱向上移动时,高压油通过止回阀 9 和直动型减压阀 7 向配重缸下腔供油,产生向上的配重力;当主轴箱向下移动时,液压缸下腔高压油通过减压阀 7 进行适当减压。压力开关 YK2 用于检测配重支路的工作状态。

3. 松刀缸支路

VP1050 加工中心采用 BT40 型刀柄使刀具与主轴连接。为了能够可靠地夹紧与快速地更换刀具,采用蝶形弹簧拉紧机构使刀柄与主轴连接为一体,采用液压缸使刀柄与主轴脱开。机床在不换刀时,单电控两位四通电磁换向阀 HF2 失电,控制高压油进入松刀缸 10 下腔,松刀缸 10 的活塞始终处于上位状态,感应开关 LS2 检测松刀缸上位信号;当主轴需要换刀时,通过手动或自动操作使单电控两位四通电磁阀 HF2 得电换位,松刀缸 10 上腔通入高压油,活塞下移,使主轴抓刀爪松开刀柄拉钉,刀柄脱离主轴,松刀缸运动到位后感应开关 LS1 发出到位信号并提供给 PLC 使用,协调刀库、机械手等其他机构完成换刀操作。

4. 高低速转换支路

VP1050 主轴传动链中,通过一级双联滑移齿轮进行高低速转换。在由高速向低速转换时,主轴电动机接收到数控系统的调速信号后,减低电动机的转速到额定值,然后进行齿轮滑移,完成高低速的转换。在液压系统中该支路采用双电控三位四通电磁阀 HF3 控制液压油的流向,变速液压缸 12 通过推动拨叉控制主轴变速箱交换齿轮的位置,来实现主轴高低速的自动转换。高速、低速齿轮位置信号分别由感应开关 LS3、LS4 向 PLC 发送。

当机床停机或控制系统有故障时,液压系统通过双电控三位四通电磁阀 HF3 使变速齿轮处于原工作位置,避免高速运转的主轴传动系统产生硬件冲击损坏。单向节流阀 DJ2、DJ3 用以控制液压缸的速度,避免齿轮换位时的冲击振动。减压阀 16 用于调节变速液压缸 12 的工作压力。

◎ **任务实施**

基本任务　加工中心刀具无法夹紧或松开

刀具无法夹紧或松开,是指刀具夹不紧掉刀或刀具夹紧后松不开,分析故障原因,刀具夹不紧掉刀的原因可能有:蝶形弹簧位移量较小,刀具松夹弹簧上的螺母松动,刀具超重等。刀具夹紧后松不开的原因可能有:松刀弹簧压合过紧,液压缸压力和行程不够,液压系统电磁阀失灵等。

1. 刀具夹不紧掉刀

打开机床主轴箱,检查刀具松夹弹簧上的螺母是否松动,若松动,顺时针旋转松夹弹簧上的螺母,使其最大作用载荷达到要求。若没有松动,可检查是否为蝶形弹簧位移量小,调整蝶形弹簧行程长度进行检测。

2. 刀具夹紧后松不开

打开机床主轴箱,检查是否为刀具松夹弹簧上的螺母压合过紧,可逆时针旋转松夹弹簧上的螺母,试运行机床,观察故障是否排除。再检查液压缸压力是否达到机床说明书规定的要求,若压力达标,可调整液压缸活塞行程开关位置进行故障检测。

◎ 任务扩展

故障现象:机床主轴调速上采用的是齿轮分挡加电动机无级调速,正常调速范围是低速挡 50 ~ 80 r/min,高速挡 800 ~ 4 000 r/min。在机床运行过程中遇到了低速挡不能向高速挡转换的故障。当输入换挡指令后,出现 KA1,KA3 继电器一直振荡的现象,对应液压系统中的变速液压缸无向上推动变速齿轮的动作,并且一直保持在此动作的重复执行中。

故障分析:根据液压系统图对应的线路进行分析:如图 9.9 所示,在正常使用中,当 KA1,KA2,KA3 均不得电时,液压系统经过 KA1 液压阀左侧向润滑分油器供油。当要求换刀时,需要 KA1,KA2 同时得电,油路经过 KA1 右侧、KA2 右侧,向拉刀机构上方供油,实现换刀过程。当要求高速向低速转换时,仅仅需要 KA1 得电,油路经过 KA1 右侧、KA3 左侧,将变速液压缸从上往下作用,实现换挡过程。当要求低速向高速转换时,需要 KA1,KA3 同时得电,油路经过 KA1 右侧、KA3 右侧,将变速液压缸从下往上作用,实现换挡过程。

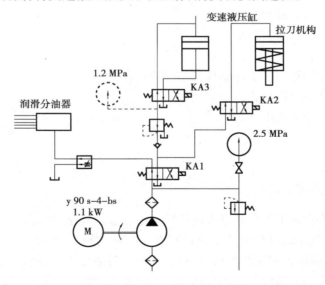

图 9.9　数控机床高低速转换回路

最初分析认为,可能是系统的 PLC 程序出现了故障。于是将系统 PLC 程序调出进行分析,发现程序完全正确。分析 PLC 要求 KA1,KA3 振荡是为了保证变速齿轮啮合过程的安全。如果齿轮没有对插到正确位置,KA1,KA3 长时间得电,将导致两变速齿轮齿侧相互挤压,损坏机床,KA1,KA3 振荡的目的就是(配合低速振荡的主轴)保证变速齿轮对插啮合的顺利进行。

经过分析并讨论：由于机床使用时间较长，液压系统的响应时间变大，在原先设定的振荡时间内未能产生足够的压力推动换挡齿轮变速。即在原先设定的振荡时间 0.2 s（PLC 程序内查得）内，KA1，KA3 液压阀得电，但变速液压缸内未能产生足够压力推动变速齿轮动作，振荡时间到达后，系统要求 KA1，KA3 液压阀失电，进行保护，液压缸卸压，导致换挡失败，系统检测换挡未完成，要求重复以上动作，进入死循环（复位、急停键均不起作用，需要断电重新启动系统）。

故障维修：经多次调试（分别取 0.25 s,0.3 s,0.4 s,0.5 s,0.6 s,…），发现将原先的振荡时间 0.2 s 更改为 0.4 s 较合适，重新执行换挡指令后，换刀动作恢复正常。

任务 2　数控机床进给传动部件的故障诊断与维修

机械加工的最终目的是要得到形状与图纸规定相一致，尺寸和表面质量在图纸规定范围内的一批合格零件。如果零件尺寸超差或者尺寸不稳定，将造成废品率增加，成本升高，给企业带来经济损失。所以在加工过程中，需要保证机床可以持续稳定地加工出合格的零件。影响加工零件尺寸的因素有很多，除了工艺参数方面的影响外，机床的磨损与故障也可能造成加工零件尺寸不稳定。

◎ **任务提出**

用数控机床加工零件的过程中发现时有尺寸超差零件，排除了工艺参数的原因后，对机床进行检测，找出故障点，排除故障。

◎ **任务目标**

1. 掌握滚珠丝杠螺母副的工作原理与结构特点；
2. 掌握主轴轴承的配置形式；
3. 认识数控机床的导轨副。

◎ **相关知识**

一、数控机床进给传动系统

进给传动系统将实现工作台的直线或旋转运动的进给和定位，保证系统的运行精度和质量。因此，要求数控机床的进给传动系统具有更高的传动精度、系统的稳定性和快速响应的能力，既要能尽快地根据控制指令要求，稳定地达到需要的加工速度和位置精度，并尽量小地出现振荡和超调现象。为确保传动系统达到这样的要求，对驱动装置机械结构总的要求是消除间隙、减少摩擦、减少运动惯量、提高部件精度和刚度。通常采用低摩擦的传动副，如滚珠丝杠、减摩滑动导轨、滚动导轨及静压导轨等。

1. 进给传动系统的机械结构

（1）进给传动系统的结构简图

数控铣床的进给传动系统如图 9.10 所示，由伺服电机驱动，经齿轮传动带动滚珠丝杠转动,实现工作台的进给运动。

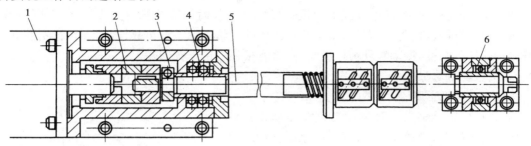

图9.10 数控机床进给传动系统

1—伺服电动机;2—联轴器;3—螺母;4、6—轴承;5—丝杠

（2）对进给传动系统的要求

1）调速范围要宽

在各种数控机床中,由于加工用刀具、被加工材料、主轴转速以及零件加工工艺要求的不同,为保证在任何情况下都能得到最佳切削条件,就要求进给驱动系统必须具有足够宽的无级调速范围(通常大于 1:10 000)。尤其在低速(如 <0.1 r/min)时,要仍能平滑运动而无爬行现象。

脉冲当量为 1 μm/P 情况下,最先进的数控机床的进给速度从 0～240 m/min 连续可调。但对于一般的数控机床,要求进给驱动系统在 0～24 m/min 进给速度下工作就足够了。

2）定位精度要高

使用数控机床主要是为了保证加工质量的稳定性、一致性,减少废品率;解决复杂曲面零件的加工问题;解决复杂零件的加工精度问题,缩短制造周期等。数控机床是按预定的程序自动进行加工的,避免了操作者的人为误差,但是,它不可能应付事先没有预料到的情况。就是说,数控机床不能像普通机床那样,可随时用手动操作来调整和补偿各种因素对加工精度的影响。因此,要求进给驱动系统具有较好的静态特性和较高的刚度,从而达到较高的定位精度,以保证机床具有较小的定位误差与重复定位误差(目前进给伺服系统的分辨率可达 1 μm 或 0.1 μm,甚至 0.01 μm);同时进给驱动系统还要具有较好的动态性能,以保证机床具有较高的轮廓跟随精度。

3）快速响应,无超调

为了提高生产率和保证加工质量,除了要求有较高的定位精度外,还要求有良好的快速响应特性,即要求跟踪指令信号的响应要快。一方面,在启、制动时,要求加、减加速度足够大,以缩短进给系统的过渡过程时间,减小轮廓过渡误差。一般电动机的速度从零变到最高转速,或从最高转速降至零的时间在 200 ms 以内,甚至小于几十毫米,这就要求进给系统要快速响应,但又不能超调,否则将形成过切,影响加工质量;另一方面,当负载突变时,要求速度的恢复时间也要短,且不能有振荡,这样才能得到光滑的加工表面。

4）低速大转矩,过载能力强

数控机床要求进给驱动系统有非常宽的调速范围,例如在加工曲线和曲面时,拐角位置某轴的速度会逐渐降至零。这就要求进给驱动系统在低速时保持恒力矩输出,无爬行现象,并且具有长时间内较强的过载能力和频繁的启动、反转、制动能力。一般,伺服驱动器具有数分钟甚至半小时内 1.5 倍以上的过载能力,在短时间内可以过载 4～6 倍而不损坏。

5)可靠性高

数控机床,特别是自动生产线上的设备要求具有长时间连续稳定工作的能力,同时数控机床的维护、维修也较复杂,因此,要求数控机床的进给驱动系统可靠性高、工作稳定性好,具有较强的温度、湿度、振动等环境适应能力,具有很强的抗干扰的能力。

2. 滚珠丝杠螺母副

(1)工作原理及特点

滚珠丝杠螺母副是回转运动与直线运动相互转换的传动装置,在数控铣床上得到了广泛的应用。滚珠丝杠副是由丝杠,螺母,滚珠组成的机械元件。其作用是将旋转运动转变为直线运动,或逆向由直线运动变为旋转运动。丝杠、螺母之间用滚珠做滚动体。由于在丝杠和螺母之间放入了滚珠,使丝杠与螺母间变为滚动摩擦,因而大大地减小了摩擦阻力,提高了传动效率。图9.11为滚珠丝杠螺母副的工作原理示意图。丝杠和螺母上均制有圆弧形面的螺旋槽,将它们装在一起便形成了螺旋滚道,滚珠在其间既自转又循环滚动。

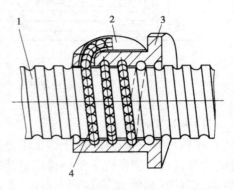

图9.11 滚珠丝杠螺母副的工作原理
1—丝杠;2—滚道;3—螺母;4—滚珠

滚珠丝杠螺母副的优点:

①传动效率高,摩擦损失小。滚珠丝杠螺母副的传动效率 $\eta = 0.92 \sim 0.96$,可实现高速运动。

②运动平稳无爬行。由于摩擦阻力小,动、静摩擦系数之差极小,故运动平稳,不易出现爬行现象。

③传动精度高,反向时无空程。滚珠丝杠副经预紧后,可消除轴向间隙。

④磨损小,精度保持性好,使用寿命长。

⑤具有运动的可逆性。可以将旋转运动转换成直线运动,也可将直线运动转换成旋转运动,即丝杠和螺母均可作主动件或从动件。

滚珠丝杠螺母副的缺点:

由于结构复杂,丝杠和螺母等元件的加工精度和表面质量要求高,故制造成本高。由于不能自锁,特别是垂直安装的滚珠丝杠传动,会因部件的自重而自动下降。当部件向下运动且切断动力源时,由于部件的自重和惯性,不能立即停止运动,因此必须增加制动装置。

(2)滚珠的循环方式

1)外循环

滚珠在循环过程结束后通过螺母外表面上的螺旋槽或插管返回丝杠螺母间重新进入循环,如图9.12所示。图示为常见的外循环结构形式。在螺母外圆上装有螺旋形的插管口,其两端插入滚珠螺母工作始末两端孔中,以引导滚珠通过插管,形成滚珠的多圈循环链。结构简单,工艺性好,承载能力较高,但径向尺寸较大。应用最广,也可用于重载传动系统。

2)内循环

靠螺母上安装的反向器接通相邻滚道,使滚珠成单圈循环,如图9.13所示。反向器2的数目与滚珠圈数相等。结构紧凑,刚度好,滚珠流通性好,摩擦损失小,但制造较困难。适用于高灵敏、高精度的进给系统,不宜用于重载传动中。

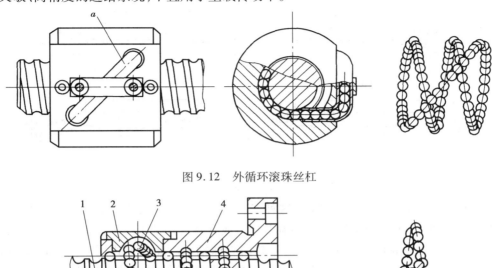

图 9.12　外循环滚珠丝杠

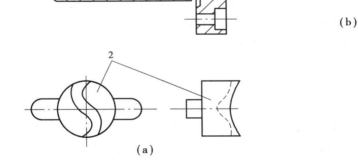

图 9.13　内循环滚珠丝杠
1—丝杠;2—反向器;3—滚珠;4—螺母

(3)滚珠丝杠螺母副轴向间隙的调整

为了保证滚珠丝杠反向传动精度和轴向刚度,必须消除滚珠丝杠螺母副轴向间隙。消除间隙的方法常采用双螺母结构,利用两个螺母的相对轴向位移,使每个螺母中的滚珠分别接触丝杠滚道的左右两侧。用这种方法预紧消除轴向间隙时,预紧力一般应为最大轴向负载的1/3。当要求不太高时,预紧力可小于此值。常用的双螺母丝杠消除间隙方法有:垫片调整式、螺纹调隙式、齿差调隙式和单螺母变位螺距预加负荷的方式。

(4)滚珠丝杠副的安装支撑方式

数控铣床的进给系统要获得较高的传动精度,除了加强滚珠丝杠副本身的刚度外,滚珠丝杠的正确安装及支撑结构的刚度也是不可忽视的因素。为减少受力后的变形,螺母座应有加强肋,增大螺母座与铣床的接触面积,并且要连接可靠。采用高刚度的推力轴承以提高滚珠丝杠的轴向承载能力。

度,避免振动的产生。与此同时,由于动态性能好,可以获得较高的运动精度。如果采用拼装的次级部件,还可以实现很长的直线运动距离。此外,运动功率的传递是非接触的,因此没有机械磨损。

但是,直线电动机最根本的缺点是发热较多、效率低下。因此,直线电动机通常必须采用循环强制冷却以及隔热措施,才不会导致机床热变形。

（2）直线电动机的原理和性能

直线电动机的供电方式可以是直流或交流的、同步的或异步的,工作原理不完全相同。交流感应异步原理是直线电动机的基本形式。它的工作原理是将旋转感应异步电动机转子和定子之间的电磁作用力从圆周展开为平面。如图 9.15 所示,对应于旋转电动机的定子部分,称之为直线电动机的初级;对应于旋转电动机的转子部分,称之为直线电动机的次级。当多项交变电流通入多相对称绕组时,就会在直线电动机初级和次级之间的气隙中产生一个行波磁场,从而使初级和次级之间产生相对移动。当然,二者之间也存在一个垂直力,可以是吸引力,也可以是推斥力。西门子 1FN1 系列三相交流永磁式同步直线电动机的外观如图 9.16 所示。

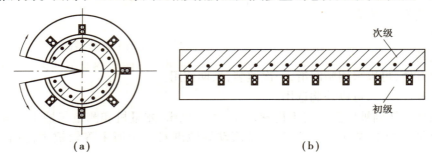

（a）　　　　　　　　　　　　　　　　（b）

图 9.15　直线电动机的工作原理

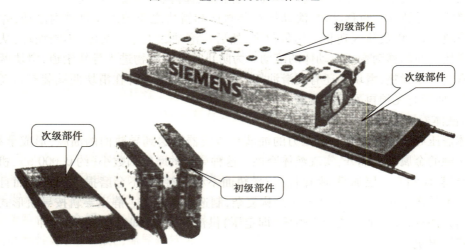

图 9.16　西门子 1FN1 系列直线电动机的外观

（3）直线电动机的冷却

直线电动机的功率损失主要产生在初级绕组。由于电流密度大,温升可能高达 120 ℃,必须采用循环水冷却。次级的涡流损失取决于电流频率（运动速度）相对较小。例如,

1FN1 246 系列直线电动机在正常运转时,初级功率损失(P_{V1})约为 5 400 W ,而次级功率损失(P_{V2})仅为 50 W 左右。因此,初级绕组的冷却系统是主冷却回路(内冷却回路)。在要求较高时,可以选用附加的精密冷却回路(外冷却回路)。1FN1 系列直线电动机的冷却回路和隔热措施如图 9.17 所示。

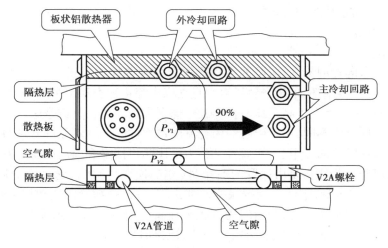

图 9.17　1FN1 直线电动机的散热机理

从图 9.17 可见,主冷却回路是装在初级部件里面的,也称为内冷却回路,它能够带走功率损失 P_{V1} 90%的热量,保护初级绕组不至于过热。直线电动机的持续驱动力 F_N 与温升有关,当没有冷却或水箱温度高于 35 ℃时,直线电动机的持续驱动力 F_N 将明显下降。

在初级部件上面安装有板状铝散热器,其中间安放外冷却回路(精密冷却回路)。铝板两侧也安装有散热板,以增加散热面积。在散热器与初级部件之间还有一层隔热材料。次级部件与机床部件之间也有一层隔热材料和空气层,还可以安装 V2A 材料的附加冷却管道。

二、数控机床的床身

数控机床基础件包括床身、立柱、横梁、工作台、刀架等结构件,构成了机床的基本框架,而数控机床的其他部件均附着在基础件上。由于基础件起着支撑和导向的作用,因而对基础件的基本要求是有好的刚性及较大的阻尼特性。

1.对床身的基本要求

数控机床的床身是整个机床的基础支承件,一般用来放置导轨、主轴箱等重要部件。为了满足数控机床高速度、高精度、高生产率、高可靠性和高自动化程度的要求,与普通机床相比,数控机床应有更高的静、动刚度,更好的抗振性。对数控机床床身主要在以下 3 个方面提出了更高的要求:

(1)很高的精度和精度保持性

在床身上有很多安装零部件的加工面和运动部件的导轨面,这些面本身的精度和相互位置精度要求都很高,而且要能长时间保持。

(2)应具有足够的静、动刚度

静刚度包括:床身的自身结构刚度、局部刚度和接触刚度,都应该采取相应的措施,最后达到有较高的刚度—质量比。动刚度直接反映机床的动态特性,为了保证机床在交变载荷作用下具有较高的抵抗变形的能力和抵抗受迫振动及自激振动的能力,可以通过适当增加阻尼、提高固有频率等措施避免共振及因薄壁振动而产生的噪声。

(3)较好的热稳定性

对数控机床来说,热稳定性已成了一个突出问题,必须在设计上做到使整机的热变形较小,或使热变形对加工精度的影响较小。

2. 床身的结构

(1)床身结构

根据数控机床的类型不同,床身的结构形式有各种各样的形式。例如,数控车床床身的结构形式有平床身、斜床身、平床身斜导轨和直立床身等4种类型。另外,斜床身结构还能设计成封闭式断面,这样大大提高了床身的刚度。数控铣床、加工中心等这一类数控机床的床身结构与数控车床有所不同,加工中心的床身有固定立柱式和移动立柱式两种。前者一般适用于中小型立式和卧式加工中心,而后者又分为整体T形床身和前后床身分开组装的T形床身。所谓T形床身是指床身是由横置的前床身(亦叫横床身)和与它垂直的后床身(亦叫纵床身)组成。整体式床身,刚性和精度保持性都比较好,但是却给铸造和加工带来很大不便,尤其是大中型机床的整体床身,制造时需有大型设备。而分离式T形床身,铸造工艺性和加工工艺性都大大改善。前后床身连接处要刮研,连接时用定位键和专用定位销定位,然后沿截面四周用大螺栓固紧。这样连接的床身,在刚度和精度保持性方面,基本能满足使用要求。这种分离式T形床身适用于大中型卧式加工中心。

由于床身导轨的跨距比较窄,致使工作台在横溜板上移动到达行程的两端时容易出现翘曲,这将影响加工精度。为了避免工作台翘曲,有些立式加工中心增设了辅助导轨。

(2)床身的截面形状

数控机床的床身通常为箱体结构,合理设计床身的截面形状及尺寸,采用合理布置的肋板结构可以在较小质量下获得较高的静刚度和适当的固有频率。床身中常用的几种截面肋板布置有V形肋、对角肋和斜方肋。

床身肋板通常是根据床身结构和载荷分布情况进行设计的,满足床身刚度和抗振性要求,V形肋有利于加强导轨支承部分的刚度,斜方肋和对角肋结构可明显增强床身的扭转刚度,并且便于设计成全封闭的箱形结构。

此外,还有纵向肋板和横向肋板,分别对抗弯刚度和抗扭刚度有显著效果;米字形肋板和井字形肋板的抗弯刚度也较高,尤其是米字形肋板更高。

(3)钢板焊接结构

随着焊接技术的发展和焊接质量的提高,焊接结构的床身在数控机床中应用越来越多。而轧钢技术的发展,提供了多种形式的型钢,焊接结构床身的突出优点是制造周期短,一般比铸铁结构的快1.7~3.5倍,省去了制作木模和铸造工序,不易出废品。焊接结构设计灵活,便于产品更新、改进结构。焊接件能达到与铸件相同,甚至更好的结构特性,可提高抗弯截面惯性矩,减小质量。

采用钢板焊接结构能够按刚度要求布置肋板的形式,充分发挥壁板,和肋板的承载和抗变形作用。另外,焊接床身采用钢板,其弹性模量 $E = 2 \times 10^5 \text{MPa}$,而铸铁的弹性模量 $E = 1.2 \times 10^5 \text{MPa}$,两者几乎相差一倍。因此,采用钢板焊接结构床身有利于提高固有频率。

3. 床身的刚度

根据床身所受载荷性质的不同,床身刚度分为静刚度和动刚度。床身的静刚度直接影响机床的加工精度及其生产率。静刚度和固有频率,是影响动刚度的重要因素。合理设计床身的肋板结构,可提高床身的刚度。

◎ 任务实施

基本任务　加工零件尺寸不稳定

由机床自身造成加工零件尺寸超差,可能是因为主传动系统中的齿轮或轴承损坏造成的机床主轴摆动、进给传动系统中滚珠丝杠螺母副的运行精度不良、支撑滚珠丝杠螺母副的轴承损坏产生的运动不平稳、机床导轨表面损伤造成直线度超差等原因。

先查看发生故障的机床,了解故障现象。再检测不合格的零件,分析尺寸超差是发生在工件的 X 向、Y 向、还是 Z 向,确定故障发生部位。分析零件尺寸,确认超差尺寸是否具有规律性。

经检查分析,出故障的机床尺寸偏差发生在工件 Y 轴方向,超差尺寸不具有规律性。现对机床 Y 向进给伺服系统进行检查。

1. 检查 Y 轴有关位置参数

检查后发现反向间隙、夹紧误差等均在要求范围内,可排除由于参数设置不当引起故障的因素。

2. 检查 Y 轴进给传动链

应检查传动链中各元件间的连接,由连接松动或间隙均可产生位置偏差,造成加工零件尺寸超差。

①将千分表表座吸在横梁上,测量头找正主轴 Y 运动的负方向,并使测量头压缩到 50 μm 左右,然后使测量头复位到零。

②将机床操作面板上的工作方式开关置于增量方式(INC)的"×10"挡,轴选择开关置于 Y 轴挡,按负方向进给键,观察千分表读数的变化。经测量,Y 轴正、负方向的增量运动都存在不规则的偏差。

③找一粒滚珠置于滚珠丝杠的端部中心,用千分表的测量头顶住滚珠。将机床操作面板上的工作方式开关置于手动方式,按正、负方向的进给键,主轴箱沿 Y 轴正、负方向连续运动,观察千分表读数无明显变化,故排除滚珠丝杠轴向窜动的可能。

④检查与 Y 轴伺服电动机和滚珠丝杠连接的同步齿形带轮,发现与伺服电动机转子轴连接的带轮锥套有松动,使得进给传动与伺服电动机驱动不同步。

此次故障是由机械部分与伺服电动机转子轴连接的带轮锥套松动造成的,使得进给传动与伺服电动机驱动不同步。由于在运行中松动是不规则的,从而造成零件尺寸偏差不规则。

◎ 任务扩展

故障现象:某加工中心运行时,工作台 X 轴方向位移接近行程终端过程中产生明显的机械振动故障,故障发生时系统不报警。

故障分析:因故障发生时系统不报警,但故障明显,故通过交换法检查,确定故障部位应在 X 轴伺服电动机与丝杠传动链一侧；为区别电动机故障，可拆卸电动机与滚珠丝杠之间的弹性联轴器，单独通电检查电动机。检查结果表明，电动机运转时无振动现象，显然故障部位在机械传动部分。脱开弹性联轴器，用扳手转动滚珠丝杠进行手感检查；通过手感检查，发现工作台 X 轴方向位移接近行程终端时，感觉到阻力明显增加。

故障维修：拆下工作台检查，发现滚珠丝杠与导轨不平行，故而引起机械转动过程中的振动现象。经过认真修理、调整后，重新装好，故障排除。

任务 3　刀具自动交换装置故障诊断与维修

由于加工中心具有刀具自动交换装置，能够实现多工序集中加工，因而可以大大减少工件装夹、测量和机床的调整时间，减少工件的周转、搬运和存放时间，使机床的切削时间利用率高于普通机床，具有较好的加工一致性，高的生产率和质量稳定性及良好的经济性。但是在使用中，由于长期工作磨损或操作不当等原因会造成刀库转动不正常、机械手夹持刀柄不稳定、刀具自动交换装置不工作或旋转不到位便停止等故障。

子任务 1　刀库转动不正常

◎ 任务提出

加工中心工作时，可能会出现刀库不能转动或刀库转动不到位，试分析原因，找出故障点，并排除故障。

◎ 任务目标

1. 掌握加工中心刀库的种类与结构特点；
2. 能够判断换刀故障的发生部位。

◎ 相关知识

一、加工中心自动换刀装置

加工中心有立式、卧式、龙门式等多种，其自动换刀装置的形式更是多种多样。换刀的原理及结构的复杂程度也各不相同，除利用刀库进行换刀外，还有自动更换主轴箱、自动更换刀库等形式。利用刀库实现换刀、是目前加工中心大量使用的换刀方式。由于有了刀库，机床只要一个固定主轴夹持刀具，有利于提高主轴刚度。独立的刀库，大大增加了刀具的储存数量，有利于扩大机床的功能，并能较好地隔离各种影响加工精度的干扰。

刀库换刀按换刀过程中有无机械手参与分成有机械手换刀和无机械手换刀两种情况，有机械手的系统在刀库配置与主轴的相对位置及刀具数量上都比较灵活，换刀时间短；无机械手方式结构简单，只是换刀时间较长。

由刀库和机械手组成的自动换刀装置（Automaitic Tool Changer 简称 ATC）是加工中心的重要组成部分。加工中心上所需更换的刀具较多，从几把到几十把，甚至上百把，故通常采用刀库形式,其结构比较复杂自动换刀装置种类繁多。由于加工中心上自动换刀次数比较频繁,故对自动换刀装置的技术要求十分严格,如要求定位精度高、动作平稳、工作可靠以及精度保持性等。这些要求都与加工中心的性能息息相关。

各种加工中心自动换刀装置的结构取决于机床的形式、工艺范围以及刀具的种类和数量等。换刀装置主要可以分为以下几种方式:

1. 更换主轴换刀装置

更换主轴换刀装置是一种简单的换刀方式。这种机床的主轴头就是一个转塔刀库,主轴头有卧式和立式两种。八方形主轴头(转塔头)上装有 8 根主轴,每根主轴上装有一把刀具。根据各加工工序的要求按顺序自动地将所需要的刀具由其主轴转到工作位置,实现自动换刀,同时接通主传动。不处在工作位置的主轴便与主传动脱开。转塔头的转位由槽轮机构来实现。

这种换刀装置优点是省去了自动松、夹、卸刀、装刀以及刀具搬运等一系列的复杂操作,从而缩短了换刀时间,并提高了换刀的可靠性。但是由于空间位置的限制,使主轴部件结构不能设计得十分坚实,因而影响了主轴系统的刚度。为保证主轴的刚度,必须限制主轴数目,否则将使结构尺寸大大增加。由于这些结构上的原因,所以转塔主轴头通常只适应于工序较少、精度要求不太高的机床,如数控钻镗铣床。

2. 更换主轴箱换刀装置

有的加工中心采用多主轴的主轴箱,利用更换这种主轴箱来达到换刀的目的。在实际换刀时,根据加工要求,先选好所需的主轴箱,将其运行到机床动力头两侧的更换位置。待上一道工序完成后,动力头带着使用过的主轴箱运行到更换位置,动力头上的夹紧机构将主轴箱松开,推杆机构将用过的主轴箱从动力头上推开,同时将待用主轴箱推到机床动力头上并进行定位与夹紧。动力头沿立柱导轨下降开始新的加工,使用过的主轴箱被送回到主轴箱库,并选择下一次需要使用的主轴箱。这种形式的换刀,对于加工箱体类零件,可以提高生产率。

3. 带刀库的自动换刀系统

这类换刀装置由刀库、选刀机构、刀具交换机构及刀具在主轴上的自动装卸机构等 4 部分组成,应用广泛。刀库可装在机床的立柱上、主轴箱上或工作台上。当刀库容量大及刀具较重时,也可装在机床之外,作为一个独立部件。如刀库远离主轴,常常要附加运输装置,来完成刀库与主轴之间刀具的运输。

带刀库的自动换刀系统,整个换刀过程比较复杂,首先要把加工过程中要用的全部刀具分别安装在标准的刀柄上,在机外进行尺寸预调整后,插入刀库中。换刀时,根据选刀指令先在刀库上选刀,由刀具交换装置从刀库和主轴上取出刀具,进行刀具交换,然后将新刀具装入主轴,将用过的刀具放回刀库。这种换刀装置和转塔主轴头相比,由于机床主轴箱内只有一根主轴,为缩短换刀时间,可采用带刀库的双主轴或多主轴系统。该转塔轴上待更换刀具的主轴与转塔刀库回转轴线成 45°角,当水平方向的主轴处在加工位置时,待更换刀具的主轴处于换刀位置,由刀具交换装置预先换刀,待本工序加工完毕后,转塔头回转并交换主轴,即换刀。这种换刀方式,换刀时间大部分和机床加工时间重合,只需要转塔头转位的时间,所以换刀时间短;转塔头上的主轴数目较少,有利于提高主轴的结构刚性;刀库上刀具数目也可增加,对多工序加工有利。但这种换刀方式也难保证精镗加工所需要的主轴刚度。因此,这种换刀方式主要用于钻床,也可用于铣镗床和数控组合机床。

二、加工中心刀库形式

加工中心刀库的形式很多,结构也各不相同,最常用的有鼓盘式刀库、链式刀库和格子盒式刀库。

1. 鼓盘式刀库

鼓盘式刀库结构紧凑、简单,在钻削中心上应用较多。一般存放刀具不超过 32 把。图 9.18 为刀具轴线与鼓盘轴线平行布置的刀库,其中图 9.18(a)为径向取刀形式,图 9.18(b)为轴向取刀形式。图 9.19(a)为刀具径向安装在刀库上,图 9.19(b)所示的刀库,其刀具安装轴线与鼓盘轴线成一定角度。

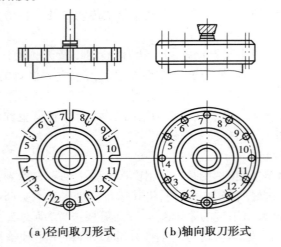

(a)径向取刀形式　　　　(b)轴向取刀形式

图 9.18　鼓盘式刀库(一)

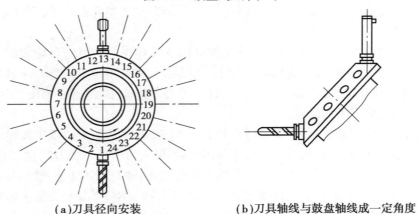

(a)刀具径向安装　　　　　　(b)刀具轴线与鼓盘轴线成一定角度

图 9.19　鼓盘式刀库(二)

2. 链式刀库

在环形链条上装有许多刀座,刀座的孔中装夹各种刀具,链条由链轮驱动。链式刀库适用于刀库容量较大的场合,且多为轴向取刀。链式刀库有单环链式和多环链式等几种,如图 9.20 所示。当链条较长时,可以增加支承链轮的数目,使链条折叠回绕,提高空间利用率。

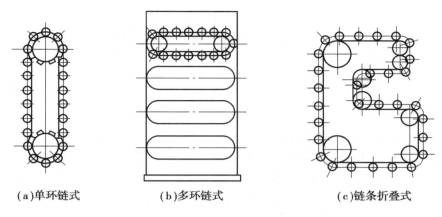

(a)单环链式　　　　　　(b)多环链式　　　　　　(c)链条折叠式

图 9.20　链式刀库

3.格子盒式刀库

图 9.21 所示为固定型格子盒式刀库。刀具分几排直线排列,由纵、横向移动的取刀机械手完成选刀运动,将选取的刀具送到固定的换刀位置刀座上,由换刀机械手交换刀具。由于刀具排列密集,因此空间利用率高,刀库容量大。

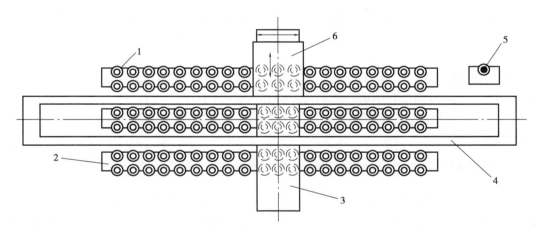

图 9.21　固定型格子盒式刀库

1—刀座;2—刀具固定板架;3—取刀机械手横向导轨;4—取刀机械手纵向导轨;
5—换刀位置刀座;6—换刀机械手

除上面介绍的 3 种刀库形式之外,还有直线式刀库、多盘式刀库等。

◎ **任务实施**

基本任务　刀库转动不正常

刀库转动不正常的故障,可分为刀库不能转动和刀库转动不到位两种情况。要找出故障点需仔细分析故障现象,在排除电气故障的情况下,在刀库机械结构上查找问题原因。打开刀库外罩,仔细检查机床刀库的机械连接,发现刀库不转动的原因是连接电机轴与蜗杆轴的联轴器松动所造成,紧固联轴器上的螺钉,刀库转动,故障排除。

对于刀库转动不到位的故障,排除电气故障的情况下,需在刀库的机械连接与液压传动系统找故障发生的原因。经分析,造成刀库转动不到位的原因有:

①电机故障,传动机构误差。

②刀库负载大或者有阻滞现象。

③系统润滑不良。

④液压马达故障。

⑤液压系统油路不畅或液压阀故障。

打开刀库外罩,先检查系统内润滑油路是否畅通,并重新对系统进行润滑,试运行看故障是否排除。在断电状态下,检查电动机各项参数是否正常。空载状态下检测液压马达工作是否正常。最后,检查液压系统油路流通情况及液压阀是否正常。找出故障点之后,对其进行维修更换,再运行机床,检查故障是否排除。

子任务 2 机械手夹持刀柄不稳定

◎ **任务提出**

加工中心工作一段时间后,有时会出现机械手夹持刀柄不稳定的故障,试分析原因,找出故障点,并排除故障。

◎ **任务目标**

掌握加工中心机械手的结构特点。

◎ **相关知识**

一、JCS-018A 型加工中心机械手结构及动作过程

如图 9.22 所示为加工中心机械手传动结构示意图,当前一步加工工作结束需要换刀时,位置开关被压下,发出机械手抓刀信号。液压系统依次向液压缸 18 右腔,液压缸 15 上腔和液压缸 20 右腔通入压力油。使机械手先按图示箭头方向旋转 75°,同时将主轴上使用过的刀具与刀库中的待用刀具卡入手爪中,实现抓刀。之后机械手垂直向下运动将刀具从主轴中拔出,运动到最底部时旋转 180°实现换刀。此时,挡环 6 压下位置开关 9,液压系统得到信号后向液压缸 15 下腔通入压力油,活塞带动机械手垂直向上运动,两手爪中的刀具分别插入主轴孔与刀库中,刀具装好之后机械手反转 75°复位,为下次选刀做好准备。

二、其他类型机械手

1. 两手呈 180°的回转式单臂双手机械手

(1)两手不伸缩的回转式单臂双手机械手

如图 9.23 所示,这种机械手适用于刀库中刀座轴线与主轴轴线平行的自动换刀装置,机械手回转时不得与换刀位置刀座相邻的刀具干涉。手臂的回转由蜗杆凸轮机构传动,快速可靠,换刀时间在 2 s 以内。

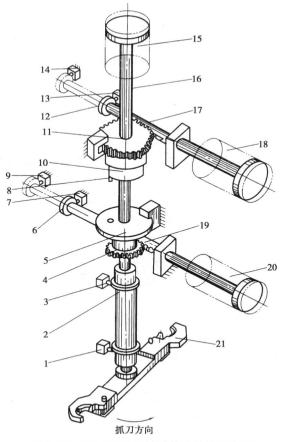

图 9.22 JCS-018A 机械手传动结构示意图

1、3、7、9、13、14—位置开关;2、6、12—挡环;4、11—齿轮;5—连接盘;
8—销子;10—传动盘;15、18、20—液压缸;16—轴;17、19—齿条;21—机械手

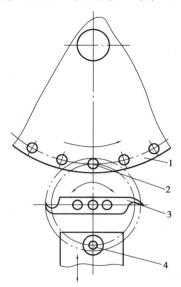

图 9.23 两手不伸缩的回转式单臂双手机械手

1—刀库;2—换刀位置的刀座;3—机械手;4—机床主轴

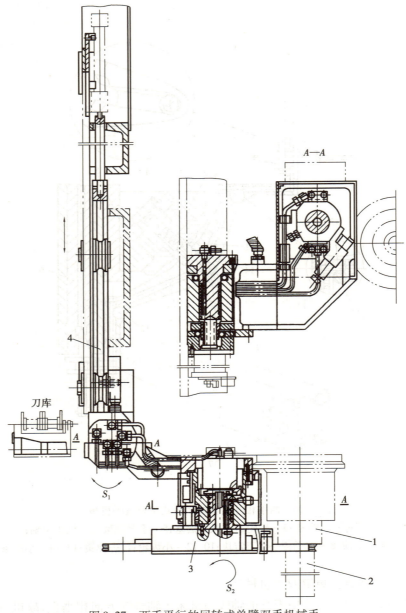

图 9.27　两手平行的回转式单臂双手机械手

◎ **任务实施**

基本任务　机械手夹持刀柄不稳定

机械手夹持刀柄不稳定,会造成在换刀时刀具从机械手中脱落,使加工被迫停止甚至损坏刀具,刀具脱落的原因可能是刀具超重或机械手卡紧锁损坏。首先检查刀具重量是否在机床说明书的允许范围内,然后检查机械手卡紧锁,更换机械手卡销。之后运行机床,检查故障是否排除。

314

任务 4　辅助装置故障诊断与维修

数控机床已成为机械制造的重要机床设备之一,要保证数控机床可靠稳定的工作,除了在机械结构和数控系统等方面要达到一定的要求之外,良好的冷却、润滑也是不可忽视的部分,数控机床的辅助装置主要是指润滑系统和冷却系统。

在机床工作过程中,发现一些部位无润滑,检查后发现是液压系统出油不畅造成。现找出出油不畅的原因,并排除故障。

◎ 任务目标

1. 掌握数控机床润滑系统的作用及工作原理;
2. 掌握数控机床冷却系统的作用及工作原理。

◎ 相关知识

一、润滑系统

随着数控机床朝高速度、大功率、高精度的方向上发展,其可靠性已成为衡量其性能的重要指标。要保证数控机床可靠稳定的工作,除了在机械结构和数控系统等方面要达到一定的要求之外,良好的冷却、润滑也是不可忽视的因素,它们对延长数控机床的使用寿命、提高切削效率、保证工作正常具有十分重要的作用。

1. 润滑的作用及分类

在数控机床中润滑主要有以下几个方面的作用:

(1)减小摩擦

在两个具有相对运动的接触表面之间存在着摩擦,摩擦使零件、部件产生磨损,增大运动阻力,剧烈的摩擦甚至会使接触表面发热损坏。以润滑油或者润滑脂加入到摩擦表面后,可以降低摩擦系数,从而减小摩擦。

(2)减小磨损

润滑油或润滑脂在相对运动件之间可以形成一层油膜,避免了两接触相对运动件的直接接触,可以减小磨损。

(3)降低温度

流动的润滑油可以把摩擦产生的大量热量带走,从而起到降低润滑表面温度的作用。

(4)防止锈蚀

润滑油在摩擦表面形成的保护油膜,阻挡了金属与空气或其他氧化源的直接接触,在一定程度上防止了金属零件的锈蚀。

(5)形成密封

润滑脂除具有主要的润滑作用外,还具有防止润滑剂的流出和外界尘屑进入摩擦表面的作用,避免了摩擦、磨损的加剧。

2. 数控机床的润滑系统

数控机床良好的润滑对提高各相对运动件的寿命、保持良好的动态性能和运动精度等具有较大的意义。在数控机床的运动部件中,既有高速的相对运动,也有低速的相对运动,既有重载的部位,也有轻载的部位,所以在数控机床中通常采用分散润滑与集中润滑、油润滑与脂润滑相结合的综合润滑方式对数控机床的各个需润滑部位进行润滑。数控机床中润滑系统主要包括主轴传动部分、轴承、丝杠和导轨等部件的润滑。

在数控机床的主轴传动部分中,齿轮和主轴轴承等零件转速较高、负载较大,温升剧烈,所以一般采用润滑油强制循环的方式,对这些零件进行润滑的同时完成对主轴系统的冷却。这些润滑和冷却兼具的液压系统对液压油的过滤要求较为严格,否则容易影响齿轮、轴承等零件的使用寿命。一般在这部分液压系统中采用沉淀、过滤、磁性精过滤等手段保持液压油的洁净,并要求经过规定的时间后进行液压油的清理更换。

轴承、丝杠和导轨是决定加工中心各个运动精度的主要部件。为了维持它们的运动精度并减少摩擦及磨损,必须采用适当的润滑,具体采用何种润滑方式取决于数控机床的工作状况及结构要求。对负载不大、极限转速或移动速度不高的数控机床一般采用脂润滑,采用脂润滑可以减少设置专门的润滑系统,避免润滑油的泄露污染和废油的处理,而且脂润滑具有一定的密封作用,降低外部灰尘、水气等对轴承、丝杠和导轨副的影响。对一些负载较大、极限转速或移动速度较高的数控机床一般采用油润滑,采用油润滑既能起到对相对运动件之间的润滑作用,又可以起到一定的冷却作用。在数控机床的轴承、丝杠和导轨部位,无论是采用油润滑还是脂润滑,都必须保持润滑介质的洁净无污染,按照相应润滑介质的要求和工况定期地清理润滑元件,更换或补充润滑介质。

数控车床主轴轴承润滑可采用油脂润滑、迷宫式密封,也可采用集中强制型润滑,为保证润滑的可靠性,常装有压力继电器作为失压报警装置。

主轴轴承的润滑与密封是机床使用和维护过程中值得重视的两个问题。良好的润滑效果可以降低轴承的工作温度和延长使用寿命。密封不仅要防止灰尘屑末和切削液进入,还要防止润滑油的泄漏。

3. 主轴轴承润滑方式

在数控机床上,主轴轴承润滑方式有油脂润滑、油液循环润滑、油雾润滑、油气润滑等方式。

(1)油脂润滑方式

这是目前在数控机床主轴轴承上最常用的润滑方式,特别是在前支撑轴承上更是常用。当然,如果主轴箱中没有冷却润滑油系统,那么后支撑和其他轴承,一般采用油脂润滑方式。

(2)油液循环润滑方式

在数控机床主轴上,有采用油液循环润滑方式的。装有 GA,MET 轴承的主轴,即可使用这种方式。对一般主轴来说,后支撑上采用这种润滑方式的比较常见。

(3)油雾润滑

油雾润滑是将油液经高压气体雾化后从喷嘴成雾状喷到需润滑的部位的润滑方式。由于是雾状油液吸热性好,又无油液搅拌作用,所以通常用于高速主轴轴承的润滑。但是,油雾容易吹出,污染环境。

(4)油气润滑方式

油气润滑方式是针对高速主轴而开发的新型润滑方式。它是利用极微量的油($8 \sim 10$ min约 0.03 cm³ 油)润滑轴承,以抑制轴承发热。

在用油液润滑角接触轴承时,要注意角接触轴承油泵效应,须使油液从小口进入。

二、冷却系统

数控机床的冷却系统按照其作用主要分为机床的冷却和切削时对刀具和工件的冷却两部分。

1. 机床的冷却和温度控制

数控机床属于高精度、高效率、高投入成本的机床,为了提高生产效率,尽可能地发挥其作用,一般要求 24 h 不停机连续工作。为了保证在长时间工作情况下机床加工精度的一致性、电气及控制系统的工作稳定性和机床的使用寿命,数控机床对环境温度和各部分的发热冷却及温度控制均有相应的要求。

环境温度对数控机床加工精度及工作稳定性有不可忽视的影响。对精度要求较高和整批零件尺寸一致性要求较高的加工,应保持数控机床工作环境的恒温。

数控机床的电控系统是整台机床的控制核心,其工作时的可靠性以及稳定性对数控机床的正常工作起着决定性作用,并且电控系统中间的绝大部分元器件在通电工作时均会产生热量,如果没有充分适当的散热,容易造成整个系统的温度过高,影响其可靠性、稳定性及元器件的寿命。数控机床的电控系统一般采用在发热量大的元器件上加装散热片与采用风扇强制循环通风的方式进行热量的扩散,降低整个电控系统的温度。但该方式具有灰尘易进入控制箱、温度控制稳定性差、湿空气易进入的缺点。所以,在一些较高档的数控机床上一般采用专门的电控箱冷气机进行电控系统的温湿度调节。

在数控机床的机械本体部分,主轴部件及传动机构为最主要的发热源。对主轴轴承和传动齿轮等零件,特别是中等以上预紧的主轴轴承,如果工作时温度过高很容易产生胶合磨损、润滑油黏度降低等后果,所以数控机床的主轴部件及传动装置通常设有工作温度控制装置。

2. 工件切削冷却

数控机床在进行高速大功率切削时伴随大量的切削热产生,使刀具、工件和内部机床的温度上升,进而影响刀具的寿命、工件加工质量和机床的精度。所以,在数控机床中,良好的工件切削冷却具有重要的意义,切削液不仅具有对刀具、工件、机床的冷却作用,还起到在刀具与工件之间的润滑、排屑清理、防锈等作用。为了充分提高冷却效果,在一些加工中心上还采用了主轴中央通水和使用内冷却刀具的方式进行主轴和刀具的冷却。这种方式对提高刀具寿命、发挥加工中心良好的切削性能、切屑的顺利排出等方面具有较好的作用,特别是在加工深孔时效果尤为突出,所以目前应用越来越广泛。

◎ **任务实施**

基本任务　液压系统出油不畅造成润滑不良

液压系统的动力元件是液压泵,首先检查液压泵工作是否正常,液压泵输出压力是否达到机床说明书规定的额定压力;其次检查液压油是否有沉淀或杂质,检查回路中是否有堵塞,检查管路或液压元件是否有破裂或渗漏,造成系统压力损失。

检查液压泵工作正常,输出压力达到机床说明书规定的额定压力;观察液压油,质地清透没有沉淀;观察回路中各压力表,发现其中一个压力明显偏低,检查管路后发现管路连接处有泄漏,造成压力损失,致使出油不畅。重新连接后,不产生泄漏,系统出油顺畅。机床零部件得到有效润滑,故障排除。

◎ 思考题

1. 数控机床主轴轴承的润滑方式有哪些?并简述其特点。
2. 数控机床润滑装置的作用是什么?

附　录

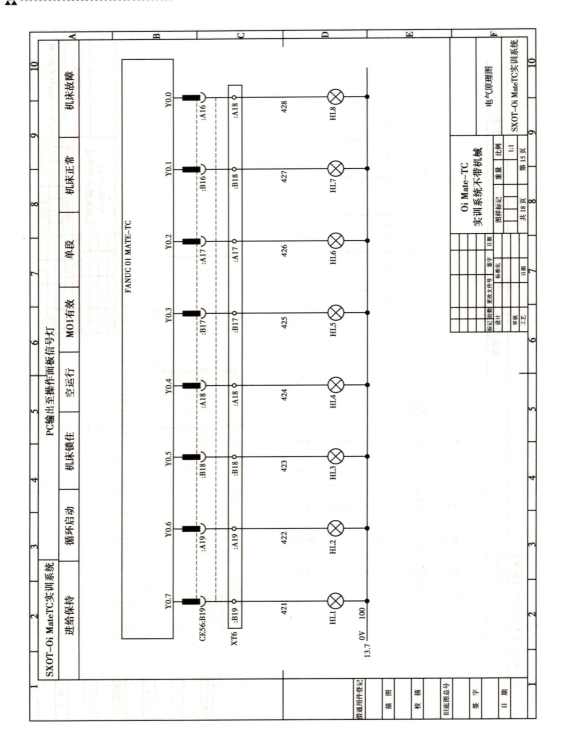

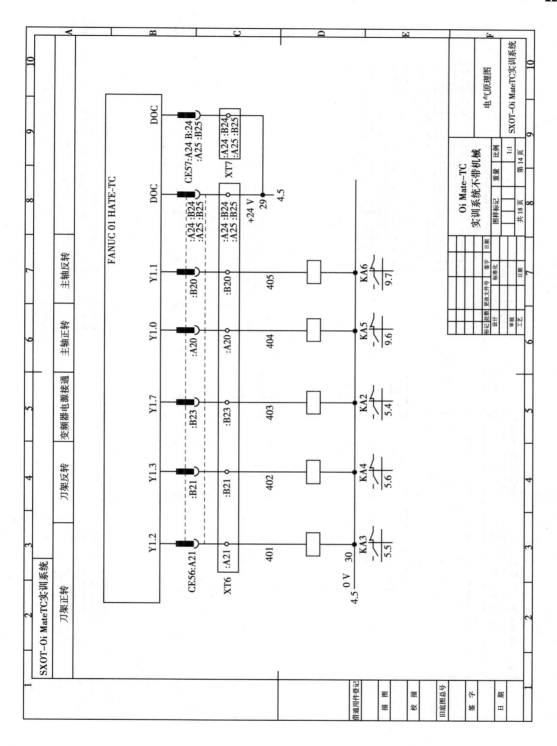

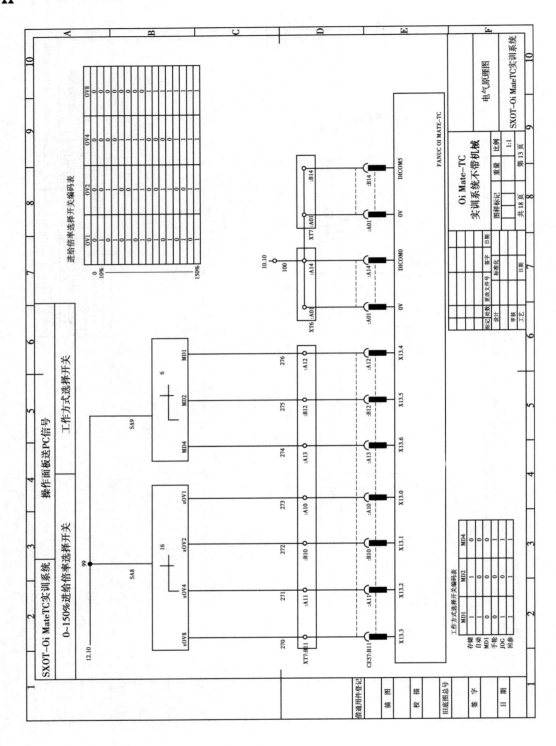

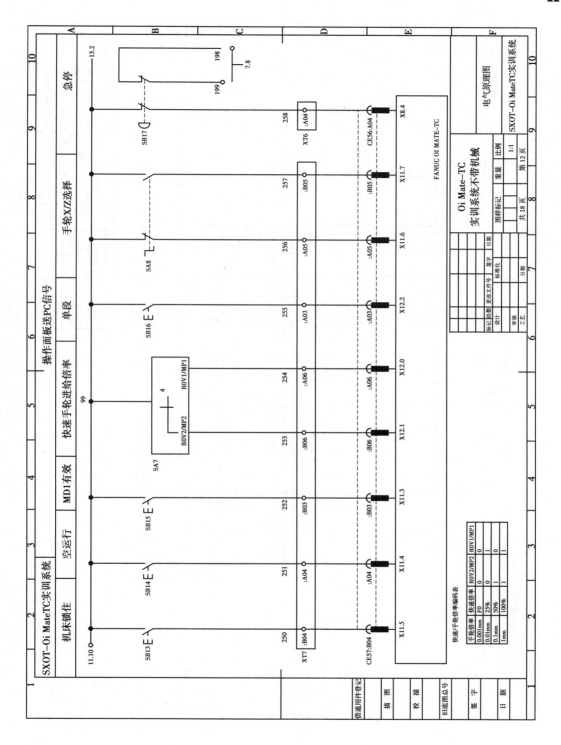

325

数控机床故障诊断与维修

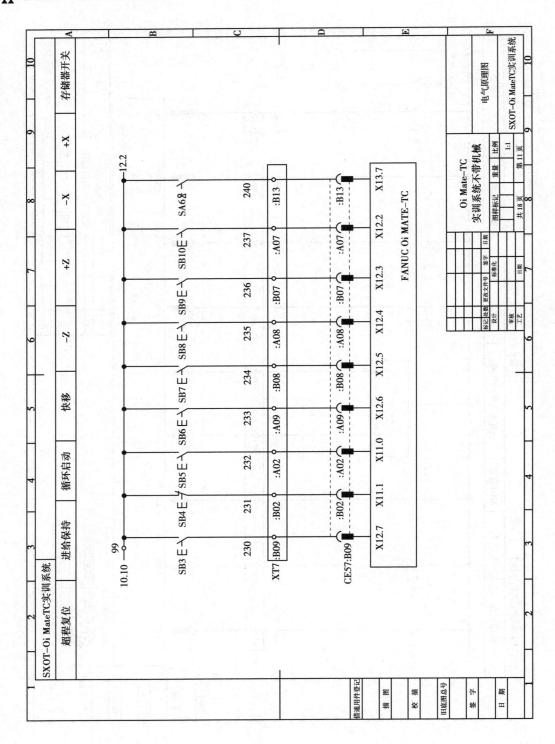

326

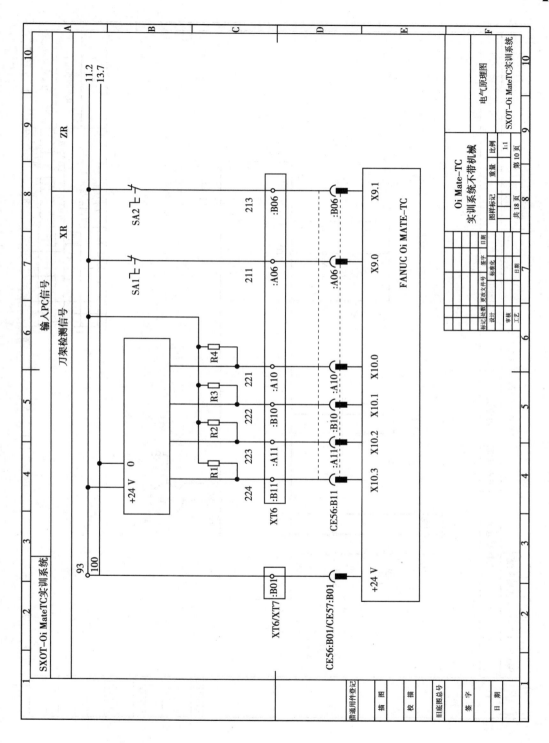

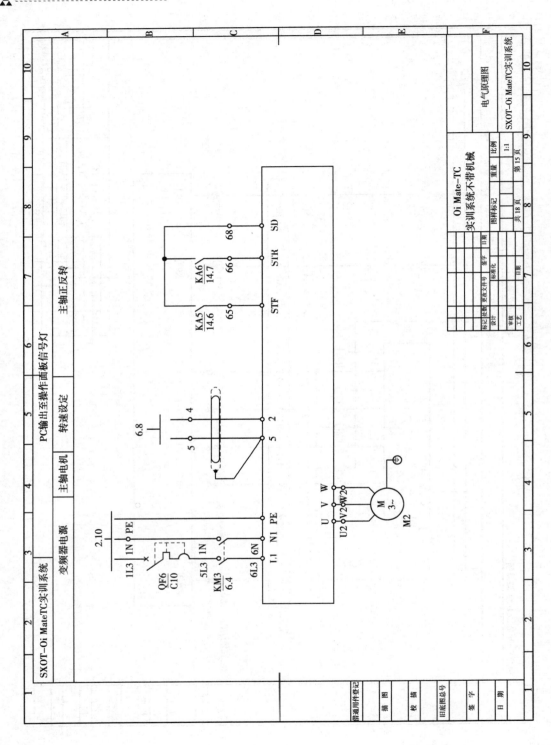

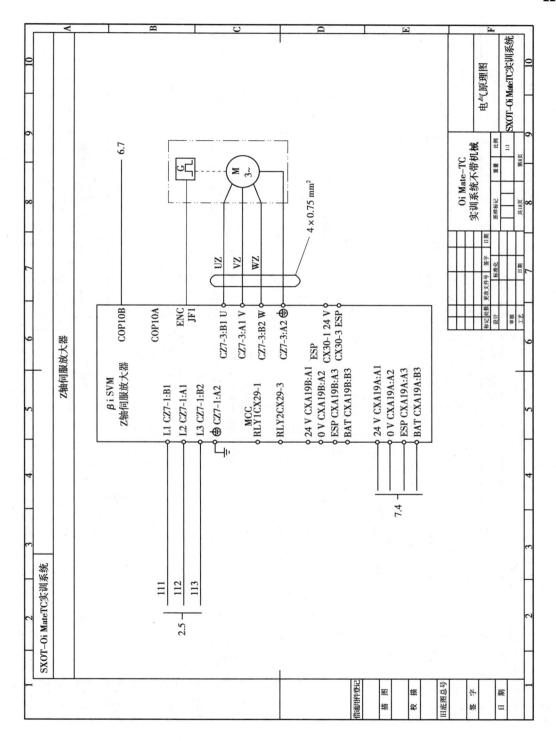

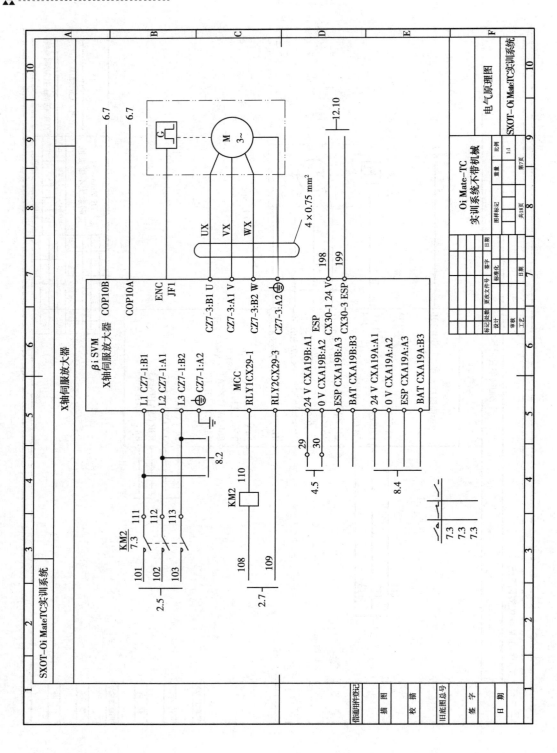

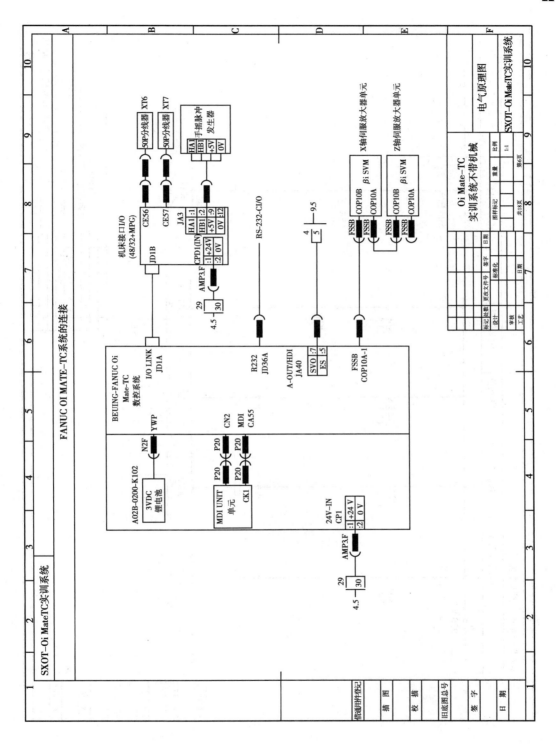

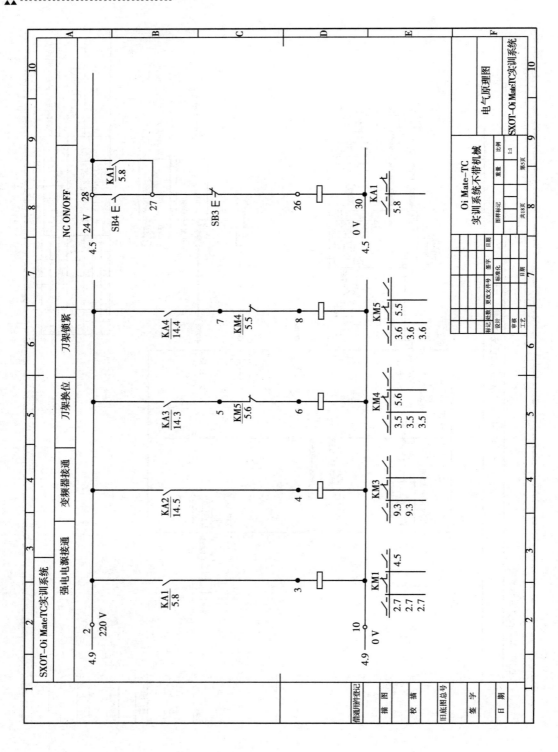

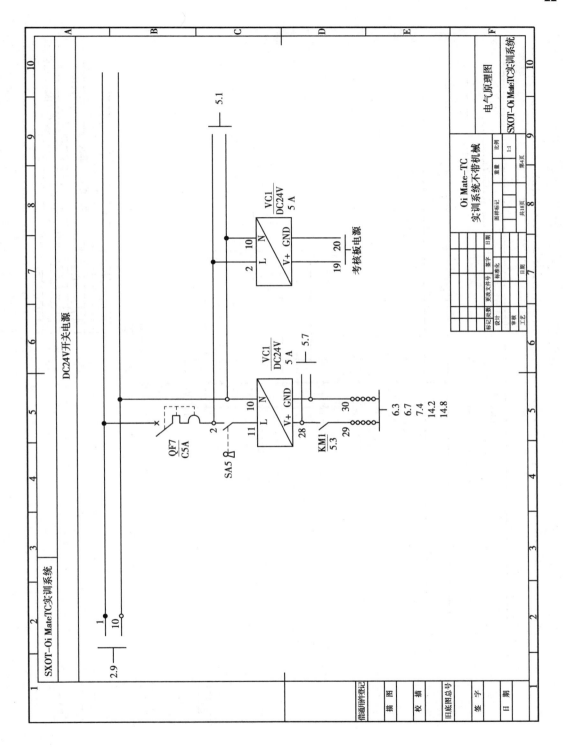

数控机床故障诊断与维修

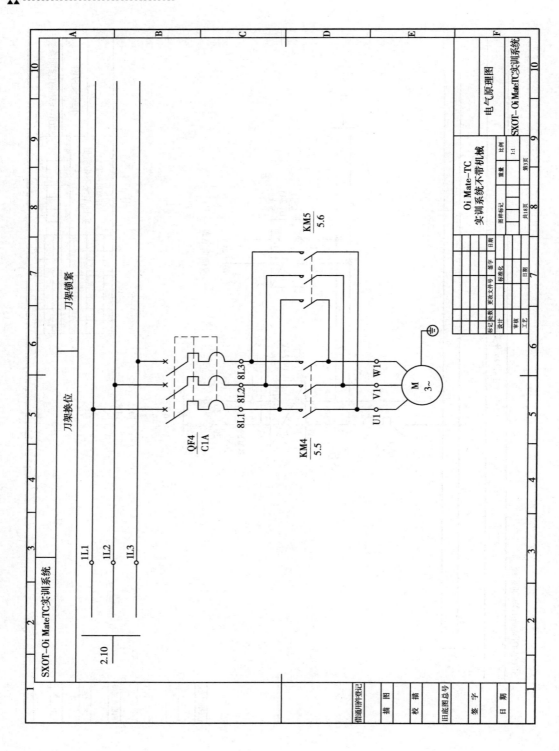

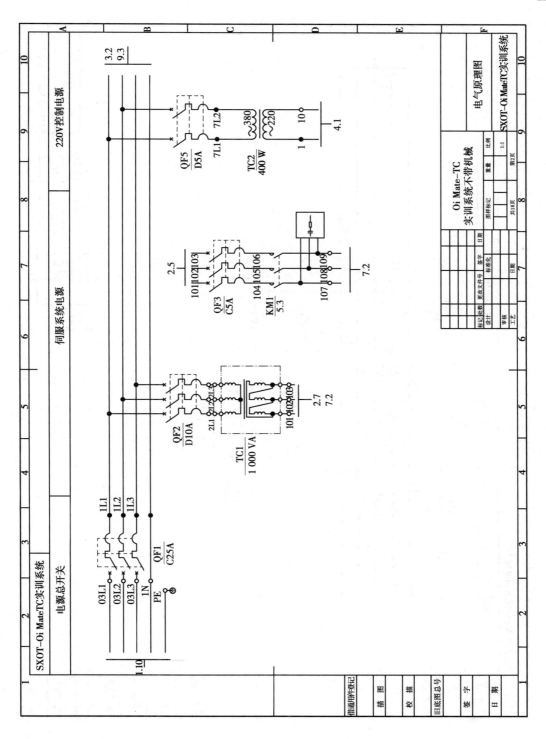

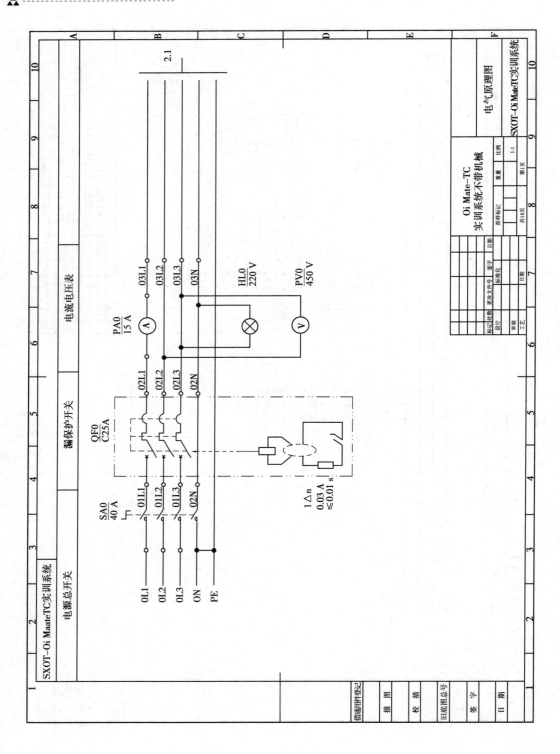

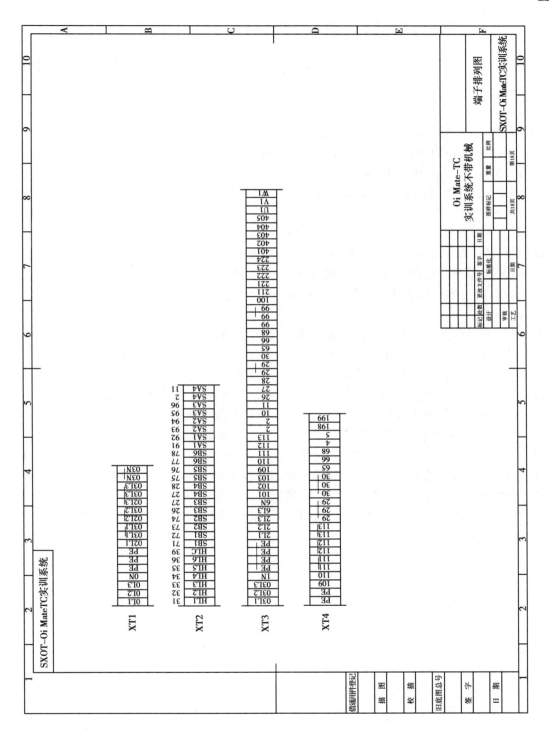

参考文献

[1] BEIJING-FANUC 0i C/0i Mate C 简明调试手册.

[2] BEIJING-FANUC 0i C/0i Mate C 连接说明书(硬件).

[3] BEIJING-FANUC 0i C/0i Mate C 维修说明书.

[4] 刘永久. 数控机床故障诊断与维修技术(FANUC 系统)[M]. 2 版. 北京:机械工业出版社,2009.

[5] 王新宇. 数控机床故障诊断技能实训[M]. 北京:电子工业出版社,2008.

[6] 王爱玲. 数控机床结构及应用[M]. 北京:机械工业出版社,2007.

[7] 赵宏立,朱强. 数控机床故障诊断与维修[M]. 北京:人民邮电出版社,2011.

[8] 杨辉,陈之林. 数控机床故障诊断与维修技能[M]. 合肥:中国科学技术大学出版社,2011.

[9] 周兰,陈少艾. 数控机床故障诊断与维修[M]. 北京:人民邮电出版社,2007.

[10] 邓三鹏. 数控机床故障诊断与维修[M]. 北京:机械工业出版社,2009.

[11] 吴国经. 数控机床故障诊断与维修[M]. 北京:电子工业出版社,2004.

[12] 刘加勇. 数控机床故障诊断与维修[M]. 北京:中国劳动社会保障出版社,2011.

[13] 孙小捞. 数控机床及其维护[M]. 北京:人民邮电出版社,2009.

[14] 熊军. 数控机床维修与调整[M]. 北京:人民邮电出版社,2007.

[15] 王钢. 数控机床调试、使用与维护[M]. 北京:化学工业出版社,2006.

[16] 刘瑞已. 数控机床故障诊断与维修[M]. 北京:化学工业出版社,2007.

[17] 郑晓峰. 数控原理与系统[M]. 北京:机械工业出版社,2005.

[18] 叶晖. 图解 NC 数控系统——FANUC 0i 系统维修技巧[M]. 北京:机械工业出版社,2003.